Automotive Cybersecurity

Manuel Wurm

Automotive Cybersecurity

Security-Bausteine für Automotive Embedded Systeme

Springer Vieweg

Dipl.-Ing. (FH) Manuel Wurm
ZF Friedrichshafen AG, Graf-von-
Soden-Platz 1
Friedrichshafen, Deutschland

ISBN 978-3-662-64227-6   ISBN 978-3-662-64228-3   (eBook)
https://doi.org/10.1007/978-3-662-64228-3

Die Deutsche Nationalbibliothek verzeichnet diese Publikation in der Deutschen Nationalbibliografie;
detaillierte bibliografische Daten sind im Internet über http://dnb.d-nb.de abrufbar.

Planung/Lektorat: Markus Braun
Springer Vieweg ist ein Imprint der eingetragenen Gesellschaft Springer-Verlag GmbH, DE und ist ein Teil von
Springer Nature.
Die Anschrift der Gesellschaft ist: Heidelberger Platz 3, 14197 Berlin, Germany

Vorwort

Moderne Fahrzeuge besitzen aufgrund der Integration neuartiger Technologien und Funktionen sowie der zunehmenden Vernetzung innerhalb des Fahrzeugs, mit anderen Verkehrsteilnehmern und mit der Infrastruktur eine größere Angriffsoberfläche und werden deshalb für Cyberangriffe verletzlicher und leichter angreifbar. Cybersecurity gewinnt dadurch für die Automobilindustrie an Bedeutung. Als vergleichsweise junge Disziplin in der Automobilbranche ist Cybersecurity allerdings noch nicht immer vollständig etabliert und verankert, gleichzeitig wird die Branche bereits mit einschlägigen Standards und gesetzlichen Vorschriften konfrontiert.

Eine der größten Herausforderungen des Cybersecurity-Engineerings ist der Perspektivenwechsel, sodass die Sichtweise des Angreifers ebenso wie die der Hersteller und Entwickler für die Analysen und Entscheidungen berücksichtigt werden. Bei Cybersecurity geht es nicht (nur) darum, einzelne Funktionen zu implementieren, sondern vielmehr den Blick für das Ganze – aber auch für die Details – nicht zu verlieren.

Dieses Buch spricht sowohl Studierende der Elektrotechnik, Informationstechnik und Informatik an, als auch Ingenieure in der Automobilbranche, die sich ein Gesamtbild über die Security-Bausteine für Fahrzeuge und deren Infrastruktur verschaffen möchten oder Details über technische Implementierungen besser verstehen möchten. Es richtet sich auch an Entwicklungsleiter und Produktmanager, die mehr über die Hintergründe erfahren möchten, warum Cybersecurity für den Automobilbereich von herausragender Bedeutung ist.

Dieses Buch vermittelt eine strukturierte Vorgehensweise und Hilfestellungen für die Entwicklung einer ganzheitlichen Security-Strategie. Hierbei wird das Zusammenspiel aus organisatorischen und technischen Maßnahmen beleuchtet und in Verbindung mit der zeitlichen Dimension, dem Lebenszyklus eines Produkts, gebracht. Der Schwerpunkt dieses Buchs liegt auf den technischen Security-Bausteinen. Sie beschreiben die Arbeitsweisen, Anforderungen und Lösungen von Security-Funktionen, die als Maßnahmen gegen Cyberangriffe innerhalb des Security-Konzepts eine zugewiesene Aufgabe erfüllen. Der inhaltliche Aufbau richtet sich nach dem zuvor eingeführten, mehrschichtigen Verteidigungsmodell und arbeitet sich Schicht für Schicht von innen, der ECU, nach außen – bis zur technischen Infrastruktur der Automobilindustrie.

Einige Abschnitte dieses Buchs greifen Inhalte meiner Lehrveranstaltungen an der Dualen Hochschule Baden-Württemberg in Ravensburg (Campus Friedrichshafen) sowie an der Fachhochschule Vorarlberg in Dornbirn (Österreich) auf. Andere Abschnitte beinhalten Themen, die zwar noch Gegenstand aktueller Forschung sind, aber vielversprechende Kandidaten für zukünftige Standard-Securitybausteine darstellen.

Der Zugang zur Automotive Security, der in diesem Buch gewählt wurde, orientiert sich nicht etwa an einer möglichst strikten Einhaltung von Prozessvorgaben, sondern stellt die technischen Konzepte und Lösungen in den Vordergrund. Letzten Endes sind es allein die Security-Bausteine – die Implementierung konkreter Security-Maßnahmen in ein physisches Produkt – die für die Sicherheit eines Systems sorgen und nicht die schriftlichen Arbeitsprodukte eines Entwicklungsprozesses. Deshalb schwingt stets der Versuch mit, die Aufmerksamkeit von der Oberfläche in die Tiefen technischer Funktionen und Zusammenhänge zu lenken und darüber hinaus den Fokus von den Vorgaben und Lastenheften der Automobilhersteller auf die Herausforderungen der gesamten Automobilindustrie, inklusive Zulieferer, Dienstleister und weiterer beteiligten Organisationen auszudehnen.

Für ihre fachliche Unterstützung und ihren hilfreichen Ideen danke ich meinen Kollegen Dr.-Ing. Achim Fahrner, Michael Stroh, Nico Vinzenz und Tobias Zimmerer. Bei Prof. Dr.-Ing. Konrad Reif bedanke ich mich für die Inspiration und die richtigen Impulse. Meiner Frau und meiner gesamten Familie danke ich für ihre Unterstützung und Rückendeckung. Und meinen Studierenden danke ich für Ihre Neugier und ihren kritischen Fragen.

Sigmarszell   Manuel Wurm
2021

Inhaltsverzeichnis

Abkürzungsverzeichnis

ACC	Adaptive Cruise Control
AD	Autonomous Driving
AES	Advanced Encryption Algorithm
AM	Aftermarket
ARP	Address Resolution Protocol
ASN.1	Abstract Syntax Notation One
C2CCC	CAR 2 CAR Communication Consortium
CA	Certification Authority
CAN	Controller Area Network
CC	Common Criteria
CDD	Complex Device Driver
CMAC	Cipher-based Message Authentication Code
CPU	Central Processing Unit
CRC	Cyclic Redundancy Check
CSIRT	Computer Security Incident Response Team
CSM	Crypto Service Manager
CVC	Card Verifiable Certificate
DCM	Diagnostic Communication Manager
DMZ	Demilitarisierte Zone
DoIP	Diagnostics over Internet Protocol
DoS	Denial of Service
DSGVO	Datenschutzgrundverordnung
EAL	Evaluation Assurance Level
ECU	Electronic Control Unit
EDR	Event Data Recorder
EE	Execution Environment
FV	Freshness Value
HIS	Herstellerinitiative Software
HMAC	Hash-based Message Authentication Code

HPC	High-Performance Computing
HSM	Hardware Security Modul
IoT	Internet of Things
IP	Intellectual Property
ISO	International Organization for Standardization
ITS	Intelligent Transportation Systems
ITS-S	ITS-Station
JTAG	Joint Test Action Group
KM	Key Manager
KMS	Key Management System
LF	Low Frequency
LIN	Local Interconnect Network
LTS	Long Term Support
MAC	Message Authentication Code
MCU	Microcontroller Unit
MD5	Message-Digest Algorithm 5
MITM	Man-in-the-Middle
MOST	Media Oriented Systems Transport
MPU	Memory Protection Unit
MQTT	Message Queuing Telemetry Transport
OBD	On-Board-Diagnose
OSI	Open Systems Interconnection
OTA	Over The Air
OTP	One Time Programmable
PDU	Protocol Data Unit
PKCS	Public-Key Cryptography Standards
PKE	Passive Keyless Entry
PKI	Passive Keyless Ignition
POSIX	Portable Operating System Interface
PSIRT	Product Security Incident Response Team
RAM	Random-Access Memory
RFID	Radio-Frequency Identification
RKE	Remote Keyless Entry
ROM	Read-Only Memory
RoT	Root of Trust
RSA	Rivest–Shamir–Adleman
RSA SSA PSS	RSA Signature Scheme with Appendix based on Probabilistic Signature Scheme
RTMD	Runtime Manipulation Detection
SAE	Society of Automotive Engineers
SE	Secure Element
SEE	Secure Execution Environment

SHE	Secure Hardware Extension
SIM	Subscriber Identity Module
SOC	Security Operations Center
SoC	System on Chip
SOTIF	Safety Of The Intended Functionality
SPI	Serial Peripheral Interface
SSH	Secure Shell
TDMA	Time Division Multiple Access
TEE	Trusted Execution Environment
TPMS	Tire Pressure Monitoring System
TZ	TrustZone
U2F	Universal Second Factor
UART	Universal Asynchronous Receiver Transmitter
UDP	User Datagram Protocol
UHF	Ultra-High-Frequency
VCU	Vehicle Control Unit
VLAN	Virtual Local Area Network
WFS	Wegfahrsperre
XOR	eXclusive OR

Grundlagen

1

Zusammenfassung

Die zunehmende Komplexität der elektronischen Systeme im Fahrzeug sowie die Vernetzung mit der Außenwelt erhöhen das Risiko für Fahrzeuge, Ziel von Cyberangriffen zu werden. Automotive Cybersecurity identifiziert diese Risiken und führt Methoden und Maßnahmen ein, um sie zu reduzieren. In diesem Kapitel werden die grundlegenden Fachbegriffe und kryptographische Grundlagen eingeführt. Außerdem werden Bedeutung und Nutzen von Cybersecurity für den Automobilbereich erörtert und die größten Herausforderungen beleuchtet.

Die zunehmende Komplexität der elektronischen Systeme im Fahrzeug sowie die Vernetzung mit der Außenwelt erhöhen das Risiko für Fahrzeuge, Ziel von Cyberangriffen zu werden. Automotive Cybersecurity identifiziert diese Risiken und führt Methoden und Maßnahmen ein, um sie zu reduzieren.

In diesem Kapitel werden die wichtigsten Grundlagen über Security im Automobilbereich vermittelt. Zunächst werden die wichtigsten Fachbegriffe, die Schutzziele und kryptographischen Grundlagen eingeführt. Die Bedeutung von Cybersecurity für den Automobilbereich wird näher beleuchtet, indem auf vernetzte und automatisierte Fahrzeuge als aktuelle Entwicklungstrends eingegangen wird und indem erörtert wird, wie moderne Fahrzeuge aus der Perspektive möglicher Angreifer erscheinen.

Um ein möglichst vollständiges Bild von Automotive Security zu erhalten wird anhand eines Bedrohungsmodells und einer Aufstellung verschiedener Angreifertypen deren Motivation, Absichten und Fähigkeiten erläutert.

Schließlich wird auf verschiedene branchentypische Aspekte eingegangen, die die Automobilindustrie als Ganzes im Hinblick auf Cybersecurity vor große Herausforderungen stellen.

1.1   Security-Grundlagen

1.1.1   Fachterminologie und Zusammenhänge

1.1.1.1 Sicherheit

Unter dem Begriff Sicherheit versteht man im Allgemeinen die Gewissheit oder auch die Zuverlässigkeit, dass etwa für eine Person oder für ein Objekt keine Gefahr droht. Die Mehrdeutigkeit des deutschen Begriffs Sicherheit macht ihn allerdings ungeeignet für eine genaue, technische Definition.

Zur Verfeinerung des Sicherheitsbegriffs wird *Security* häufig mit dem Begriff *Zuverlässigkeit* in Beziehung gesetzt. Zuverlässigkeit (engl. dependability) ist ein Maß für die systematische Bewertung bestimmter Eigenschaften eines Systems – in diesem Zusammenhang eines Rechnersystems. Der Begriff *Zuverlässigkeit* beschreibt anhand mehrerer Merkmale das Vertrauen in ein System. [9] und [2] führen zur Begriffsklärung folgende *Attribute* an:

- Verfügbarkeit, im Sinne von Bereitschaft
- Ausfallsicherheit, im Sinne von Betriebszuverlässigkeit
- Safety, in Sinne von funktionaler Sicherheit
- Integrität, im Sinne von unzulässigen (engl. improper) Veränderungen
- Wartbarkeit

Bezogen auf die oben aufgeführten Eigenschaften deckt Security die Verfügbarkeit als auch die Integrität ab, wobei der Integritätsschutz aus der Security-Perspektive sowohl die ungewollten, zufälligen Veränderungen als auch alle beabsichtigten, böswillig gewollten Veränderungen (Angriffe) umfasst. Über die Zuverlässigkeitsattribute hinaus gehört die Vertraulichkeit zu den Standard-Schutzzielen von Security und wird ggf. um die Zurechenbarkeit bzw. Nicht-Abstreitbarkeit ergänzt.

Alles in allem stellt sich somit heraus, dass Security als alternativlose Systemeigenschaft zwingend erforderlich ist, um die Zuverlässigkeit und Sicherheit zu gewährleisten.

Im Kontext technischer Systeme eignen sich die engl. Begriffe Safety und Security besser für eine eindeutige Trennung der beiden Sachverhalte:

- Safety: Der Begriff Safety bezeichnet die funktionale Sicherheit, bzw. die Betriebssicherheit eines Systems. Ein System darf seine Umgebung etwa durch undefiniertes, unzulässiges Verhalten oder Zustände nicht gefährden. Safety schützt somit Mensch und Umwelt vor negativen Einflüssen des Systems, etwa durch Fehlverhalten und Ausfälle.
- Security: Der Begriff Security bezeichnet die Informations- und Datensicherheit bzw. die Angriffssicherheit eines Systems. Security umfasst alle Eigenschaften und Maßnahmen, die das System vor absichtlichen und unabsichtlichen Bedrohungen

von außen schützen. Security schützt somit das System vor negativen Einflüssen von Mensch und Umwelt, wie etwa Bedrohungen und Angriffe. Während sich die sog. klassische IT-Security auf die Absicherung der informationstechnischen Systeme eines Unternehmens wie etwa Computer, Server, Netzwerke und Internetanbindungen konzentriert, zielt die Cybersecurity im Kontext des Automotive Bereichs auf die Absicherung deren Produkte ab. In Fahrzeugen werden sog. *Deeply-Embedded Cyberphysical Systems* integriert, d. h. elektronische Systeme, die in mechatronischen Komponenten verbaut sind und spezifische Funktionen ausführen.

Security ist wie Safety eine eigenständige Disziplin und spielt für die Entwicklung von Fahrzeugen auch eine mindestens gleichwertige Rolle. Die jeweiligen Zielsetzungen erscheinen vollständig gegensätzlich, hinter beiden Disziplinen steht jedoch eine gemeinsame Intention, nämlich die Entwicklung robuster Systeme sowie die Prävention von Schäden.

In bestimmten Aspekten sind Safety und SOTIF sogar von Security abhängig, denn ohne Daten- und Informationssicherheit kann auch die Betriebssicherheit nicht gewährleistet werden. Ohne den Schutz der Security könnte ein Angreifer das System manipulieren und in einen Safety-kritischen Zustand bringen. Für die gesellschaftliche Akzeptanz automatisierter und autonom fahrender Fahrzeuge sind *sichere* Systeme im Sinne von *safe und secure* eine Voraussetzung. Security greift dabei i. d. R. auf wirksamere Werkzeuge zurück als Safety. Kryptographische Prüfsummen oder Hashwerte zur Absicherung der Integrität sind beispielsweise aufgrund ihrer Einweg-Bedingung sowohl gegen zufällige als auch gegen absichtliche Manipulationen geschützt, wohingegen CRC-Prüfsummen, wie sie typischerweise bei Safety-Integritätsschutzmaßnahmen zum Einsatz kommen, leicht rekonstruiert werden können, s. [31]. Zugleich sind Safety-Maßnahmen statisch und auf ein bestimmtes System ausgelegt, d. h. sie werden in aller Regel nach der Entwicklung nur noch für Fehlerkorrekturen angepasst. Security ist dagegen dynamisch und muss sich weit über die Entwicklungsphase hinaus an die sich stetig verändernden Bedrohungsszenarien anpassen.

Ansätze für eine gemeinsame Vorgehensweise von Safety und Security während der Entwicklung, das sog. Co-Engineering, wurden in [1] untersucht. Auf der Grundlage des Safety-Standards ISO 26262 [11] für die funktionale Sicherheit von Straßenfahrzeugen, sowie des Security-Standards SAE J3061 [25] schlugen Amorim et al. eine Vorgehensweise vor, wie „eigenständige, aber sich gegenseitig beeinflussende Disziplinen" miteinander verknüpft werden könnten. Diese Verknüpfung beruht im Wesentlichen auf der Anwendung gemeinsamer bzw. kombinierter Design-Patterns. Eine gegenseitige Beeinflussung sollte dabei möglichst gering bleiben, um nicht etwa durch die Implementierung von Safety-Maßnahmen neue Security-Schwachstellen einzuführen – oder umgekehrt.

Skoglund et al. [28] kamen in ihrer Arbeit zu einem etwas anderen Ergebnis. Für die Designphase sahen sie nur wenige Gemeinsamkeiten. Der Vorteil des Co-Engineerings, d. h. der miteinander verwobenen Entwicklungsprozesse für Safety und Security beschränkte sich ihrer Ansicht nach auf das geringere Risiko für Lücken, etwa durch fehlende Abstimmung und Informationsaustausch. Ein höheres Synergiepotential wird in der Verifikationsphase vermutet, etwa durch die (Wieder-)Verwendung gemeinsamer Testumgebungen und Testmethoden.

Trotz aller Unterschiede, Gemeinsamkeiten und möglicher Synergien dürfen und werden beide Disziplinen niemals von ihren jeweils eigenen Zielsetzungen abkommen. Da Safety im Automotive Bereich schon viel länger ein Thema und deshalb besser etabliert ist als Security, ist es umso kritischer, beide Disziplinen unter einen Hut zu stecken. Zur Förderung eines besseren Verständnisses sowie zur Stärkung einer Security-Kultur ist eine konsequente Abgrenzung bis auf weiteres ratsam.

1.1.1.2 Authentisierung, Authentifizierung, Autorisierung

Die Begriffe Authentisierung, Authentifizierung und Autorisierung werden häufig miteinander verwechselt. Im Bereich der Zugangskontrolle elektronischer Systeme, etwa des Diagnosezugangs einer ECU, besteht ein starker Zusammenhang zwischen diesen Begriffen. Umso wichtiger ist das Verständnis für die einzelnen Vorgänge und deren Bedeutung für die Security eines Systems.

Anhand des folgenden Szenarios werden die Begriffe näher erklärt: Ein Diagnose-tester (Client) möchte eine Diagnosesitzung mit einem angeschlossenen Steuergerät (Server) starten, und auf Dienste zugreifen, die nur für bestimmte Benutzergruppen zugänglich sind.

Der Client authentisiert sich, indem er einen Nachweis seiner Identität an den Server übergibt. Dies kann etwa in Form einer individuellen, vertraulichen Information, z. B. eines Passworts, oder in Form eines Public-Key-Zertifikats geschehen. Der Server authentifiziert den Client, indem er die Echtheit und Glaubwürdigkeit (Authentizität) des Identitätsnachweises überprüft. Dieser Vorgang kann durch Überprüfung des Passworts bzw. durch Überprüfung der Signatur(-kette) des Zertifikats realisiert werden.

Nachdem der Client erfolgreich identifiziert und authentifiziert wurde, kann ihm der Server Zugriff auf Informationen und Dienste gewähren. Zuvor muss jedoch noch überprüft werden, ob der Client über die entsprechenden Berechtigungen verfügt, d. h. für die jeweiligen Dienste autorisiert wurde. Die Autorisierung ist die Vergabe von Berechtigungen für bestimmte Informationen, Zugänge, Dienste, etc. und für eine bestimmte Identität bzw. für bestimmte Gruppen. Technisch wird dies entweder über vordefinierte Gruppenberechtigungen oder über Rechtezertifikate gelöst.

Vergleich: Grenzkontrolle bei der Einreise
Die einreisende Person weist sich mit ihrem Reisepass bei der Grenzkontrolle aus (Authentisierung). Die Grenzbeamtin prüft die Echtheit dieses Identitätsnachweises, etwa anhand fälschungssicherer Merkmale, und gleicht das enthaltene Lichtbild mit dem Gesicht der Person ab (Authentifizierung). Nach der erfolgreichen Authentifizierung erfolgt die Autorisierung, d. h. es wird geprüft, ob die Person etwa aufgrund der Staats-angehörigkeit oder aufgrund eines ausgestellten Visums zur Einreise berechtigt ist.

1.1.1.3 Begriffe des Risikomanagements und deren Zusammenhänge

Ein essenzieller Bestandteil des Cybersecurity-Engineering-Prozesses [13] ist der systematische Umgang mit Gefahren und Risiken. Was ist im Zusammenhang mit Cybersecurity-Angriffen unter Bedrohungen, Schwachstellen und Risiken zu verstehen? Anhand des folgenden Narrativs werden die wichtigsten Begriffe des Risikomanagements und deren Zusammenhänge erklärt.

Im Mittelpunkt des Risikomanagements stehen die Assets des betrachteten Systems. Nach ISO 21434 kann ein kompromittiertes Asset Schäden für dessen Besitzer hervorrufen. Zu den Assets bzw. schützenswerten Gütern zählen unterschiedliche materielle und immaterielle Bestandteile des Systems, etwa sensible Informationen, Fahrzeugfunktionen, Softwarekomponenten, Hardwarekomponenten, Infrastrukturkomponenten und Kommunikationsverbindungen. Die verschiedenen, standardisierten Vorgehensmodelle für die Risikobewertung, s. [12, 24] und [7], legen für die einzelnen Assets ihre jeweiligen Security-Eigenschaften wie Vertraulichkeit, Integrität und Verfügbarkeit fest und definieren dadurch ihren Schutzbedarf.

Eine Bedrohung (engl. threat) ist eine konkrete, drohende Gefahr, die auf ein bestimmtes Asset ausgerichtet ist und ihre Schutzziele beeinträchtigen kann. Zu Bedrohungen zählen nicht nur absichtliche, boshafte Aktivitäten von Angreifern, etwa Manipulation von Informationen oder nicht-autorisierte Zugriffe, sondern auch unabsichtliche und unvorhersehbare Ereignisse, wie etwa Ausfälle der Mobilfunkverbindung oder physische Beschädigungen durch Vandalismus.

Angreifer (engl. attacker) führen Angriffe durch, indem sie vorhandene Schwachstellen (engl. vulnerabilities) ausnutzen. Sie bedrohen damit die Assets eines Systems. Häufig werden passive von aktiven Angriffen unterschieden. Passive Angriffe dienen der Informationsbeschaffung und sind gegen den Schutz der Vertraulichkeit und Privatsphäre gerichtet. Aktive Angriffe sind gegen die Integrität, Authentizität und Verfügbarkeit des Systems gerichtet und nutzen Möglichkeiten zur Manipulation von Daten und Abläufen.

Die Risiken einer Bedrohung werden durch Schwachstellen erhöht und von Gegenmaßnahmen und Schutzkonzepten reduziert. Das Risiko einer Bedrohung ist abhängig von der Wahrscheinlichkeit, dass ein bestimmter Angriff erfolgreich durchgeführt wird, und vom Schaden, der im schlimmsten Falle daraus entsteht. Im Rahmen einer Risikoanalyse werden die Eintrittswahrscheinlichkeiten der einzelnen Bedrohungen (Angriffsvektoren) ermittelt und die möglichen Auswirkungen eines erfolgreichen Angriffs auf das jeweilige Asset bewertet.

Gegenmaßnahmen (engl. security controls) verhindern mögliche Bedrohungen und reduzieren die Eintrittswahrscheinlichkeiten der Angriffsvektoren auf ein akzeptables Niveau. Gegenmaßnahmen werden als Security-Bausteine in einem für das jeweilige System maßgeschneiderten Security-Konzept strukturiert, was in diesem Buch ausführlich untersucht wird.

Als Angreifer kommt eine große Bandbreite verschiedener Personengruppen in Betracht – von einfachen Hobby-Hackern mit relativ beschränkten Mitteln und Kenntnissen über mit z. T. öffentlichen Mitteln geförderten Security-Forschern bis hin zu

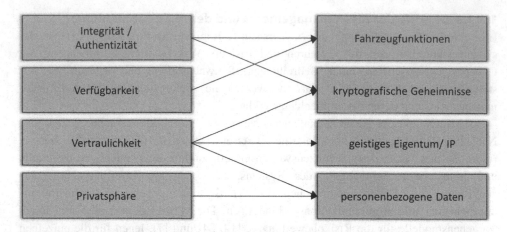

Abb. 1.1 Schutzziele mit Zuordnung zu Assets

staatlichen Organisationen wie Geheimdiensten, die Angriffe etwa zu Überwachungs-
zwecken, Industriespionage oder Cyber-Kriegsführung ausführen. Häufig werden
Angriffe jedoch vom aktuellen Fahrzeugbesitzer durchgeführt. Beispielsweise kann
durch das illegale „Zurückdrehen" des Kilometerstandes der Wiederverkaufswert eines
Fahrzeugs erhöht werden.

1.1.2 Schutzziele

Was sind Schutzziele?
Schutzziele legen die Security-Eigenschaften eines Assets fest – vor dem Hintergrund
eines Bedrohungsszenarios, vor dessen Gefahren das Asset bewahrt werden soll, vgl.
[13]. Basierend auf den Schutzzielen werden die erforderlichen Security-(Gegen-)
Maßnahmen abgeleitet, sodass die Assets keinem oder nur einem akzeptabel geringen
Risiko durch Cybersecurity-Bedrohungen ausgesetzt sind.

Die allgemeinen, klassischen Schutzziele der Kryptographie können in drei Kategorien aufgeteilt werden: Vertraulichkeit, Integrität und Verfügbarkeit. Im Embedded-/
Automotive-Bereich wird dieses Dreigestirn häufig um das Schutzziel Authentizität ergänzt. Nicht alle Schutzziele sind für jedes Asset relevant, s. Abb. 1.1. Zu diesen
klassischen IT-Security-Schutzzielen kommt der Schutz der Privatsphäre sowie der
Schutz, bzw. die Garantie der Zurechenbarkeit. Letzteres spielt allerdings nur für
bestimmte Anwendungsfälle eine Rolle.

Für Fahrzeugfunktionen wie Motorsteuerung und X-by-Wire-Funktionen sind Integrität, Authentizität und Verfügbarkeit relevant. Kryptographische Geheimnisse müssen
vor allem vertraulich behandelt werden, aber auch deren Integrität ist wichtig. Für den

Schutz geistigen Eigentums ist primär deren Vertraulichkeit von Belang. Bei personenbezogenen Daten müssen darüber hinaus Maßnahmen zur Gewährleistung der Privatsphäre getroffen werden.

Beschreibung der Schutzziele und deren technischen Umsetzung

- *Vertraulichkeit* beschreibt die Eigenschaft, dass ausschließlich berechtigte Personen
  bzw. Entitäten auf die zu schützenden Informationen zugreifen können. Dabei ist die
  Zugriffskontrolle nur eine Möglichkeit der technischen Realisierung. Verschlüsselung,
  d. h. die Abbildung des Klartextes in einen Ciphertext, sowie das Verstecken von
  Informationen in einem sog. verdeckten Kanal sind weitere Möglichkeiten. Zu den
  schützenswerten Informationen zählen etwa geistiges Eigentum und Firmengeheimnisse wie die ECU-Software, sowie kryptographische Geheimnisse wie Schlüsselmaterial. Darüber hinaus zählen auch personenbezogene Daten und Informationen,
  die die Pseudonymität oder Anonymität von Personen gefährden könnten, zu den vertraulichen Daten.
- *Integrität* beschreibt den Schutz von Informationen vor unbeabsichtigten oder bös-
  willigen Veränderungen. Unbeabsichtigte Veränderungen können etwa durch Fehler
  bei der Übertragung oder Speicherung auftreten, wohingegen böswillige Veränderungen die absichtliche Manipulation eines Angreifers voraussetzt. Integrität
  schließt die Vollständigkeit mit ein, sodass auch ein Entfernen oder Hinzufügen von
  Informationen als Verstoß gegen diese Eigenschaft erkannt werden würde. Technisch
  wird die Integrität schützenswerter Informationen etwa mittels kryptographischer
  Checksummen geprüft. So kann ein Verlust der Integrität zwar nicht verhindert, aber
  zumindest zweifelsfrei und nicht kompromitierbar erkannt werden. Für praktisch die
  gesamte ECU-Software und insbesondere für safetyrelevante Informationen spielt der
  Schutz deren Integrität für eine korrekte Funktionsweise eine entscheidende Rolle.
- *Authentizität* bedingt, dass die Echtheit einer Information bzw. eines Absenders
  sichergestellt ist. Die Authentizität einer Information ist gegeben, falls dessen Urheber
  eindeutig identifizierbar und dessen Urheberschaft kryptographisch sicher überprüfbar
  ist. Authentizität wird im Kontext der Bedrohungsanalysen häufig in Kombination mit
  Integrität behandelt, weil sich deren technischen Lösungen gleichen oder überlappen.
  So kann mithilfe einer digitalen Signatur die Authentizität einer Information überprüft
  werden, indem die Signatur anhand des öffentlichen Schlüssels des Urhebers verifiziert wird. Eine erfolgreiche Authentizitätsprüfung impliziert stets auch die Integrität
  der jew. Informationen, weil eine verletzte Integrität zwangsläufig ein Scheitern der
  Authentizitätsprüfung nach sich ziehen muss.
- *Verfügbarkeit* (engl. availability) definiert die Anforderung an das System, seine
  Dienste und Funktionen innerhalb einer gewissen Zeitspanne (Echtzeitfähigkeit) nach Aufforderung zur Verfügung stellen zu können. Hardware-, Software-
  und Kommunikationsressourcen müssen abrufbereit sein, damit ein korrekter und
  unmittelbarer Betrieb gewährleistet werden kann. Oftmals ist die Einschränkung oder
  sogar vollständige Verweigerung des Dienstes (engl. denial of service, DoS) das Ziel

eines Angreifers. Eine häufige technische Lösung zum Aufrechterhalten der Verfügbarkeit ist die Implementierung redundanter Pfade. Ein redundantes (Teil-)System
kann bei einem Ausfall die Aufgabe des Primärsystems übernehmen und so die Verfügbarkeit sicherstellen.

- *Zurechenbarkeit* bzw. Verbindlichkeit (engl. accountability) ist eine Eigenschaft, die
dafür garantiert, dass die entsprechende Person oder Entität die Urheberschaft einer
bestimmten Information bzw. eine bestimmte Aktion nicht von sich weisen kann.
Der Begriff Nichtabstreitbarkeit (engl. non-repudiability) wird oftmals sinnver-
wandt benutzt, spielt jedoch insbesondere bei rechtlichen Sachverhalten wie Haftbarkeit und Gewährleistung eine Rolle. Im Kontext der V2X-Kommunikation wurde
die Abstreitbarkeit im Rahmen der Bedrohungsanalyse als mögliche Schwachstelle
identifiziert, s. Abschn. 5.4.2. Falls etwa der Empfang oder das Absenden bestimmter
kritischer Botschaften, beispielsweise Stauende-Warnungen oder Geschwindigkeitsbegrenzungen, abgestritten werden kann, ist eine rechtssichere Zurechenbarkeit nicht
möglich und damit eine eventuelle Strafverfolgung erschwert. Bei fehlendem Schutzziel Nicht-Abstreitbarkeit könnte jeder V2X-Teilnehmer abstreiten, eine bestimmte
Botschaft abgesendet oder empfangen zu haben. Die technische Umsetzung kann
mittels manipulationssicherer Log-Speicher erfolgen, anhand derer der Empfang
bestimmter Botschaften protokolliert und nachgewiesen werden kann. Die Nicht-
Abstreitbarkeit der Urheberschaft einer abgesendeten Botschaft ist durch das digitale
Signaturverfahren in Verbindung mit einer vertrauenswürdigen Public-Key-Infrastruktur gewährleistet.
- Der Schutz der Privatsphäre (engl. privacy) wurde spätestens seit Inkrafttreten der
DSGVO im Jahre 2018 zu einer ernst zu nehmenden Aufgabe für alle Automobil-
hersteller. Im Fahrzeug bzw. in der Teilnahme des Straßenverkehrs werden personen-
bezogene Daten erhoben, verarbeitet und z. T. auch gespeichert. Im Rahmen der
V2X-Kommunikation veröffentlichen Fahrzeuge zyklisch ihre Positionsdaten, was
bei fehlender Pseudonymität oder Anonymität das Erstellen von Bewegungsmustern
der Insassen bzw. Fahrer erlauben würde. Unter Pseudonymität versteht man die
Zuordnung einer Identität zu einer *Tarnidentität,* dem Pseudonym. Dabei gilt es, das
Wissen über diese Zuordnung besonders zu schützen, weil damit die reale Identität aufgedeckt werden könnte. Darüber hinaus ist auch die Vergabe und Zuordnung
mehrerer Pseudonyme zu einer einzigen Entität möglich, vgl. Abschn. 5.4.2, sodass
bspw. ein Pseudonym nur für einen kurzen begrenzten Zeitraum benutzt wird und
somit die Verfolgung und Verhaltensanalyse auf diesen Zeitraum beschränkt wird.

1.1.3 Kryptographische Grundlagen

1.1.3.1 Kryptographie

Was ist Kryptographie?
Der Begriff Kryptographie stammt vom griechischen *kryptos* (verborgen) und *graphein* (schreiben) ab und bezeichnet die Wissenschaft der Geheimschriften oder der Verschlüsselung von Informationen.

Kryptosystem und Sicherheit
Ein Kryptosystem besitzt eine kryptographische Funktion, die einen *Klartext* (=unverschlüsselter Text) in einen *Geheimtext* übersetzt (=Chiffre). Die Entschlüsselungsfunktion ist die Umkehrfunktion der Verschlüsselung. Mit ihrer Hilfe kann aus dem Geheimtext wieder der ursprüngliche Klartext berechnet werden.

Die Sicherheit antiker, einfacher Kryptosysteme, bzw. Chiffren, beruhte auf der Geheimhaltung des Verschlüsselungsverfahrens. Dieses Prinzip wird auch *Security by Obscurity* oder auf Deutsch etwa *Sicherheit durch Unklarheit* genannt. Die Sicherheit moderner Kryptosysteme beruht dagegen auf der Veröffentlichung und ausführlichen Prüfung der Verfahren, sodass Schwächen und Hintertüren vorab möglichst vollständig ausgeschlossen werden können. Gemäß Auguste Kerkhoffs' Prinzip darf die Sicherheit eines Kryptosystems lediglich auf der Geheimhaltung des geheimen Schlüssels beruhen. Zudem muss es aufgrund der schieren Anzahl der Schlüssel praktisch unmöglich sein, den geheimen Schlüssel durch systematisches Ausprobieren (Brute-force-Angriff) herauszufinden.

Beispiel

Die sog. *Cäsar-Chiffre* zählt zu den bekannten Vertretern klassischer Kryptosysteme. Sie diente Gaius Julius Cäsar gemäß historischen Überlieferungen zur Verschlüsselung seines Schriftverkehrs. Für die Verschlüsselung des Klartextes verschiebt sie jeden einzelnen Klartext-Buchstaben um eine vorgegebene Anzahl von Positionen im Alphabet. Die Anzahl dieser Verschiebeschritte definiert den geheimen Schlüssel. Mit dem Schlüssel "3" wird etwa A durch D und Z durch C ersetzt. Für die Entschlüsselung wird die Verschiebung in umgekehrter Richtung ausgeführt.

Die Cäsar-Chiffre bzw. deren Verallgemeinerung, die sog. monoalphabetische Substitution, besitzt gleich mehrere fundamentale Schwächen, die zu einem kryptoanalytischen Angriff einladen. Zum einen besteht der Schlüsselraum aus nur 26 Schlüsseln[1], was ein systematisches Durchprobieren aller Schlüssel selbst ohne

---

[1] Der Einfachheit halber werden zu Demonstrationszwecken die Alphabete der Klartext- und Ciphertexträume und damit auch der Schlüsselraum auf die 26 lateinischen Großbuchstaben beschränkt.

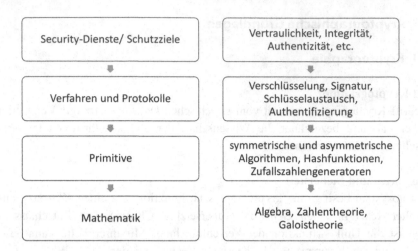

Abb. 1.2 Securitymodell nach ISO

technische Hilfsmittel zulässt. Zum anderen bleibt die statistische Buchstaben-
verteilung bei der monoalphabetischen Substitution unverändert. Da bei der Verschlüsselung jeder Buchstabe – abhängig vom Schlüssel – immer durch einen
anderen, bestimmten Buchstaben ersetzt wird, ändert sich insgesamt an der Buch-
stabenhäufigkeit nichts. In Folge dessen kann mithilfe einer Häufigkeitsanalyse die
Verschlüsselung (zumindest teilweise) rückgängig gemacht werden. ◄

In Anlehnung an das ISO-Securitymodell [10] werden mathematische Grundlagen, kryptographische Algorithmen und Verfahren unterschiedlichen Modellebenen
zugeordnet, s. Abb. 1.2.

Auf der untersten Ebene befindet sich das mathematische Fundament der darüberliegenden kryptographischen Algorithmen. So bauen die kryptographischen Algorithmen
auf verschiedene Theorien, Grundsätze und Probleme der Algebra (Fundamental-
satz), der Zahlentheorie (Faktorisierungsproblem) oder der Galoistheorie (diskreter
Logarithmus) auf. Auf der Ebene der Algorithmen und Primitive sind die grundlegenden
Bausteine wie Block- und Stromchiffren, RSA, Hashfunktionen und Zufallszahlengeneratoren definiert. Auf deren Basis werden auf der Ebene der kryptographischen
Verfahren und Protokolle komplexere Security-Mechanismen entwickelt, etwa Verschlüsselungsverfahren, Signaturverfahren, Schlüsselaustauschprotokolle und Authentifizierungsverfahren. Ganz oben sind die von Bedrohungsanalysen motivierten
Schutzziele wie Vertraulichkeit, Integrität, Authentizität und Verfügbarkeit definiert, die
durch die Anwendung der geeigneten Verfahren und Protokolle erreicht werden können.

1.1.3.2 Prinzipien der symmetrischen und asymmetrische Kryptographie

1.1.3.2.1 Symmetrische Kryptographie

Zur immanenten Aufgabe der Kryptographie zählt die Verschlüsselung von Informationen. Intuitives und über mehrere Jahrhunderte hinweg alternativloses Vorgehen ist die sog. *symmetrische Verschlüsselung*. Aus der symmetrischen Eigenschaft folgt, dass sowohl für die Verschlüsselung als auch für die Entschlüsselung der gleiche Schlüssel verwendet wird.

Dieser Ansatz ähnelt der Benutzung eines Tresors. Analog zur Datenverschlüsselung kann eine Tresortüre mit einem Schlüssel verschlossen und mit dem gleichen Schlüssel wieder aufgeschlossen werden. Nur wer in Besitz des Schlüssels ist, kann die Tresortüre öffnen bzw. die Nachricht entschlüsseln.

1.1.3.2.2 Asymmetrische Kryptographie

Als Alternative zur symmetrischen Kryptographie kam in der Geschichte der Kryptographie erst vergleichsweise spät, und zwar in den 1970er Jahren die Entwicklung asymmetrischer Verfahren ins Spiel.

Die sog. *Public-Key-Verschlüsselungsverfahren* sehen die Verwendung von zwei verschiedenen Schlüsseln vor. Ein öffentlicher Schlüssel und ein privater, geheimer Schlüssel bilden dabei ein Schlüsselpaar. Mit dem öffentlichen Schlüssel wird ein Klartext in den Geheimtext umgewandelt (verschlüsselt) und (nur) mit dem privaten, geheimen Schlüssel kann der Geheimtext wieder in den Klartext zurücktransformiert (entschlüsselt) werden.

Die asymmetrische Kryptographie kann weitgehend in Analogie zum Briefkastenprinzip erklärt werden: Jeder kann einen Brief in den Kasten einwerfen, aber nur der Besitzer kann mit seinem (privaten) Schlüssel den Briefkasten öffnen und den Inhalt lesen. Nur eine Seite benötigt den geheimen, privaten Schlüssel.

Sogenannte Einwegfunktionen stellen in asymmetrischen Verfahren sicher, dass die mit dem öffentlichen Schlüssel durchgeführte Transformation nicht umkehrbar ist. Ansonsten könnte der Geheimtext mit Kenntnis des öffentlichen Schlüssels entschlüsselt werden. Die zentrale Anforderung an Einwegfunktionen ist, dass sie in eine Richtung einfach und schnell, in die umgekehrte Richtung aber praktisch nicht berechnet werden können. Bei asymmetrischen Verfahren werden deshalb Einwegfunktionen mit sog. Falltüren (engl. trapdoor) eingesetzt. Bezogen auf die asymmetrischen Kryptosysteme bedeutet das, dass sich mit Kenntnis des geheimen Schlüssels, die Umkehrfunktion (und damit die Entschlüsselung der Geheimtexte) durchaus effizient berechnen lässt.

Es existieren zwei Klassen von Einwegfunktionen, die auf unterschiedlichen mathematischen Problemen basieren:

- Das *Faktorisierungsproblem* ganzer Zahlen: Ein Produkt aus zwei Primzahlen, d. h. eine Multiplikation, ist einfach zu berechnen. In umgekehrter Richtung besteht die Aufgabe, aus der zusammengesetzten Zahl deren Teile, bzw. aus dem Produkt die Primfaktoren zu ermitteln. Obwohl für dieses Faktorisierungsverfahren einige Algorithmen existieren, etwa das sog. *Quadratische Sieb,* ist kein Verfahren bekannt, das mit heutigen Rechnersystemen in endlicher Zeit zur Lösung kommt und die Aufgabe effizient berechnen kann, s. *Hintergrundinformationen zu Post-Quantum Computing.*
- Das *diskrete Logarithmusproblem*: Ein weiteres mathematisches Problem, das als Einwegfunktion Verwendung findet, ist der diskrete, d. h. ganzzahlige Logarithmus. Während die diskrete Exponentialfunktion vergleichbar einfach zu berechnen ist, ist für dessen Umkehrfunktion kein effizientes Verfahren bekannt. Das diskrete Logarithmusproblem ist Grundlage verschiedener kryptographischer Verfahren, u. a. des Diffie-Hellman-Schlüsselaustauschs und der Elliptischen-Kurven-Kryptosysteme, s. unten.

1.1.3.2.3 Unterschiede in der Schlüsselverwaltung

Verschlüsselungsverfahren sorgen auf der einen Seite zwar für die Vertraulichkeit einer Information, erzeugen auf der anderen Seite jedoch Aufwände und Probleme hinsichtlich der Schlüsselverwaltung.

Ein wesentlicher Unterschied zwischen symmetrischen und asymmetrischen Verfahren liegt hierbei in der Anzahl der erforderlichen Schlüssel.

Symmetrische Verfahren: Für eine vertrauliche Kommunikation zwischen n Teilnehmern benötigt jeder Teilnehmer n-1 Schlüssel, um mit jedem anderen Teilnehmer einen vertraulichen Kanal aufzubauen. Insgesamt beträgt die Anzahl der erforderlichen Schlüssel $(n/2) * (n-1)$.[2] Die Schlüsselanzahl wächst demnach quadratisch mit der Teilnehmerzahl und wird deshalb schnell nicht mehr beherrschbar.

Asymmetrische Verfahren: Für eine vertrauliche Kommunikation benötigt jeder Teilnehmer ein Schlüsselpaar, jeweils bestehend aus einem öffentlichen und einem privaten Schlüssel. Insgesamt beträgt die Anzahl der erforderlichen Schlüssel 2*n. Diese nur linear mit der Teilnehmerzahl ansteigende Schlüsselzahl ist weniger aufwendig und leichter beherrschbar.

Ein weiterer Unterschied besteht in den Anforderungen an den Schlüsselaustausch. Geheime Schlüssel müssen über einen vertraulichen und manipulationsgeschützten Kanal ausgetauscht werden, wohingegen öffentliche Schlüssel lediglich über einen manipulationsgeschützten Kanal ausgetauscht werden müssen.

---

[2] Jeder der n Teilnehmer benötigt zunächst n-1 Schlüssel. Für symmetrische Verfahren wird auf beiden Seiten jedoch der gleiche Schlüssel benötigt, deshalb der Faktor 0,5.

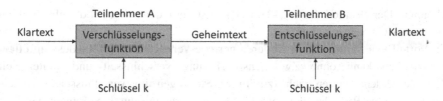

Abb. 1.3 Symmetrische Kryptographie

1.1.3.3 Kryptographische Verfahren und Protokolle

1.1.3.3.1 Symmetrische Kryptosysteme
Symmetrische Kryptosysteme werden unterteilt in Stromchiffre und Blockchiffre. Bei Stromchiffren werden einzelne Elemente des Klartexts, etwa Bits oder Bytes, ver- bzw. entschlüsselt. Bei Blockchiffren erfolgt die Ver- bzw. Entschlüsselung blockweise, d. h. mehrere Elemente des Klartextes, beispielsweise 128 Bit, werden zusammengefasst und in einem Durchgang verarbeitet.

Ein Klartext wird vom Teilnehmer A mit einer Verschlüsselungsfunktion und dem geheimen Schlüssel k verschlüsselt und als Geheimtext an Teilnehmer B übermittelt, s. Abb. 1.3. Teilnehmer B kann den Geheimtext mit der Entschlüsselungsfunktion und dem gleichen Schlüssel k wieder in den Klartext umwandeln bzw. entschlüsseln.

Funktionsweise und Eigenschaften von Stromchiffren
Der Klartext wird durch eine bitweise Verknüpfung des Klartextstroms mit einem Schlüsselstrom verschlüsselt. Ein *Schlüsselstromgenerator* erzeugt aus einem (endlichen) Schlüssel einen pseudozufälligen Bitstrom, den Schlüsselstrom, der zur Verschlüsselung genutzt wird. Im Unterschied zu den Blockchiffren verwenden Stromchiffren relativ einfache Verknüpfungsoperationen wie etwa bitweises XOR. Zur Entschlüsselung muss anhand des gleichen, geheimen Schlüssels der gleiche Schlüsselstrom erzeugt werden.

Die Sicherheit von Stromchiffren hängt maßgeblich von der Güte der verwendeten Zufallszahlen, d. h. des Schlüsselstroms ab. Idealerweise würde anstatt eines Pseudozufallsgenerators ein sog. One-Time-Pad verwendet werden. Ein One-Time-Pad ist prinzipiell ein Schlüssel, der aus einer Folge echter Zufallswerte besteht. Jeder Zufallswert wird nur für die Verschlüsselung eines einzigen Klartextzeichens, bzw. im umgekehrten Fall für die Entschlüsselung eines einzigen Geheimtextzeichens verwendet– daher die Bezeichnung *One-Time*-Pad. Dieses Verschlüsselungsverfahren ist informationstheoretisch sicher und kryptoanalytisch nicht brechbar, denn ein Durchprobieren aller Schlüssel würde als Ergebnis neben dem korrekten Klartext auch alle anderen sinnvollen und sinnlosen Texte derselben Länge ergeben. Der Angreifer hätte allerdings keine Möglichkeit, aus der Menge aller möglichen Texte den korrekten Text zu erkennen. Der Nachteil des One-Time-Pads ist, dass der Schlüssel die gleiche Länge wie die Nachricht besitzen muss.

Ein Vorteil von Stromchiffren ist deren geringe Verzögerung, denn jedes eintreffende Klartextzeichen kann ohne Zwischenspeicherung verschlüsselt und weitergeleitet werden. Außerdem wirken sich (zufällige) Störungen im verschlüsselten Geheimtext, d. h. einzelne Bitfehler, die etwa bei der Übertragung durch Störungen verfälscht wurden, nach der Entschlüsselung auch nur auf die entsprechenden Bits im Klartext aus. Stromchiffren eigenen sich deshalb für die Anwendung im Mobilfunkbereich und für Übertragungen von Audiodaten.

Funktionsweise und Eigenschaften von Blockchiffren
Blockchiffren verarbeiten Blöcke fester Länge, d. h. n Klartextbits werden in einem Block gleichzeitig mit einem geheimen Schlüssel verschlüsselt. Typische Blocklängen variieren abhängig vom Verschlüsselungsverfahren zwischen 64 Bit und 256 Bit.

Der Mathematiker Claude Elwood Shannon definierte 1949 zwei wichtige Anforderungen, die Blockchiffren zum Erzielen einer starken Verschlüsselung erfüllen müssen, s. [27]:

- *Konfusion*: Die Operationen der Blockchiffre müssen die Beziehung zwischen Klartext, Schlüssel und Geheimtext verbergen, etwa mithilfe von Substitution. Der Geheimtext sollte keine (statistischen) Eigenschaften besitzen, die Rückschlüsse auf Schlüssel oder Klartext ermöglichen.
- *Diffusion*: Jedes Bit des Klartextes und jedes Bit des Schlüssels sollte möglichst viele Bits des Geheimtextes beeinflussen, etwa mithilfe von Permutation der einzelnen Bits in einem Block.

Zwei Designprinzipien, Permutation und Substitution, dienen dabei der Erhöhung der Konfusion bzw. Diffusion:

- Permutation: Ein Element des Klartextes wird innerhalb des Blocks umgestellt. In mehreren Runden wird dadurch die Anordnung bzw. Reihenfolge der Elemente verändert.
- Substitution: Ein Element des Klartextes wird anhand einer bestimmten Vorschrift ersetzt.

Moderne Blockchiffren wie AES (Advanced Encryption Standard) permutieren und substituieren den zu verschlüsselnden Block mehrmals hintereinander in mehreren Runden, um ein möglichst hohes Maß an Konfusion und Diffusion zu erreichen.

Blockchiffren können in verschiedenen Betriebsmodi genutzt werden. Der intuitivste Betriebsmodus ist die voneinander unabhängige, blockweise Verschlüsselung des Klartextes. Der beliebig lange Klartext wird dabei in mehrere Blöcke aufgeteilt und der letzte Block wird ggf. aufgefüllt (Padding). In diesem, sog. ECB-Modus (Electronic Codebook

Mode) wird jeder Block mit dem gleichen Schlüssel verschlüsselt. Identische Klartextblöcke werden zu identischen Geheimtextblöcke verschlüsselt. Sich wiederholende
Muster im Klartext sind im ECB-Modus in den Geheimtextblöcken wiederzufinden, was
Rückschlüsse auf den Klartext zulässt und ggf. eine Kryptoanalyse begünstigt. Darüber
hinaus kann ein Angreifer einzelne Blöcke gezielt miteinander vertauschen, entfernen
oder eigene Blöcke einschleusen. Indem sie dafür sorgen, dass die jeweiligen Geheimtextblöcke nicht nur vom Klartext und vom Schlüssel abhängen, sondern von einer
weiteren Information, schaffen mehrere verschiedene Betriebsmodi Abhilfe gegen die
oben genannten Schwächen. Im Counter Mode (CTR) dient ein einfacher, monotoner
Zähler als zusätzlicher Parameter und im Cipher Block Chaining Mode (CBC) wird der
vorherige Geheimtextblock gemeinsam mit dem Klartextblock verschlüsselt und für den
allerersten Block wird ein Initialisierungsvektor verwendet. Durch diese Verkettung entsteht eine Abhängigkeit der einzelnen Blöcke voneinander. Wiederholungen und Muster
im Klartext werden somit verschleiert, da identische Klartextblöcke mit unterschiedlichen Parametern verschlüsselt werden.

Der Advanced Encryption Standard (AES) ist der bedeutendste Vertreter symmetrischer Blockchiffren. AES verarbeitet jeden Block in einem Permutations- und
Substitutionsnetzwerk. Dabei werden in Abhängigkeit der Block- und Schlüssellänge
zwischen 10 und 14 Runden durchlaufen. Jede Runde besteht aus vier Transformations-
schritten.

- *Substitution:* Jedes Byte des Blocks wird anhand einer sog. Substitutionsbox (S-Box)
  monoalphabetisch verschlüsselt. Dies dient der Vermischung der Bits innerhalb jedes
  Bytes.
- *ShiftRow* und *MixColumn:* Diese beiden Operationen dienen der Permutation, d. h.
  die einzelnen Bytes werden innerhalb des Blocks in jeder Runde neu angeordnet, um
  die Diffusion zu erhöhen.
- *KeyAddition:* In diesem Schritt wird der Block mit einer bitweisen XOR-Operation
  mit dem Schlüssel, bzw. dem davon abgeleiteten Rundenschlüssel verknüpft.

Seit seiner Einführung im Jahre 2000 wurden mehrere Schwächen des AES-Algorithmus veröffentlicht. Der bislang erfolgversprechendste Angriff, der sog. Biclique-Angriff,
wurde 2011 veröffentlicht und reduziert den Berechnungsaufwand für eine vollständige
Schlüsselsuche von 128 Bit auf 126,1 Bit bzw. von 256 Bit auf 254,4 Bit [4]. Die
resultierende, effektive Schlüssellänge ist dennoch weiterhin ausreichend hoch, sodass
weder Biclique-Angriffe noch andere Angriffe eine praktische Bedrohung für die Sicherheit des AES-Algorithmus darstellen. AES gilt stand heute als sicherer Algorithmus.

1.1.3.3.2 Hashfunktionen

Hashfunktionen bilden Nachrichten beliebiger Länge auf Hashwerte kurzer, fester
Länge ab. Hashfunktionen arbeiten ohne Schlüssel, weshalb die Hashwerte, die häufig

auch als Fingerabdrücke bezeichnet werden, ausschließlich von der jeweiligen Nachricht, abhängen. Für ihre Anwendung in der Kryptographie müssen Hashfunktionen die folgenden Anforderungen erfüllen:

- Hashfunktionen sollten Einweg-Funktionen sein. D. h. die Hashfunktion sollte effizient aus einer Nachricht den zugehörenden Hashwert berechnen können, zu einem gegebenen Hashwert sollte es allerdings praktisch nicht möglich sein, eine zugehörende Nachricht zu finden. Im Englischen wird diese Eigenschaft *Pre-Image-Resistance* bezeichnet.
- Aufgrund der unterschiedlichen Größen von Urbildbereich und Bildbereich sind Kollisionen möglich, d. h. es existieren Paare unterschiedlicher Nachrichten, für die die Hashfunktion die gleichen Hashwerte berechnet. Die sog. *schwache Kollisionsresistenz* (engl. second pre-image resistance) fordert von kryptographischen Hashfunktionen, dass es praktisch nicht möglich sein darf, für eine gegebene Nachricht eine zweite, sich unterscheidende Nachricht zu finden, die denselben Hashwert liefert wie die erste Nachricht. Diese Eigenschaft spielt insbesondere für die Sicherheit digitaler Signaturen eine bedeutende Rolle, weil mithilfe eines sog. Second-Preimage-Angriffs für eine gegebene, signierte Nachricht eine zweite Nachricht gefunden werden könnte, die denselben Hashwert und damit dieselbe Signatur besitzt.
- Die *starke Kollisionsresistenz* (engl. collision resistance) fordert von kryptographischen Hashfunktionen, dass es praktisch nicht möglich sein darf, zwei beliebige Nachrichten mit demselben Hashwert zu finden. Ein Beispiel eines sog. Kollisionsangriffs wurde 2007 erfolgreich von [30] am inzwischen als unsicher eingestuften MD5-Hashalgorithmus demonstriert.

Als kryptographische Primitive kommen Hashfunktionen in verschiedenen kryptographischen Anwendungen zum Tragen. Sie sind beispielsweise ein fester Bestandteil der meisten Signaturverfahren, weil in der Regel nicht die Nachrichten selbst, sondern deren Hashwerte signiert werden. Ein weiteres, wichtiges Anwendungsgebiet sind Integritätsprüfungen. So kann etwa die Datenintegrität von Nachrichten oder Applikationsparameter der ECU-Software anhand der zugehörigen Hashwerte überprüft werden.

Zu den bekanntesten und am weitesten verbreiteten Hashfunktionen zählen der Message-Digest-Algorithmus und der Secure Hash Algorithm (SHA). Der MD5-Algorithmus wird seit 2005 aufgrund der Existenz eines effizienten Angriffs als unsicher eingestuft. Die Secure Hash Algorithmen (SHA) wurden von NIST spezifiziert. Für SHA-1 sind seit 2017 Schwachstellen bekannt, weshalb auch er seither nicht mehr eingesetzt werden sollte. Seine Nachfolger SHA-2 und SHA-3 gelten als sicher.

1.1.3.3.3 asymmetrische Kryptosysteme

Wie oben beschrieben, kommen beim asymmetrischen Kryptosystem (auch Public-Key-Kryptosystem) zwei Schlüssel zum Einsatz. Jeder Teilnehmer besitzt ein Schlüsselpaar,

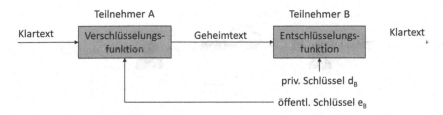

Abb. 1.4 Asymmetrisches Kryptosystem

bestehend aus einem öffentlichen Schlüssel e und einem privaten Schlüssel d. Wenn Teilnehmer A eine verschlüsselte Nachricht an Teilnehmer B senden möchte, muss der Klartext der Nachricht mit dem öffentlichen Schlüssel von B (e_B) verschlüsselt werden, s. Abb. 1.4. Zuvor muss Teilnehmer B seinen öffentlichen Schlüssel an Alice übermitteln. Dieser Vorgang kann, im Gegensatz zu symmetrischen Verfahren, über öffentliche, unverschlüsselte Kanäle erfolgen. Die verschlüsselte Nachricht kann nur der Besitzer des privaten Schlüssels d_B wieder entschlüsseln, also Teilnehmer B.

Eine wichtige Eigenschaft von Public-Key-Kryptosystemen ist, dass der private Schlüssel d zum öffentlichen Schlüssel e passt, sodass er die Verschlüsselung vollständig und korrekt umkehren kann. Andererseits darf es nicht möglich sein, aus dem öffentlichen Schlüssel Rückschlüsse auf den geheimen, privaten Schlüssel ziehen zu können.

Im Gegensatz zu symmetrischen Schlüsseln, die bestenfalls aus echten Zufallszahlen erzeugt werden, sind die Anforderungen an die Generierung asymmetrischer Schlüssel wesentlich komplexer.

Beim bekanntesten Vertreter asymmetrischer Kryptosysteme, dem RSA-Verfahren (benannt nach ihren Erfindern Ron Rivest, Adi Shamir und Leonard Adleman), sind große Primzahlen die Grundlage für die Schlüsselerzeugung. Die Sicherheit des Verfahrens basiert auf dem Faktorisierungsproblem, s. oben, sodass es praktisch unmöglich ist, die öffentlichen Schlüsselparameter zu faktorisieren, um damit wiederum den geheimen Schlüssel zu berechnen.

Die kürzeste Schlüssellänge für das RSA-Verfahren, die heute noch als sicher gilt (bis ca. 2023 [5]), beträgt 2000 Bit – eine Dezimalzahl mit rund 600 Dezimalstellen. Für die praktische Anwendung hat dies zu Folge, dass hier im Gegensatz zu symmetrischen Verfahren relativ große Bereiche für die Speicherung und Verarbeitung der RSA-Schlüssel vorgesehen werden müssen.

Zur Verbesserung der Effizienz werden für die öffentlichen Schlüssel häufig kleinere Werte gewählt – im Rahmen der zulässigen Anforderungen von RSA – sodass, der Speicherbedarf und demzufolge auch der Rechenaufwand für die kryptographischen Operationen mit dem öffentlichen Schlüssel schneller ausgeführt werden können. Für Anwendungen auf eingebetteten Systemen ist diese ressourcenschonende Möglichkeit die übliche Praxis. Als Alternative zum RSA-Kryptosystem benötigen *Elliptische-Kurven-Kryptosysteme* (engl. Elliptic Curve Cryptosystem, ECC) bei vergleichbarem

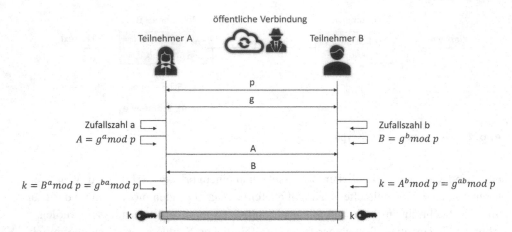

Abb. 1.5 Schlüsselaustauschprotokoll

Sicherheitsniveau wesentlich kürzere Schlüssel als RSA- oder DLP-Verfahren, s. unten unter *Empfohlene Schlüssellängen*. ECC gewinnt deshalb insbesondere für die ressourcenbeschränkten, eingebettete Systeme an Bedeutung.

Für eine ausführliche Erklärung der zugrunde liegenden Mathematik des RSA-Verfahrens, des DLP-Verfahrens und des Elliptischen-Kurven-Kryptosystems wird auf [23] verwiesen.

1.1.3.3.4 Schlüsselaustauschprotokolle

Symmetrische Kryptosysteme setzen voraus, dass alle Teilnehmer über einen gemeinsamen Schlüssel verfügen. Dieser geheime Schlüssel muss zuvor entweder über einen sicheren Kanal oder bei einem persönlichen Treffen ausgetauscht werden. In der Praxis ist diese Art des Schlüsselaustauschs häufig nicht machbar, da sich die Kommunikationsteilnehmer entweder nicht kennen oder über keinen sicheren Kanal verfügen (Internet). Wie können aber Teilnehmer über einen öffentlichen, unsicheren Kanal einen gemeinsamen Schlüssel austauschen? Das *Diffie-Hellman-Protokoll,* benannt nach Whitfield Diffie und Martin Hellman, beschreibt eine Möglichkeit zur Schlüsselvereinbarung und löst damit dieses Schlüsseltauschproblem, s. [6]. Das Ziel des DH-Protokolls ist es, einen gemeinsamen Schlüssel für die sichere Kommunikation zu vereinbaren – als Sitzungsschlüssel und zur Absicherung der Authentizität und Vertraulichkeit während der Kommunikationssitzung.

Die zugrunde liegende Mathematik beruht auf Galois-Körpern und bestimmten Eigenschaften des diskreten Logarithmus. Zum einen ist die diskrete Exponentialfunktion in Galoiskörpern eine Einwegfunktion, d. h. für deren Umkehrung, den diskreten Logarithmus, ist zurzeit kein effizientes Verfahren bekannt. Zum anderen ist die Exponentiation kommutativ, d. h. die Exponenten können miteinander vertauscht werden.

In Abb. 1.5 einigen sich Teilnehmer A und B mithilfe des DH-Protokolls über eine unsichere Verbindung auf ein gemeinsames Geheimnis k: Zunächst einigen sich

Teilnehmer A und B auf eine Primzahl p, typischerweise mit einer Länge eines aktuellen RSA-Schlüssels (z.Z. mindestens 2000 Bit) sowie eine ganze Zahl g^3. Danach berechnet Teilnehmer A eine geheime Zufallszahl a und berechnet $A = g^a$ mod p. Teilnehmer B berechnet ebenfalls eine geheime Zufallszahl b und berechnet $B = g^b$ mod p. Teilnehmer A und B schicken sich gegenseitig ihre berechneten Werte A und B zu. Beide Teilnehmer können daraus den gemeinsamen, geheimen Schlüssel k berechnen: $k = B^a$ mod $p = g^{ba}$ mod $p = A^b$ mod $p = g^{ab}$ mod p. Ein Angreifer, der die Kommunikation zwischen Teilnehmer A und B mithören kann, kann aus den öffentlich ausgetauschten Parametern p, g, A und B das gemeinsame Geheimnis k nicht berechnen, denn hierzu müsste der diskrete Logarithmus von A oder B berechnet werden. Zur weiterführenden Lektüre der mathematischen Grundlage und Beweisführung wird auf [23] verwiesen.

Eine wichtige Voraussetzung für die Sicherheit des DH-Protokolls ist die Authentisierung der ausgetauschten Botschaften. Falls die Botschaften während der Schlüsselvereinbarung nicht authentisiert werden kann ein Angreifer einen MITM-Angriff durchführen.

Im Automotive-Bereich kommt das DH-Protokoll eher selten zum Einsatz, da die Kommunikationspartner wie etwa fahrzeuginterne Komponenten oder Backend-Server normalerweise im Voraus feststehen. Schlüsselzertifikate können demnach bereits im Vorfeld erstellt und ausgetauscht werden, sodass eine spontane Schlüsselvereinbarung mit unbekannten Teilnehmern in der Regel nicht erforderlich ist. Dennoch existieren für einige Sonderfälle Anwendungsszenarien der Schlüsselvereinbarung im Fahrzeug. Beispiel: Für die Schlüsselvereinbarung zwischen mehreren unbekannten ECUs, etwa zum Einlernen des Immobilisers bei der Fahrzeuginbetriebnahme oder für die Vereinbarung der SecOC-Schlüssel (initial bei der Fahrzeuginbetriebnahme oder nach einem Austausch einer Komponente), s. [16] und Abschn. 5.3.4.

1.1.3.3.5 Signaturverfahren
Wie kann der Empfänger einer Nachricht sicher sein, dass die Nachricht von einem bekannten Absender stammt (Authentizität) und unterwegs nicht verändert wurde (Integrität)?

Signaturen sind kryptographisch erzeugte Informationen, die Nachrichten (oder allgemein: digitale Daten) hinsichtlich dieser beiden Schutzziele absichern sollen. Für bestimmte Anwendungsbereiche wird zusätzlich die Zurechenbarkeit bzw. die Nichtabstreitbarkeit, s. Abschn. 1.1.2, als abzusichernden Schutzziel berücksichtigt.

Signaturverfahren können auf die gleiche Weise in symmetrische und asymmetrische Verfahren unterteilt werden wie Verschlüsselungsverfahren. Digitale, elektronische Signaturen werden mittels asymmetrischer Verfahren umgesetzt und symmetrische Verfahren dienen der Erstellung und Prüfung sog. Message Authentication Codes (MAC).

---

[3] An die Zahl g werden bestimmte Anforderungen gestellt, s. math. Grundlagen.

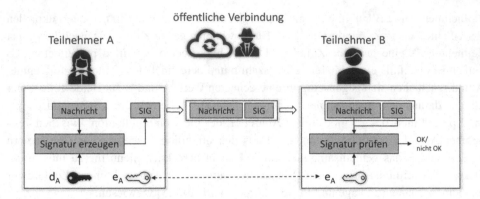

Abb. 1.6 Digitale Signatur

1.1.3.3.5.1 Digitale Signatur

Digitale Signaturen werden mithilfe asymmetrischer Verfahren wie RSA, ElGamal oder ECC erstellt. In Abb. 1.6 wird ihre grundsätzliche Funktionsweise dargestellt. Teilnehmer A möchte über eine öffentliche, unsichere Verbindung eine Nachricht an Teilnehmer B schicken. Teilnehmer B möchte prüfen, ob die empfangene Nachricht tatsächlich von Teilnehmer A stammt und unterwegs nicht verändert wurde. Voraussetzung für das folgende Protokoll ist die Verfügbarkeit eines Algorithmus zur Berechnung einer Signatur auf der Senderseite und eines Algorithmus zur Prüfung der Signatur auf der Empfängerseite. Außerdem muss Teilnehmer A über ein asymmetrisches Schlüsselpaar (e_A, d_A) verfügen und den öffentlichen Teil e_A an den Empfänger übermitteln.

Teilnehmer A erzeugt mithilfe des privaten Schlüssels d_A die Signatur SIG der Nachricht und hängt diese an die zu sendende Nachricht an. Teilnehmer B prüft mithilfe des öffentlichen Schlüssels e_A, ob die Signatur der empfangenden Nachricht gültig ist oder nicht. Bei einer gültigen Signatur sind Authentizität und Integrität der Nachricht sichergestellt. Bei einer ungültigen Signatur wurden Nachricht oder Signatur unterwegs (absichtlich oder zufällig) verändert, sodass die definierten Schutzziele für diese Nachricht verfehlt wurden.

Im Gegensatz zum Message Authentication Code ermöglicht eine digitale Signatur das Schutzziel Zurechenbarkeit, d. h. jeder Empfänger einer Nachricht mit gültiger Signatur kann die Urheberschaft dieser Nachricht eindeutig und nicht abstreitbar dem Besitzer des zugehörigen privaten Schlüssels zuordnen.

Anders als bei der Verschlüsselung wird für das Signaturverfahren das Schlüsselpaar des Senders verwendet, weil die kritische Aktion, die Signaturerzeugung, mit dem privaten Schlüssel durchgeführt werden muss. Die Signaturprüfung ist ein unkritischer Vorgang und kann von jedem Teilnehmer, der den öffentlichen Schlüssel des Senders kennt, durchgeführt werden.

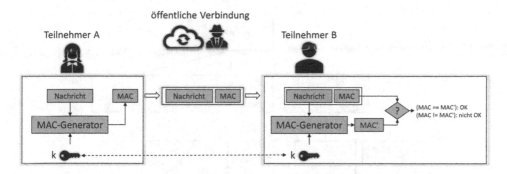

Abb. 1.7 Message Authentication Code

Abweichend von dem hier dargestellten prinzipiellen Ablauf werden üblicherweise nicht die Nachrichten selbst signiert, sondern deren Hashwerte. Somit können die Nachrichten eine beliebige Länge besitzen und sind nicht an Beschränkungen des Signaturverfahrens gebunden. Darüber hinaus sind in der Praxis zum Schutz gegen verschiedenartige Angriffe mehrere Maßnahmen erforderlich, die in modernen, standardisierten Signaturverfahren wie *RSA SSA PSS* in PKCS#1 bereits umgesetzt sind, s. [19].

1.1.3.3.5.2 Message Authentication Code

Message Authentication Codes werden mithilfe symmetrischer Verfahren wie Blockchiffren oder schlüsselbasierten Hashfunktionen erstellt. In Abb. 1.7 wird ihre grundsätzliche Funktionsweise dargestellt.

Teilnehmer A möchte über eine öffentliche, unsichere Verbindung eine Nachricht an Teilnehmer B schicken. Teilnehmer B möchte prüfen, ob die empfangene Nachricht tatsächlich von Teilnehmer A stammt und nicht verändert wurde. Voraussetzung für das folgende Protokoll ist die Verfügbarkeit eines MAC-Generators und eines geheimen Schlüssels auf beiden Seiten. Letzterer muss ggf. vorab über einen sicheren Kanal oder per Schlüsselvereinbarungsverfahren ausgetauscht werden.

Teilnehmer A (Sender) berechnet mithilfe des MAC-Generators aus der Nachricht und dem geheimen Schlüssel k den MAC und hängt diesen an die zu sendende Nachricht an. Teilnehmer B (Empfänger) berechnet MAC' aus der empfangenen Nachricht mithilfe des MAC-Generators und des Schlüssels k und vergleicht den empfangenen MAC mit dem berechneten MAC'. Bei Übereinstimmung sind Authentizität und Integrität der Nachricht sichergestellt. Bei Ungleichheit wurden Nachricht oder MAC unterwegs (absichtlich oder zufällig) verändert, sodass die definierten Schutzziele für diese Nachricht verfehlt wurden.

Im Gegensatz zur digitalen Signatur ermöglicht ein Message Authentication Code keine Zurechenbarkeit. Jeder Teilnehmer, der in Besitz des Schlüssels k ist, kann für eine

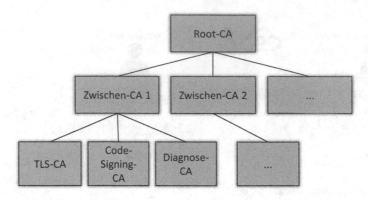

Abb. 1.8 Public-Key-Infrastruktur

Nachricht den zugehörige MAC-Wert berechnen. Trotz dieses Nachteils werden Message
Authentication Codes wegen der viel besseren Performance häufig angewandt.

1.1.3.3.6 Zertifikate und PKI

Was sind Zertifikate und wozu dienen sie? Ein Zertifikat ist, vereinfacht ausgedrückt,
eine Datenstruktur, die von einer vertrauenswürdigen Instanz signiert wurde und dessen
Echtheit anhand dessen öffentlichen Schlüssels überprüft werden kann.

Die Datenstruktur der Zertifikate kann entweder proprietär spezifiziert werden oder
es wird ein Standard-Format wie etwa X.509 oder CVC gewählt. Der X.509-Standard
ist insbesondere für Anwendungen und Protokolle im Internet weit verbreitet. Ein
X.509-Zertifikat macht unter anderem Angaben zu dessen Inhaber und enthält dessen
öffentlichen Schlüssel. Für die Anwendung des Zertifikats sind Informationen über
dessen Gültigkeitszeitraum sowie über den Aussteller und den verwendeten Algorithmus zum Signieren des Zertifikats enthalten. Der Aussteller eines Zertifikats, die sog.
Certification Authority (CA), ist in der Regel Teil einer hierarchischen Vertrauensarchi-
tektur, der sog. Public-Key-Infrastruktur (PKI).

In Abb. 1.8 wird die PKI idealisiert mit einer Baumstruktur dargestellt. Die Wurzel-
instanz bildet die Root-CA. Keine Autorität steht über ihr, d. h. ihr muss vertraut werden.
Deshalb ist auch die Einbindung des Root-Zertifikats mit dem öffentlichen Schlüssel der
Root-CA in eingebettete Systeme zwingend abzusichern.

Unterhalb der Root-CA befinden sich eine oder mehrere Zwischenebenen. Die
Zwischen-CAs (engl. Intermediate CA) dienen vor allem der Risikominimierung, etwa
um die Root-CA nicht unnötig zu exponieren (die Root-CA signiert nur die wenigen
Zwischen-CAs) und um ggf. verschiedene Geschäftsbereiche, Fahrzeug-Plattformen,
Backend-Server oder Wirtschaftsräume voneinander zu trennen. Eventuell auftretende
Security-Vorfälle beschränken sich in ihren Auswirkungen stets nur auf den jeweiligen
Teilbereich.

Unter den Zwischen-CAs befinden sich CAs zur Ausstellung der Zertifikate für verschiedene Anwendungen, etwa für die TLS-Kommunikation, für den authentifizierten Diagnosezugang oder für die Erstellung von Codesignaturen.

PKIs schaffen außerdem die Möglichkeit, Zertifikate aus bestimmten Gründen wieder zurückziehen, d. h. als ungültig zu kennzeichnen. Diese sog. Revokation ist geboten, falls etwa der jeweilige Zertifikatinhaber aus dem Projekt oder dem Unternehmen ausscheidet, falls ein Gerät oder Fahrzeug außer Betrieb genommen wird (Decommission, s. Kap. 4) oder falls private Schlüssel kompromittiert wurden und in Folge dessen erneuert werden müssen. Certificate Revocation Lists (CRL) dienen zur Mitteilung aller Instanzen einer PKI über die zurückgezogenen Zertifikate.

Für welche Anwendungsfälle können digitale Zertifikate genutzt werden?
Zertifikate liefern eine Lösung für ein fundamentales Problem der asymmetrischen Verschlüsselungs- und Signaturverfahren: Wie kann sich ein Teilnehmer sicher sein, dass der öffentliche Schlüssel dem richtigen Teilnehmer gehört und nicht manipuliert wurde?

Ein Zertifikat ermöglicht eine beglaubigte Zuordnung eines öffentlichen Schlüssels zu einer bestimmten Identität. Ein Public-Key-Zertifikat kann hinsichtlich seiner Authentizität überprüft werden, indem die Signatur des Zertifikats mit dem Schlüssel der CA verifiziert wird.[4] Ohne diese Schutzmaßnahme könnte ein Angreifer einen *Man-In-The-Middle-Angriff* (MITM) auf den Schlüsselaustausch durchführen und bei Erfolg ohne Kenntnis der Teilnehmer deren Kommunikation lesen und manipulieren.

Ein weiterer Anwendungsfall für digitale Zertifikate ist das sog. *Attributzertifikat* (engl. Authorisation certificate), das ebenfalls im X.509-Standard spezifiziert ist. Im Unterschied zum Public-Key-Zertifikat enthält ein Attributzertifikat selbst keinen Schlüssel. Vielmehr verweist es auf ein Public-Key-Zertifikat und ergänzt dessen Inhaber um zusätzliche Attribute wie etwa Berechtigungen oder Rollenzuordnungen. Auch das Attributzertifikat muss über eine von einer vertrauenswürdigen Instanz (PKI) ausgestellten Signatur verfügen. Die Trennung zwischen Identität/Schlüssel und zusätzlichen Attributen ermöglicht beliebige Erweiterungen der Attribute unter Beibehalten des Schlüsselzertifikats.

1.1.3.3.7 Zufallszahlen

Welche Rolle spielen Zufallszahlen für die Cybersecurity?
Die Grundlage vieler kryptographischer Verfahren und Protokolle sind gute Zufallszahlen. Zufallszahlen werden zum Erzeugen von Schlüsseln, für Challenge-Response-Verfahren oder als Initialisierungsvektoren für kryptographische Algorithmen benötigt.

---

[4] Um das höchste Maß an Sicherheit zu erreichen sollte die Zertifikatskette bis zur Root-CA der PKI überprüft werden.

Bei Cyberangriffen werden in den meisten Fällen nicht die kryptographischen Primitive oder Verfahren selbst angegriffen, denn die zugrunde liegende Mathematik ist bei modernen Verfahren praktisch nicht zu brechen – zumindest solange noch keine Quantencomputer verfügbar sind. Viel erfolgsversprechender sind hingegen Angriffe, wenn Implementierungsfehler vorhanden sind, insbesondere Fehler bei der Erzeugung von Zufallszahlen.

Ein prominentes Beispiel sind die digitalen Bürgerzertifikate in Taiwan (Citizen Digital Certificate). Sie wurden 2013 erfolgreich angegriffen, s. [3]. Das Problem bzw. die Schwachstelle lag dabei nicht im implementierten RSA-Algorithmus oder im (hinreichend guten) Zufallszahlengenerator der SmartCards, sondern in dessen fehlerhaften Implementierung.

Wie zufällig müssen gute Zufallszahlen sein?
Idealer Zufall setzt ein nicht-vorhersagbares und nicht beeinflussbares, unabhängiges Ergebnis voraus. Mit verschiedenen statistischen Tests, wie etwa dem *Autokorrelations-Test* oder dem *Chi-Quadrat-Test,* können die Eigenschaften von Zufallsfolgen, genauer gesagt deren Güte, überprüft werden. Korrelationen, Abhängigkeiten und systematische Fehler können damit gefunden und nicht-zufällige Zahlenfolgen können erkannt werden, s. [15].

Anforderungen an kryptographisch sichere Zufallszahlen
Die oben genannte Anforderung der Nicht-Vorhersagbarkeit lässt sich unterteilen in die sog. *Vorwärts-Unvorhersagbarkeit* (engl. forward unpredictability oder forward secrecy) und die *Rückwärts-Unberechenbarkeit* (engl. backward unpredictability oder backward secrecy). Beide Eigenschaften fordern, dass aus der aktuellen Ausgabe eines Zufallszahlengenerator, d. h. aus der aktuellen Zufallszahl, keinerlei Rückschlüsse auf die vorhergehenden bzw. nachfolgenden/zukünftigen Zufallszahlen gezogen werden können.

Erzeugung von Zufallszahlen
Problem: Rechnersysteme arbeiten deterministisch, d. h. bei gleichen Eingaben liefern sie die gleichen Ergebnisse. Ihre Funktionen sind vorprogrammiert, was hier wörtlich zu verstehen ist. Zum Erzeugen zufälliger Ergebnisse wurden Rechnersysteme nicht spezifiziert.

Pseudo-Zufallszahlengenerator Deterministische Zufallszahlengeneratoren erzeugen Zufallsfolgen, die nachvollziehbar und berechenbar sind. Die Ergebnisse sind keine echten Zufallszahlen, daher der Präfix *Pseudo.* PRNGs berechnen anhand eines vorgegebenen Algorithmus eine beliebig lange, aber endliche und sich wiederholende Zahlenfolge. Anhand des Seeds, dem initialen Entropiewert, wird der Einstiegspunkt in diese Zahlenfolge bestimmt. Die Schwächen von PRNGs liegen zum einen in ihrer deterministischen Eigenschaft, denn mit ausreichender Kenntnis des aktuellen Zustands können sowohl die nachfolgenden also auch die vorhergehenden Ausgaben vorhergesagt, bzw. berechnet werden, s. [14]. Zum anderen verwenden PRNGs oftmals schwache Seeds, d. h. anstatt einer guten Entropiequelle werden Seeds häufig anhand einer deterministischen und deshalb vorhersagbaren Funktion berechnet.

Die oben genannten Anforderungen bzgl. kryptographischer Sicherheit werden von einem PRNG nicht erfüllt. PRNGs sind kryptographisch unsicher und mögen für bestimmte Anwendungsgebiete ausreichend sein – für eine Verwendung in der Kryptographie sind sie jedoch untauglich und sogar gefährlich.

TRNG Da deterministische Prozesse niemals alleinige Quelle echter Zufallszahlen sein können, erzeugen TRNGs ihre Zufallszahlen stattdessen anhand nicht vorhersagbarer Effekte bzw. Entropiequellen. Häufig werden mehrere Entropiequellen herangezogen und mittels einer kryptographischen Hashfunktion auf einen kürzeren Wert abgebildet. Einem Angreifer werden dadurch Rückschlüsse auf die Eingangswerte zusätzlich erschwert.

Echte Zufallszahlengeneratoren (engl. True Random Number Generator, TRNG) werden anhand ihrer Entropiequelle unterteilt in physikalische TRNG (PTRNG) und nicht-physikalische TRNG (NPTRNG), vgl. [14].

Zu physikalischen Entropiequellen zählen:

* Zeitintervalle zwischen zwei Ereignissen beim Zerfall radioaktiver Elemente
* Bauteiltoleranzen in Widerständen, Kondensatoren, Quarzen, etc.
* Halbleiterrauschen

Zu nicht physikalischen Entropiequellen zählen:

* Benutzereingaben, etwa über Maus, Tastatur, Mikrofon und Kamera
* Zeitdifferenzen zwischen eintreffenden Netzwerkpaketen
* Systemdaten wie verschiedene Zähler und die (lokale) Uhrzeit

Zukünftig könnte die Klasse der TRNGs um sog. Quanten-Zufallszahlengeneratoren (QRNG) bereichert werden. Diese nutzen quantenmechanische Effekte, die nach der Theorie (s. auch *Kopenhagener Deutung* und *Heisenbergsche Unschärferelation*) unbestimmbar und nicht vorhersagbar sind. Nguyen et al. [21] untersuchten bereits einen Prototypen eines QRNGs für eine Automotive ECU.

CSPRNG

Kryptographisch sichere PRNGs (CSPRNG:) sind eine spezielle Ausprägung von PRNGs. Ihre Ausgabe darf sich hinsichtlich ihrer statistischen Eigenschaften nicht von der Zahlenfolge eines TRNGs unterscheiden. Die Anforderungen hinsichtlich Forward- und Backward Secrecy, s. oben, müssen von CSPRNGs erfüllt werden.

Ihre Sicherheit basiert auf kryptographischen Primitiven und Einwegfunktionen, die einen Angriff auf das Verfahren unpraktisch machen. Der Seed, d. h. der Initialwert des Generators, ist wie beim PRNG der kritische Parameter. Mit Kenntnis des Seeds können auch bei CSPRNGs alle Zufallszahlen vorhergesagt werden. Der Seed muss zum einen eine ausreichend hohe Entropie besitzen und ausreichend lang sein und zum anderen muss er unbedingt geheim gehalten werden.

Praktische Lösung: HRNG

TRNGs besitzen aufgrund ihrer echten Entropiequellen einen entsprechend begrenzten Datendurchsatz, d. h. die Anzahl der Zufallszahlen, die ein TRNG pro Sekunde erzeugen kann, ist begrenzt. Der Datendurchsatz von PRNGs bzw. CSPRNGs hängt dagegen lediglich von der Performanz des jeweiligen Rechnersystems ab.

Hybride Zufallszahlengeneratoren (HRNGs) kombinieren die Vorteile verschiedener Typen von RNGs. Sie bestehen prinzipiell aus einer (guten) Entropiequelle, etwa einem TRNG, und einem deterministischen und deshalb performanteren CSPRNG, s. [15]. HRNGs verwenden für den Initialisierungswert (Seed) und zyklisch für das *Re-Seeding* die Zufallszahlen eines TRNGs und der CSPRNG erzeugt hochperformant die Zufallszahlen.

Standardisierung

Sowohl das *Bundesamt für Sicherheit in der Informationstechnik* (BSI) als auch das *American National Institute of Standards and Technology* (NIST) setzen mit ihren Standards für Zufallszahlengeneratoren und deren Design- und Testkriterien weltweite und branchenübergreifende Maßstäbe. Die BSI-Veröffentlichungen AIS20 und AIS31 spezifizieren Funktionsklassen und Evaluationsmethodologie für PRNGs bzw. TRNGs. [15] ergänzt diese Spezifikation um Vorgaben zur Vorgehensweise bei der Evaluierung und Zertifizierung.

1.1.3.3.8 Empfohlene Schlüssellängen

Welche Schlüssellänge sollte gewählt werden, um mittel- oder langfristig sicher zu sein?

Neben der eigentlichen algorithmischen Sicherheit der kryptographischen Verfahren, wie etwa der Resistenz gegen statistische Angriffe, ist die Schlüssellänge ein entscheidendes Maß für den Aufwand, eine Verschlüsselung zu brechen. Das sog. Sicherheitsniveau gibt den Aufwand eines Angreifers an, um ein Verfahren mit einer bestimmten Schlüssellänge zu brechen. Dies gilt unter der Voraussetzung, dass es keine effizientere Möglichkeit zum Brechen des Verfahrens gibt als das Durchprobieren des gesamten Schlüsselraums.

Das Bundesamt für Sicherheit in der Informationstechnik (BSI) gibt eine „jährlich zu überprüfende" Empfehlung für die Schlüssellängen verschiedener Verfahren heraus, s. [5]. Aktuell wird für symmetrische Blockchiffren eine Schlüssellänge von mindestens 128 Bit empfohlen. Um ein vergleichbares Sicherheitsniveau zu erreichen wird für RSA eine Schlüssellänge von mindestens 2000 Bit und für ECC eine Schlüssellänge von mindestens 250 Bit empfohlen.

1.2 Cybersecurity im Automobilbereich

1.2.1 Vernetzte und automatisierte Fahrzeuge

1.2.1.1 Strömungen in der Fahrzeugentwicklung

Rückblickend auf die vergangenen 10 bis 15 Jahre erfuhr die Fahrzeugindustrie einen kräftigen Impuls für die Entwicklung vernetzter Fahrzeuge (engl. connected vehicles) und automatisierter Fahrfunktionen (engl. automated driving functions). Diese beiden Strömungen zählen für die Automobilindustrie zu den wichtigsten Megatrends der ersten Hälfte des 21. Jahrhunderts und sind maßgeblich auch für den Fortschritt und Entfaltung des Themenbereichs Cybersecurity verantwortlich.

Ausgehend von zweckorientierten Steuerungssystemen wurden zunächst zur Erhöhung der Fahrsicherheit und des Fahrkomforts Funktionen wie etwa das Antiblockiersystem (ABS), das Elektronische Stabilitätsprogramm (ESP) mit mittlerweile für viele Fahrer unentbehrlichen Zusatzfunktionen wie der Berganfahrhilfe entwickelt. Hinzu kamen die Infotainmentsysteme, deren Funktionsumfang aufgrund der damals geringen Mobilfunkbandbreite schwerpunktmäßig zunächst auf Entertainmentfunktionen wie Radio und CD und auf Navigationssysteme mit der Anzeige der aktuellen Verkehrssituation (Staumeldungen) begrenzt war. Über die Jahre hinweg kamen mehr Fahrerassistenzsysteme (engl. Advanced Driver Assistance Systems, ADAS) hinzu, deren Automatisierungsgrade von *teilautomatisiert* (z. B. Spurhalteunterstützung) bis *autonom* (z. B. automatischer Notbremsassistent) reichen und damit einen fließenden Übergang in das vollautomatisierte, autonome Fahren (engl. autonomous driving, AD) abbilden [26]. Selbstfahrende Fahrzeuge, die keinen menschlichen Eingriff mehr erfordern und alle mögliche Fahrsituationen autonom bewältigen können, sind allerdings noch Gegenstand aktueller Forschung.

1.2.1.2 Vernetzte und automatisierte Fahrzeuge aus der Sicht von …

Fahrer/Mitfahrer Die Anbindung der Fahrzeuge an das Internet und die Vernetzung mit anderen Verkehrsteilnehmern ermöglichen oder verbessern Funktionen wie *Ridehailing* (Bestellung einer Fahrt), *Carsharing* oder der Integration Cloud-basierter Dienstleistungen wie etwa der Einblendung von Zusatzinformationen über den aktuellen Standort und der Umgebung für Werbung, Stadtführungen oder als Navigationshilfe. Die breitbandige Internetanbindung verwandelt Fahrzeuge zusätzlich in fahrende Hotspots, was alle möglichen Streaming- und Infotainmentanwendungen begünstigt.

Die automatisierten Fahrsysteme ermöglichen zudem komfortable Funktionen wie
das autonome Ein- und Ausparken inkl. Parkplatzsuche. In Sachen Sicherheit und
Wirtschaftlichkeit stellen vernetzte Fahrzeuge Teilnehmer eines sog. *kooperativen und
intelligenten Transportsystems* (C-ITS, s. Abschn. 5.4.2) dar, was im Wesentlichen
der Verbesserung der Verkehrssicherheit und der Optimierung des Verkehrsflusses
und des Energieverbrauchs dient. Sie tauschen dafür über die Fahrzeug-zu-Fahrzeug-
Kommunikation u. a. Safety-relevante Botschaften aus. Geisterfahrer, Raser, Schleicher
und Drängler könnten dadurch zukünftig der Vergangenheit angehören. Warnungen
vor Gefahrensituationen wie Stauenden, Unfällen, Glätte und Baustellen werden automatisiert. Wo Licht ist, ist auch Schatten. So bestehen auch berechtigte Sorgen um die
Sicherheit dieser Fahrzeuge. Die Entmündigung des Fahrers bei (teil-)automatisierten
Eingriffen ist rechtlich und gesellschaftlich umstritten. Unter welchen Bedingungen
würden Sie sich in ein hoch- oder vollautomatisiertes Fahrzeug setzen und die Fahrt
genießen können, wenn die Kontrolle über das Fahrzeug nicht bei Ihnen oder den Mit-
fahrern liegt und ein Eingreifen nicht oder nur noch eingeschränkt möglich ist? Diese
Frage richtet sich an das Vertrauen und die Akzeptanz dieser technischen Systeme. Auf
der technischen Ebene wird diese Aufgabe durch das Anlegen von entsprechend hohen
Maßstäben an die Sicherheit und Zuverlässigkeit der zu entwickelnden Systeme gelöst.
Auf der menschlichen bzw. gesellschaftlichen Ebene müssen Informationen bereitgestellt werden und Überzeugungs- und Aufklärungsarbeit geleistet werden.

Hersteller/Flottenbetreiber Pay-as-you-drive bzw. Car-Sharing sowie die Bereitstellung von Zusatzinformationen, s. oben, bedeuten für Flottenbetreiber und Drittanbieter neue Geschäftsmodelle. Zudem ermöglichen vernetzte Fahrzeuge eine
erweiterte Flottenüberwachung und ggf. eine Fernsteuerung und Fernkonfiguration der
Fahrzeuge. Allerdings entstehen aufgrund der hohen technologischen Komplexität hohe
Entwicklungskosten und demzufolge ein erhöhtes Investitionsrisiko. In Zukunft könnte
noch ein finanzielles Risiko durch Haftung für Schäden, die durch Fehlentscheidungen
der automatisierten Fahrfunktionen entstehen, hinzukommen.

Angreifer/Hacker Aus Angreifersicht werden hier Fahrzeuge gebaut, die über das
Internet erreichbar sind und Funktionen zur Überwachung und zur (Fern-)Steuerung
besitzen. Sie bestehen aus hochkomplexen, elektronischen Systemen mit zahlreichen,
unterschiedlichen Hardware- und Softwarekomponenten und unterschiedlichsten
Schnittstellen. So betrachtet ist das eine Spielwiese für Hobby-Hacker und Angreifer,
die sich und anderen ihr Können beweisen wollen, und ein attraktives Ziel für sog.
Hacktivisten, die der Einführung dieser Technologie entgegenwirken wollen.

1.2.1.3 Wie wirkt sich die Entwicklung vernetzter und automatisierter Fahrzeuge auf die Cybersecurity aus?

Die in Abb. 1.9 dargestellte Funktionskette *Sense – Compute – Act und Connect* ermöglicht automatisiertes bzw. autonomes Fahren und damit den Ersatz des (menschlichen)

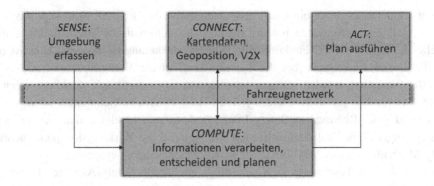

Abb. 1.9 Funktionskette für automatisiertes Fahren

Fahrers. Rechnergesteuerte Fahrfunktionen müssen grundsätzlich dieselben Aufgaben umsetzen, wie ein Mensch: sehen, erkennen, orientieren, planen, entscheiden und handeln. Was ein Mensch anhand seiner Sinne, seines Gehirns und seiner Motorik umsetzt, muss das rechnergesteuerte Fahrzeug mithilfe von Sensoren, Hochleistungsrechnern und Aktuatoren nachbilden. So wird die Umgebung des Fahrzeugs mit unterschiedlichen Sensoren wie RADAR, LIDAR, Kameras, Ultraschallsensoren, Beschleunigungs- und Neigungssensoren erfasst (SENSE), im Fahrzeugnetzwerk ausgetauscht und von Hochleistungsrechnern (engl. high-performance computer, HPC) verarbeitet. Sie haben die Aufgabe, die Umgebung zu erkennen (Perception), den aktuellen Standort zu verfolgen (Lokalisierung) und die optimale Vorgehensweise zu planen, um das gewünschte Fahrtziel zu erreichen. Die dafür zu treffenden Entscheidung, etwa über die Wahl der Verkehrsroute, fällt das System autonom, d. h. ohne menschlichen Einfluss. Schließlich erfolgt die Ansteuerung der Aktuatoren (ACT) wie etwa der Lenkung, der Bremse, des Antriebs und der Signaleinrichtungen (Blinker). Über externe Kommunikationskanäle (Connect) werden zusätzliche Informationen mit anderen Verkehrsteilnehmern und dem Backend-Servern ausgetauscht.

Diese einfach anmutende Funktionskette wird von einem komplexen Verbund aus rund 100 ECUs, die sich über das fahrzeuginterne Kommunikationsnetzwerk austauschen, umgesetzt. Jede Komponente erfüllt dabei spezifische Aufgaben, um in Summe die gewünschte automatisierte Fahrfunktionen zu ermöglichen. Gleichzeitig eröffnet ein hoher Grad der Vernetzung und Komplexität der Hardware-, Software und Funktionsarchitektur diverse Optionen für Cybersecurity-Angriffe. Dabei steigt das Risiko bei einem höheren Automatisierungsgrad des Fahrzeugs, weil einerseits die Kontrollmöglichkeiten des menschlichen Fahrers bzw. Insassen sinken und die des rechnergesteuerten Systems steigen.

Das Risiko für die funktionale Sicherheit lässt sich anhand des folgenden Szenarios erläutern: Ein hoch- oder vollautomatisiertes Fahrzeug fährt mit 130 km/h auf der Autobahn – mit aktiviertem *Highway-Pilot*, d. h. der Fahrer achtet nicht länger auf den

Verkehr sondern liest etwa ein Buch über Automotive Security. Obwohl sich das Fahrzeug schnell einem Stauende nähert, reagiert die automatische Bremsfunktion nicht – vielleicht weil die ACC-Funktion durch einen Hackerangriff übersteuert wird oder weil die Bremssteuersignale bei der Übermittlung an die Bremssteuerung von einem Angreifer verändert wurden. Dieses konstruierte, aber technisch denkbare Szenario könnte fatal enden. Es stellt allerdings klar, dass klassische Schutzmaßnahmen nicht ausreichend sind. Redundante Safety-Pfade sind unzureichend für den Schutz gegen Security-Angriffe. In [20] demonstrierten die Autoren die Wirkungslosigkeit mehrerer Safety-Mechanismen des AUTOSAR-Standards gegen Security-Angriffe.

Die Kritikalität beschränkt sich allerdings nicht auf Safety-Aspekte. Ohne ausreichenden Schutz vor Cybersecurity-Angriffen könnten vernetzte und automatisierte Fahrzeuge leicht von Diebstahl, Sabotage oder Hacktivismus betroffen werden. Letztere Bedrohung ist aufgrund der hohen Aufmerksamkeit in den Medien wahrscheinlich und könnte für das betroffene Unternehmen oder die gesamte Branche zu einem Reputations- und Vertrauensverlust führen.

1.2.2   E/E-Architektur

1.2.2.1 Was ist die E/E-Architektur?

Die Elektrisch/Elektronische Architektur, kurz E/E-Architektur, definiert die elektrischen und elektronischen Komponenten eines Fahrzeugs, sowie deren Energieversorgung und Vernetzung für die Signalverteilung und den Datenaustausch. In Bezug auf Cybersecurity sind vorrangig die jeweiligen Schnittstellen zwischen den Komponenten und das Kommunikationsnetzwerk von Interesse.

1.2.2.2 Evolution der E/E-Architektur

Früher, in den Anfangszeiten der Elektronifizierung, besaßen Fahrzeuge eine verteilte, *dezentrale E/E-Architektur* mit überwiegend voneinander isolierten ECUs, die ihre jeweiligen Funktionen weitestgehend unabhängig voneinander ausführten.

Es folgte der Zusammenschluss mehrerer ECUs desselben Funktionsbereichs zu *Domänen* (Antriebstrang, Komfort, Fahrwerk, Infotainment). Die Domänen bestanden aus eigenständigen Netzwerken mit z. T. unterschiedlichen Bussystemen. Für den Antriebstrang wird heute typischerweise der High-Speed-CAN verwendet, für die Komfortelektronik werden Low-Speed-CAN und LIN eingesetzt, für die echtzeitfähige Kommunikation der Fahrwerkkomponenten steht u. a. Flexray zur Verfügung und der MOST-Bus wurde eigens für die Infotainment-Domäne konzipiert.

Die Domänen-interne Kommunikation legte den Grundstein für das Verschieben bzw. Zusammenfassen von Funktionen, um die Anzahl der ECUs und die Kosten für die Verkabelung zu reduzieren. Der bis dahin noch geringe Domänen-übergreifende Informationsaustausch gewann mit der Einführung *zentraler Gateways* eine zunehmende Bedeutung. Das Gateway ist mit allen Subnetzen verbunden und ermöglicht die Kommunikation zwischen ECUs verschiedener Domänen und damit komplexe Funktionalitäten wie etwa der Auffahrwarnung mit Notbremsfunktion. Assistenzsysteme wie Notbremsassistent oder Adaptive Cruise Control tauschen beispielsweise mit LIDAR, RADAR, Kamera, IMU-Sensoren, Drehzahlsensoren, Antriebstrangkomponenten, ABS, ESP und passive Sicherheitssysteme wie Airbag und Gurtstraffer Informationen aus.

Der nächste Schritt in der Entwicklung der E/E-Architektur ist die Einführung leistungsstarker *Domänencontrollern* (DC), die dank ihrer Ressourcen komplexere Funktionen umsetzen können und zudem bestehende Funktionen der jew. Domäne zur Kosten- und Performanceoptimierung zusammenführen. Ein Ethernet-Backbone sorgt für eine echtzeitfähige und breitbandige Kommunikation zwischen den Domänencontrollern.

In weiteren Konsolidierungsschritten könnten zukünftig die Funktionen der Domänencontroller miteinander verschmolzen und daran anknüpfend in einem Fahrzeugrechner zentralisiert werden. Letzterer wird das Domain-Gateway ersetzen bzw. einverleiben. Komplexe Hochleistungsrechner (engl. high-performance computer, HPC) machen den Weg für die genannten Fusionierungs- und Zentralisierungsschritte frei. Einerseits wird somit die Anzahl benötigter ECUs und der zugehörigen Verkabelung reduziert. Andererseits können Software-basierte Fahrzeugfunktionen in zentralisierten Architekturen leichter angepasst und für neue Fahrzeugplattformen übernommen und weiterentwickelt werden.

In einer sog. *zonalen Fahrzeugarchitektur* übernimmt einer leistungsstarker Zentralrechner wesentliche Fahrzeugfunktionen. In den verschiedenen Funktionsbereichen der E/E-Architektur (Zonen) befinden sich fast nur noch Sensoren, Aktuatoren und ggf. sog. Gateway-Zonenrechner, die als Bindeglied von Ethernet zu den klassischen Bussystemen fungieren. Die Fusionierung wesentlicher Fahrzeugfunktionen in einem zentralen Rechner ebnen darüber hinaus den Weg für einen Übergang zu einer *Cloudbasierten Architektur,* in der bestimmte Fahrzeugfunktionen in der Cloud berechnet und koordiniert werden könnten.

1.2.2.3 Welchen Einfluss besitzen heutige und zukünftige E/E-Architekturen auf Cybersecurity?

Die frühen Fahrzeugarchitekturen enthielten nur wenige ECUs, die wiederum nur vereinzelt oder gar nicht miteinander vernetzt waren. Eine (breitbandige) Internetanbindung gehörte nicht zur Serienausstattung. Für einen Angreifer stellten sich damalige Fahrzeuge als geschlossene Systeme mit nur wenigen systemübergreifenden Funktionen dar, was verglichen mit heutigen Fahrzeugen nicht besonders attraktiv erscheint.

Mit der Einführung von Domänencontrollern kam eine kritische Komponente ins Spiel, weil bei einem erfolgreichen Angriff die Kontrolle über die jeweilige Domäne erlangt werden kann. Mit zentralen Gateways verhält es sich noch problematischer, da im Falle einer Kompromittierung der Angreifer den Zugriff auf sämtliche Subnetze und ggf. die Kontrolle kritischer Fahrzeugfunktionen erhält.

Aufgrund der Verlagerung von Funktionen in Zentralrechner und Domainrechner verschwimmt die physische Zuordnung von Software und Daten zu einer physischen Komponente oder sie verschwindet ganz. Gleichzeitig gewinnt die Absicherung der Kommunikation an Bedeutung. Eine logische Trennung der Kommunikationsverbindungen etwa anhand virtueller Kanäle bzw. Tunnel ist erforderlich und mit steigendem Kommunikationsbedarf (Bandbreite) wächst auch die Anforderung an die Security-Performanz. Zudem erfordern neuartige Software- und Hardware-Architekturen der Hochleistungsrechner, wie etwa Multi-Prozessor- und Multi-Core-Architekturen und Virtualisierung, auch entsprechend angepasste Security-Technologien wie beispielsweise eine abgesicherte *Inter-Prozessor-Kommunikation* (IPC) und einen vertrauenswürdigen Hypervisor.

1.2.3   Automotive Security

1.2.3.1 Automotive Security vs. IT-Security

Fahrzeuge früherer Generationen waren eigenständige Systeme, ebenso voneinander isoliert wie deren Komponenten der E/E-Architektur. Security war kein Kriterium und wurde nicht *by-design* in der Entwicklung berücksichtigt. Die Systeme dieser Fahrzeuge wurden allein durch die Kontrolle des physischen Zugriffs vor Unbefugten geschützt.

Inzwischen sind Fahrzeuge ohne eine starke, interne Vernetzung und ohne Außenschnittstellen nicht mehr vorstellbar, s. oben. Mit zunehmender Vernetzung und einer steigenden Zahl von Schnittstellen werden Fahrzeuge aber auch zunehmend exponiert – ihre sog. *Angriffsoberfläche* steigt. Vernetzte und (teil-)automatisierte Fahrzeuge sind hochkomplexe Technologieträger und rücken allein aus diesem Grund zunehmend in den Fokus von Hackern und Angreifern.

Fahrzeuge werden angegriffen – genau wie Computer, Smartphones und Spielzeuge angegriffen werden. Weil ein Ausfall oder eine Fehlfunktion eines Fahrzeugs unmittelbare Auswirkungen auf die Sicherheit von Mensch und Umwelt haben kann, sind Cybersecurity-Angriffe auf Automotive Systeme als kritisch einzustufen.

Automotive Security beschäftigt sich einerseits mit den Risiken durch Cyberangriffe auf den Automotive Kontext, d. h. auf Fahrzeuge und deren Infrastruktur. Andererseits definiert Automotive Security Schutzmaßnahmen, die die Angriffsoberfläche verringert und mögliche Auswirkungen eines Angriffs beschränken.

Automotive Security erfindet dabei das Rad nicht neu. Mit der Übernahme von Technologien und Methoden aus dem „klassischen" IT-Bereich wurden und werden auch bewährte und etablierte Vorgehensweisen des IT-Security-Bereichs auf den Automotive Bereich übertragen. Im Unterschied zum IT-Bereich gelten für den Automotive-Bereich jedoch andere Maßstäbe, was Echtzeitfähigkeit, Zuverlässigkeit und Safety-Kritikalität betrifft.

Tab. 1.1 Angreifertypen und deren Motivation

Angreifertyp	Motivation
Hobby-Hacker und Skript-Kiddies	Neugier, Spieltrieb, kurzzeitiger Ruhm und Anerkennung
Cyberkriminelle	Profit
Hacktivisten	Verfolgung politischer und ideologischer Ziele
Terroristen	Sabotage, Cyber-Kriegsführung
Staatliche Institutionen	Wirtschaftsspionage, Verfolgung geopolitischer Ziele, Cyber-Kriegsführung
Insider und ehemalige Mitarbeiter	Rache, Unzufriedenheit

1.2.3.2 Bedrohungsmodell

„Wenn du dich und den Feind kennst, brauchst du den Ausgang von hundert Schlachten nicht zu fürchten. "(Sunzi, Die Kunst des Krieges).

Ein Bedrohungsmodell dient im Rahmen einer *TARA* (Threat Assessment and Risk Analysis) zur systematischen Analyse der Angriffs- und Verteidigungsmechanismen des untersuchten Systems. Im Wesentlichen werden dabei die Angreifer selbst, deren Absichten und die Angriffsvektoren des Angriffs betrachtet.

1.2.3.2.1 Angreifer

Angreifer (engl. attacker oder threat actor) sind zwar die Hauptakteure eines Angriffs, denn von ihren aktiven, bewussten Handlungen geht die Gefahr für die Sicherheit eines Systems aus. Doch das wesentliche Problem dabei ist, dass der oder die Angreifer i. d. R. vorab nicht bekannt sind bzw. erst nachdem ein Angriff stattfand und erkannt wurde. In einem Angreifermodell werden potenzielle Angreifer deshalb u. a. anhand der Analyse früherer, bekannter Angriffe auf vergleichbare Systeme beschrieben. Angreifer werden anhand verschiedener Merkmale klassifiziert.

Motivation und Absichten Die Klassifizierung der Angreifer weist eine große Spannweite auf. An einem Ende stehen Hobby-Hacker und sog. *Skript-Kiddies*, die häufig durch Neugier und Experimentierfreude, aber auch durch das Streben nach Anerkennung motiviert sind. Am anderen Ende versuchen Kriminelle, Cyberterroristen und auch Geheimdienste etwa durch Sabotage und Spionage wirtschaftliche und politische Vorteile für sich und ihre Auftraggeber zu erwirken. Häufig geht die Gefahr von *internen Angreifern* aus, beispielsweise von (ehemaligen) Mitarbeitern, die von Rachegelüsten oder Frust angetrieben sind, s. Tab. 1.1.

Informationen über die Absichten eines Angreifers können unter Umständen Rückschlüsse auf seine Vorgehensweise und seine Methodik ermöglichen. So legen i. d. R. Fahrzeugdiebe keinen Wert auf die Zerstörung und Schädigung von Fahrzeugen oder deren Hersteller, wohingegen *Hacktivisten* zur Verfolgung ihrer Ideologien und die organisierte Kriminalität zum Erzielen finanzieller Vorteile vor unrechtmäßigen Handlungen wie mutwillige Sabotage, Diebstahl von Informationen und Erpressung nicht zurückschrecken.

Ein weiterer Faktor ist die Ausdauer und Beharrlichkeit des Angreifers. Lässt er sich bei ersten Misserfolgen schnell vom Ziel abbringen? Oder wird er auch über einen längeren Zeitraum allen Rückschlägen zum Trotze wiederholt versuchen, seine Ziele zu erreichen?

Kenntnisse und Fähigkeiten Hier muss zwischen Angriffen unterschieden werden, für deren Vorbereitung und Durchführung ein Angreifer entweder nur öffentlich verfügbares Wissen benötigt oder sich (vertrauliches) Insiderwissen beschaffen muss. Für einfachere, eher wahllose Angriffe sind darüber hinaus lediglich oberflächliche technische Kenntnisse erforderlich, wohingegen für komplexere, zielgerichtete Angriffe oftmals ein Team aus technisch versierten Experten benötigt wird.

Werkzeuge und Ressourcen Auch bezüglich der zur Verfügung stehenden Werkzeuge und Ressourcen unterscheiden sich die Angreifertypen erheblich. Während elementare Werkzeuge und Ausrüstung bereits für ein geringes Budget über das Internet frei erworben werden können stehen aufwendige Laboreinrichtungen wie Röntgengeräte, Elektronenrastermikroskope oder einfach „nur" ein Fahrzeug, das zu Versuchszwecken angegriffen werden kann, in der Regel nur größeren, organisierten Gruppen mit entsprechendem finanziellen Hintergrund zur Verfügung. Neben dem Budget spielen auch Einfluss auf bzw. Kontakte zu verschiedenen, einschlägigen Unternehmen eine Rolle – u. a. zur frühzeitigen und exklusiven Informationsbeschaffung über Sicherheitslücken in Betriebssystemen und Anwendungen wie etwa sog. Zero-Day-Exploits.

1.2.3.2.2 Angriffsvektoren und Schwachstellen

Angreifer führen mithilfe eines Werkzeugs, z. B. eines Skripts oder einer Einrichtung zum Abhören einer Kommunikationsverbindung, bestimmte Aktionen durch. Das Ensemble aus mehreren einzelnen Aktionen bildet den *Angriffsvektor* oder auch Angriffspfad, der den Angreifer zum gewünschten Ziel führt. Beispiel: Ein Angreifer zeichnet zunächst die Kommunikation der CAN-Busverbindung auf, analysiert anschließend die aufgezeichneten Nachrichten und führt schließlich einen Replay-Angriff durch, um einen bestimmten Steuerbefehl abzusetzen.

Das Vorhandensein einer oder mehrerer Schwachstellen wird damit zu einer wesentlichen Voraussetzung für eine erfolgreiche Aktion und damit eine wichtige Information für die Beschreibung eines Angriffs. So sind im Beispiel von oben die Aktionen „Buskommunikation lesen" und „gefälschte Nachrichten auf dem Bus senden" nur möglich, weil der CAN-Bus physisch zugänglich ist, keinen Schutz vor unbefugtem Zugriff bietet und weder die Integrität noch die Authentizität der Nachrichten schützt.

Mit der Absicht, bekannt gewordene Schwachstellen möglichst schnell und flächendeckend zu beseitigen, werden sie in Datenbanken gesammelt und veröffentlicht. Die

CVE-Datenbank (Common Vulnerabilites and Exposures) ist ein bekanntes Beispiel, s. [18, 29].

Eine vollständige und systematische Untersuchung aller möglichen und wahrscheinlichen Angriffsvektoren für ein konkretes System ist Aufgabe der Bedrohungsanalyse (TARA).

Basierend auf Erfahrungen und Security Best Practices in der Automobilindustrie, sowie Ähnlichkeiten der jew. Systeme (vernetzte und (teil-)automatisierte Fahrzeuge) kann in erster Annäherung ein Großteil der wahrscheinlichsten und deshalb kritischsten Angriffsvektoren angegeben werden.

- Die *OBD-II-Schnittstelle* ist in jedem Fahrzeug vorhanden, leicht zugänglich und besitzt eine standardisierte Steckerbelegung. Über diese Schnittstelle können mehrere Komponenten des Fahrzeugnetzwerks erreicht werden, weshalb sie im Falle eines schwachen oder fehlenden Security-Mechanismus ein hohes Gefährdungspotential aufweist.
- *Funkverbindungen* wie WiFi und Mobilfunk besitzen eine hohe Reichweite und machen die physische Anwesenheit eines Angreifers überflüssig. Sie sind typischerweise die erste Einsprungstelle in einem Angriffspfad auf vernetzte Fahrzeuge, s. unten. Hinzu kommt, dass über die externen Kommunikationsverbindungen z. T. sehr sensible Daten wie etwa OTA-Updates und Backend-Kommunikation übertragen werden.
- Die *Infotainment-Einheit* bzw. die *Head-Unit,* die häufig mit USB und Bluetooth zur Smartphone-Integration ausgestattet ist, enthält in vielen Fahrzeugen einen veralteten, weil ungepatchten Linux-Kernel, vgl. [17]. Zudem ist aufgrund der vergleichsweisen umfangreichen Software und der unterstützten Schnittstellen die Wahrscheinlichkeit für Schwachstellen hoch.
- Die im Fahrzeugschlüssel integrierten Transceiver für die *Wegfahrsperre- und Remote-Keyless-Entry-Funktionen* sind Teil notwendiger Sicherheitsfunktionen, die den unauthorisierten Zugang und Fahrzeugdiebstahl vereiteln sollen.

1.2.3.3 Fallbeispiele

In mehreren akademischen Angriffen auf Fahrzeuge demonstrierten Forscher, dass eine Fernsteuerung diverser Fahrzeugfunktionen über Funkschnittstellen machbar ist.

Eine Gegenüberstellung von drei prominenten und gut dokumentierten Angriffen auf Fahrzeuge von FCA [17], BMW [32] und Tesla [22] zeigt, dass es eine große Ähnlichkeit in der Struktur des Angriffs bzw. im Angriffspfad gibt.

Der erste Schritt des Angriffspfads zielt auf die Head-Unit ab. Über eine gefälschte GSM-Station, einem gefälschten WiFi-Hotspot oder dem Durchprobieren eines bestimmten IP-Adressbereichs konnten die Angreifer eine Verbindung zur Head-Unit aufbauen.

Im nächsten Schritt wurde eine Schwachstelle in der Head-Unit ausgenutzt, um die Kontrolle darüber zu erlangen. Beim Angriff auf den Jeep Cherokee bestand die

Schwachstelle aus einem offenen Diagnoseprotokoll, das Befehle über Telnet empfing und ausführte, ohne deren Authentizität zu prüfen. Beim Angriff auf den BMW konnte über die gefälschte GSM-Basisstation ein *Memory Corruption*-Fehler ausgelöst werden und infolgedessen die Ausführung eines beliebigen Codes erwirkt werden.

Ausgehend von der Head-Unit wurde im folgenden Schritt versucht, über das CAN-Gateway auf die CAN-Busse der Antriebstrang-, Body- und Chassis-Domänen zuzugreifen. Beim Jeep konnte die Software des CAN-Gateways heruntergeladen, reverse-engineert und wieder reprogrammiert werden- unter anderem weil keine Securityfunktion wie etwa eine Signaturprüfung implementiert war. Im Falle des angegriffenen BMWs konnte über eine Chip-to-Chip-Kommunikation (QNet) von der bereits kompromittierten Head-Unit auf das CAN-Gateway zugegriffen werden – ebenfalls aufgrund einer fehlenden Authentifizierung.

Zusammengefasst waren die Angreifer in der Lage, komplexe Angriffspfade zu erstellen, damit ausgehend von einer externen Funkverbindung u. a. beliebige Steuerbefehle auf den CAN-Bussen abgesetzt werden konnte. Unter anderem konnten auf diese Weise die Bremsen, das Automatikgetriebe, der Motor, die Infotainmenteinheit, die Klimaanlage und die Scheibenwischer ferngesteuert werden, vgl. [8].

In allen drei Fällen bedarf der eigentliche Angriff einer mehrmonatigen Vorbereitung durch ein mehrköpfiges Expertenteam. Nichtsdestotrotz weisen derartige Angriffe auf mehrere, neuralgische Punkte hin, die für zukünftige Fahrzeugentwicklungen zwingend abgesichert werden sollten.

1.2.4 Herausforderungen für Security im Automobilbereich

In diesem Abschnitt wird auf verschiedene, branchentypische Aspekte hingewiesen, die die Automobilindustrie als Ganzes vor große Herausforderungen stellen.

Mehrstufige Lieferkette
Die Lieferketten bestehen in der Automobilindustrie aus mehrstufigen, verschachtelten Netzwerken und logistischen Prozessen. Beispiel: Ein Systemlieferant beauftragt einen Dienstleister mit der Entwicklung einer Softwarekomponente und der Dienstleister integriert hierfür u. a. Softwarebibliotheken weiterer, externer Quellen. Eine vollständige Übersicht und Kontrolle werden somit zur Herausforderung. Hersteller müssen zur Umsetzung eines ganzheitlichen Securitykonzepts bestimmte Anforderungen an ihre Lieferanten übertragen. Damit alle Beteiligten, d. h. praktisch die gesamte Lieferkette, an einem Strang ziehen können setzt voraus, dass Zielvorgaben und Methodik rechtzeitig kommuniziert und verstanden wurden. Zulieferer und deren Vertragspartner müssen ihre Security-Expertise nicht nur für den Zeitraum der Produktentwicklung einbringen, sondern auch für eventuelle Korrekturen und Problemanalysen wie etwa Security-Incidents, die im Verlauf des Produktlebenszyklus auftreten.

Kosten- und Zeiteffizienz

Sowohl das finanzielle Budget als auch die zur Verfügung stehende Zeit für die Entwicklung sind kostbare und beschränkte Ressourcen. Das Abwägen und Ausloten, wieviel Security geradeso ausreichend für die Sicherheit und Zuverlässigkeit des Produkts ist, aber sich noch im zeitlichen und finanziellen Rahmen befindet, ist eine Gratwanderung.

Gesucht ist ein wirtschaftlich vernünftiges Securitykonzept, das auf der einen Seite ausreichende Security-Maßnahmen definiert, um das System gegen ein bestimmtes Bedrohungsszenario zu schützen, und das auf der anderen Seite gerade eben so effektiv ist, dass die Kosten, die ein Angreifer für die Vorbereitung und Durchführung eines Angriffs aufbringen muss, den finanziellen und ideellen Profit des Angriffsziels übersteigen.

Produkte mit übertriebenen Schutzmaßnahmen sind für diese Branche zu teuer und deshalb nicht wettbewerbsfähig. Produkte mit zu geringen Schutzmaßnahmen oder mit löchrigem Schutzkonzept werden mit hoher Wahrscheinlichkeit früher oder später Opfer eines Angriffs, was wiederum finanzielle Folgen nach sich ziehen könnte.

Eine innovationsgetriebene Entwicklung legt ihre Schwerpunkte naturgemäß auf die funktionalen Leistungsmerkmale wie etwa automatisierte, elektrisch angetriebene und vernetzte Fahrzeuge. Für Qualitätsmerkmale wie Security, die (noch) nicht zu den Unique-Selling Points zählen, besteht die Herausforderung darin, mit dem Entwicklungstempo mitzuhalten und das Produkt trotzdem sicher zu machen.

Lebensdauer von Fahrzeugen

Fahrzeuge über den gesamten Zeitraum ihrer Lebensdauer gegen Gefahren von Cyberangriffen zu schützen stellt die Branche vor eine große Herausforderung. Einerseits sind Prognosen über zukünftige Bedrohungsszenarien schwierig, da Cybersecurity oftmals ein Wettrennen zwischen Angreifer und Verteidiger ist. Andererseits weil Ressourcen für zukünftige Änderungen, Erweiterungen und Korrekturen vorzuhalten aufwendig und teuer ist.

Long-Term-Support (LTS) in Verbindung mit Krypto-Agilität und der Möglichkeit, OTA-Updates auszurollen, werden zu wichtigen Teilen der Lösung. Aber auch hier gilt es, einige Fragen vorab zu klären: Wie wird sichergestellt, dass kritische Updates innerhalb einer festgelegten Frist auf den Fahrzeugen installiert werden? Wie werden Fahrzeugbesitzer bzw. Fahrer darüber informiert und welche Möglichkeiten zur Einflussnahme werden ihnen eingeräumt? Wie verändert sich beispielsweise die rechtliche Situation (bzgl. Haftung), falls ein Unfall geschieht nachdem der Fahrer einem Update nicht zugestimmt hat?

Ressourcenbedarf für Security
Die stringenten Echtzeitanforderungen und die knappen Speichergrößen und Bandbreiten eingebetteter Systeme stehen oftmals im Widerspruch zum Ressourcenbedarf von Securityfunktionen.

Ein Beispiel, das alle Aspekte umfasst ist die Absicherung der Buskommunikation (s. Abschn. 5.3.4): Für das kryptographische Verfahren wird sowohl auf der Sender-Seite als auch auf der Empfänger-Seite Speicherplatz für die Algorithmen benötigt. Die Berechnung vor dem Senden bzw. nach dem Empfangen verzögert die Vorgänge und erhöht damit die Latenz in der Buskommunikation. Zusätzlich müssen die Prüfsummen auf dem Bus übertragen werden, was einen erhöhten Bedarf der Bandbreite nach sich zieht. Einerseits kann durch performante Hardware, insbesondere durch Kryptobeschleuniger, Latenz und Speicherbedarf optimiert werden, andererseits zeigen die begrenzten Ressourcen die Grenzen der Machbarkeit auf, d. h. es können nicht beliebig viele Securityfunktionen integriert werden.

Wechselwirkungen und Abhängigkeiten von Safety und Security
Robuste, fehlertolerante Systeme erfordern den Schutz vor Safety- und Securitybedingten Risiken. Security-Maßnahmen sind explizit auch deshalb erforderlich, um Safety-Funktionen vor Cyberangriffen und deren Folgen zu schützen – „Keine Safety ohne Security!". Bestimmte Safety-Maßnahmen wie etwa redundante Komponenten, Signalpfade, Schnittstellen, etc. können allerdings die Angriffsoberfläche vergrößern und damit zusätzliche Security-Vorkehrungen erfordern. Um einen Zirkelschluss zu vermeiden sollten in umgekehrte Richtung keine Safety-Anforderungen an die Security-Funktionen gestellt werden.

Literatur

1. Amorim, T., et al. (2017). Systematic pattern approach for safety and security co-engineering in the automotive domain. *Lecture Notes in Computer Science, 329–342.* https://doi.org/10.1007/978-3-319-66266-4_22.
2. Avizienis, A., et al. (2004). Basic concepts and taxonomy of dependable and secure computing. *IEEE Transactions on Dependable and Secure Computing, 1*(1), 11–33. https://doi.org/10.1109/tdsc.2004.2.
3. Bernstein, D. J., et al. (2013). *Factoring RSA keys from certified smart cards: Coppersmith in the wild. International Conference on the Theory and Application of Cryptology and Information Security.* Springer.
4. Bogdanov, A., et al. (2011). Biclique cryptanalysis of the Full AES. *Lecture notes in computer science, 344–371.* https://doi.org/10.1007/978-3-642-25385-0_19
5. Bundesamt für Sicherheit in der Informationstechnik. (2021). *Technische Richtlinie BSI TR-02102–1 Kryptographische Verfahren: Empfehlungen und Schlüssellängen.*
6. Diffie, W., & Hellman, M. (1976). New directions in cryptography. *IEEE Transactions on Information Theory, 22*(6), 644–654. https://doi.org/10.1109/tit.1976.1055638

7. European Telecommunications Standards Institute. (2017). *TS 102 165–1: CYBER Methods and Protocols. Part 1: Method and Pro Forma for Threat, Vulnerability. Risk Analysis (TVRA).* Technical Specification

8. Fröschle, S. & Stühring, A. (2017). Analyzing the capabilities of the CAN Attacker. Computer Security – ESORICS 2017, 464–482. https://doi.org/10.1007/978-3-319-66402-6_27

9. International Electrotechnical Commission. (2003). *IEC-60300-3-1: Dependability Management.*

10. ISO. (1989). ISO 7498–2. *information processing systems open systems interconnection basic reference model-part 2: Security architecture.*

11. ISO. (2011a). ISO 26262 – *Road vehicles – Functional safety, Part 1–10. ISO/TC 22/SC 32 – Electrical and electronic components and general system aspects.*

12. ISO. (2011b). ISO/IEC 27005:2011 – *Information technology, security techniques, information security risk management.*

13. ISO. (2020). ISO/SAE DIS 21434 *Road Vehicles – Cybersecurity engineering.*

14. Kelsey, J., et al. (1998). Cryptanalytic attacks on pseudorandom number generators. *Fast Software Encryption, 168–188.* https://doi.org/10.1007/3-540-69710-1_12.

15. Killmann, W., & Schindler, W. (2011). *A proposal for: Functionality classes for random number generators.* BSI.

16. Lee, Y. R., et al. (2004). Multi-party authenticated key agreement protocols from multi-linear forms. *Applied Mathematics and Computation, 159*(2), 317–331. https://doi.org/10.1016/j.amc.2003.10.018.

17. Miller, C. & Valasek, C. (2015). *Remote exploitation of an unaltered passenger vehicle.* Black Hat USA.

18. Mitre – Common Vulnerabilities and Exposures. (2005). MITRE – CVE. http://cve.mitre.org. Zugriffsdatum 2021-06-01.

19. Moriarty, K., et al. (2016). PKCS# 1: *RSA cryptography specifications version 2.2. Internet Engineering Task Force, Request for Comments, 8017.*

20. Nasser, A. M., et al. (2017). An approach for building security resilience in AUTOSAR based safety critical systems. *Journal of Cyber Security and Mobility, 6*(3), 271–304. https://doi.org/10.13052/jcsm2245-1439.633.

21. Nguyen, H. N., et al. (2019). Developing a QRNG ECU for automotive security: Experience of testing in the real-world. 2019 IEEE International Conference on Software Testing, Verification and Validation Workshops (ICSTW). Published. https://doi.org/10.1109/icstw.2019.00033.

22. Nie, S., et al. (2017). *Free-fall: Hacking tesla from wireless to can bus.* DEFCON. https://www.blackhat.com/docs/us-17/thursday/us-17-Nie-Free-Fall-Hacking-Tesla-From-Wireless-To-CAN-Bus-wp.pdf. Zugriffsdatum 2021-06-01.

23. Paar, C., Pelzl, J. & Preneel, B. (2010). *Understanding cryptography: A textbook for students and practitioners.* Springer.

24. Ruddle, A., et al. (2009). *Security requirements for automotive on-board networks based on dark-side scenarios.* EVITA Project.

25. SAE International. (2016). J3061 – *Cybersecurity guidebook for cyber-physical vehicle systems.*

26. SAE on-Road Automated Driving Committee. (2016). SAE J3016. *Taxonomy and definitions for terms related to driving Automation systems for on-road motor vehicles.*

27. Shannon, C. E. (1949). Communication theory of secrecy systems*. *Bell System Technical Journal, 28*(4), 656–715. https://doi.org/10.1002/j.1538-7305.1949.tb00928.x.

28. Skoglund, M., et al. (2018). In search of synergies in a multi-concern development lifecycle: Safety and cybersecurity. *Developments in Language Theory, 302–313.* https://doi.org/10.1007/978-3-319-99229-7_26.

29. Sommer, F., et al. (2019). Survey and classification of automotive security attacks. *Information, 10*(4), 148. https://doi.org/10.3390/info10040148
30. Stevens, M., et al. (2007). Chosen-prefix collisions for MD5 and Colliding X.509 Certificates for different identities. *Advances in Cryptology - EUROCRYPT, 2007*, 1–22. https://doi.org/10.1007/978-3-540-72540-4_1
31. Stigge, M., et al. (2006). *Reversing CRC – Theory and practice.* HU Berlin.
32. Tencent Technology Co. (2018). *Experimental security assessment of BMW cars: A summary report.* https://keenlab.tencent.com/en/whitepapers/Experimental_Security_Assessment_of_BMW_Cars_by_KeenLab.pdf. Zugriffsdatum 2021-06-01.

Zusammenfassung

Cybersecurity ist keine qualitative Eigenschaft oder Zusatzfunktion eines Systems, sondern ein mehrdimensionales Konzept, das sich über den gesamten technischen Bereich, den gesamten Lebenszyklus und die gesamte Organisation eines Unternehmens erstreckt. Das sog. Defence-in-Depth-Prinzip wird in diesem Kapitel nach einer historischen Einordnung als Schutz- und Verteidigungskonzept auf den Automotive-Bereich angewendet, um daraus ein Referenzmodell für eine mehrdimensionale Verteidigungsstrategie zu entwickeln. Hierbei werden die jeweiligen Security-Maßnahmen sowohl den Ebenen der Fahrzeugarchitektur als auch den Verteidigungsstufen zugeordnet. Das Security-Konzept bildet den Anknüpfungspunkt, um das Referenzmodell und damit die Security-Strategie in den Entwicklungsprozess einfließen zu lassen. Eine Aufstellung von Cybersecurity-Best Practices und Designprinzipien, die ebenfalls in das Security-Konzept mit einfließen sollten, dient als Hilfestellung und als Referenz für den Stand-der-Technik.

Moderne Fahrzeuge zählen aufgrund ihrer hohen Anzahl elektronischer Komponenten mit einem gesamten Software-Umfang von oftmals mehr als 100 Mio. Codezeilen sowie aufgrund ihrer verschachtelten E/E-Architektur zu hochkomplexen Systemen. Gleichzeitig decken Standards und Normen noch nicht alle Bereiche der Fahrzeugentwicklung ab, sodass zahlreiche Aspekte OEM- bzw. Zuliefer-spezifisch gelöst werden und deshalb zu inhomogenen Lösungen führen können. Aufgrund dieser beiden Eigenschaften, Komplexität und Inhomogenität, wird angenommen, dass eine 100-prozentige Absicherung gegen die Gefahren von Cyberangriffen mit wirtschaftlich vertretbarem Aufwand nicht erreichbar ist.

Abhilfe schafft ein *risikobasierter Ansatz,* wie er auch im Cybersecurity Engineering Standard ISO/SAE 21434 hinterlegt ist. Im Gegensatz zum reifegradbasierten Vorgehen,

M. Wurm, *Automotive Cybersecurity,* https://doi.org/10.1007/978-3-662-64228-3_2

wo ohne detaillierte Abwägung der jeweiligen Erfordernis bzw. Priorität sämtliche Assets gleichermaßen mit den größtmöglichen Schutzmechanismen ausgestattet werden, sollen beim risikobasierten Ansatz die jeweiligen Wahrscheinlichkeiten und mögliche Auswirkungen der Risiken gegenübergestellt werden, um so eine differenzierte Einordnung der Risiken zu erhalten. So können Gegenmaßnahmen gezielter und effizienter angewendet werden – auch unter Berücksichtigung der unternehmerischen Risiken, die die Produktentwicklung durch mögliche Auswirkungen von Cyberrisiken in sich bergen.

Der *ganzheitliche Lösungsansatz* deckt einerseits das Fahrzeug mit seinen Komponenten als auch die für den gesamten Lebenszyklus erforderliche Infrastruktur ab und umfasst die Bereiche *Organisatorische Maßnahmen*, *Sicherer Produktlebenszyklus* sowie *Technische Maßnahmen/Bausteine*.

Der sichere Produktlebenszyklus stellt in Abb. 2.1 für Fahrzeug und Infrastruktur die zentrale Komponente dar, s. Kap. 4.

Organisatorische Maßnahmen schaffen die Rahmenbedingungen und Ressourcen und sorgen für die Nachhaltigkeit der gesamten Security-Strategie. Sie fließen außerdem z. T. in die entsprechenden Lebenszyklusphasen ein, s. Kap. 3.

Die technischen Maßnahmen sichern bestimmte Funktionen und Schwachstellen des Produkts und deren Infrastruktur ab und fließen ebenfalls in die jeweiligen Lifecycle-Phasen ein, s. Kap. 5.

2.1   Mehrschichtiger Ansatz

2.1.1   Historischer Vergleich

Zur Definition der *Verteidigungsstrategie* gegen Cyberangriffe bedient man sich häufig aus dem Wortschatz der militärischen Kriegsführung. *Defence-in-Depth* (dt. Tiefenverteidigung oder elastische Verteidigung) ist eine militärische Strategie, die nach

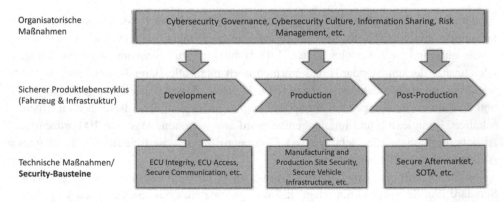

Abb. 2.1 Ganzheitliche Security-Strategie

historischen Überlieferungen bereits von Hannibal erfolgreich in der Schlacht von Cannae angewendet wurde, s. [14].

Diese Verteidigungsstrategie sieht nicht vor, den Angreifer mit der gesamten Stärke an der Frontlinie zu bekämpfen, sondern vielmehr, ihn kontrolliert in das eigene Terrain eindringen zu lassen. Dadurch kann sich das Angriffsmoment verzögern und abschwächen, was einen erfolgreichen Gegenangriff selbst bei zahlenmäßiger Unterlegenheit begünstigen kann. Diese namensgebende Strategie, bei der Verteidigung in die Tiefe zu gehen und mehrere Verteidigungsringe aufzubauen, lässt sich noch besser anhand der Verteidigungsstrategie einer mittelalterlichen Festung erklären. Wir stellen uns dafür eine mittelalterliche Ritterburg mit einem tiefen Ringgraben vor, über die nur eine Zugbrücke führt. Hinter der Zugbrücke trennen jeweils hohe Mauern mit Schießscharten, Wehrgängen und bewachten Toren mit Fallgittern den Zwinger von der Vorburg, bzw. die Vorburg von der Kernburg mit Bergfried. Der Bergfried ist der letzte Rückzugsort für die Burgbewohner und ist nur über einen sehr schmalen und äußert gut bewachten Durchlass zugänglich. Sämtliche Maßnahmen, wie sie in verschiedenen Ausprägungen bei alten Burgen zu finden sind, dienen folgendem Zweck:

- Die Eroberer müssen mehrere Hindernisse und Verteidigungsanlagen überwinden, was einen Angriff und damit eine Eroberung erschwert und in die Länge zieht.
- Die Zugänge zu den jeweiligen Bereichen können (normalerweise) nur über die vorgesehenen Tore und Türen erfolgen, die wiederum bewacht und kontrolliert werden können.

Vergleichbar mit den Eroberungen von Burgen sind auch Angriffe auf eingebettete Systeme in Fahrzeugen typischerweise in mehreren Stufen unterteilt. Wie bei Burgen ist auch bei Fahrzeugen die Zielsetzung, dass das Überwinden jeder Stufe dem Angreifer so schwer wie möglich gemacht werden soll. Das Überwinden der allerletzten Stufe, die Eroberung des Bergfrieds, in dem der Goldschatz oder wahlweise das hübsche Burgfräulein bewacht wird, sollte praktisch unmöglich sein.

Fazit: Um diesen Ansatz für die Abwehr von Cyberangriffen auf Fahrzeuge und deren Infrastruktur zu übernehmen, ist ein mehrstufiges bzw. mehrschichtiges Verteidigungsverfahren (engl. multi-layered defence) zu erschaffen.

2.1.2 Anwendung des Defence-in-Depth-Prinzips

Wie wird das *Defence-in-Depth-Prinzip* als Schutz- und Verteidigungskonzept sinnvoll auf die Strukturen im Automobilbereich angewendet?

Ein früher Beitrag zur Klärung dieser Frage lieferte eine Forschungsarbeit [6], die eine Systematik für die Klassifizierung und Beschreibung von *Anti-intrusion techniques* in technischen Systemen definierten. Die Autoren beschreiben darin sechs Ansätze, um die Systemressourcen eines Computersystems vor einem Cyber-Einbruch zu schützen.

- *Prevention*: Zu diesem Ansatz zählen vorbeugende Maßnahmen, die die Wahrscheinlichkeit für einen Einbruch bzw. Angriff bereits im Vorfeld herabsetzen. Zum Beispiel eine Firewall, die alle eingehenden Verbindungen blockiert, ist eine vorbeugende Maßnahme gegen Angriffe über die externe Netzwerkverbindung.
- *Preemption:* Darunter fallen präventive Maßnahmen gegen mögliche Bedrohungen, sodass es möglichst gar nicht erst zu einem Angriff kommt. Als ein Beispiel nennen die Autoren die Infiltration einschlägiger Informations- und Austauschmedien für Angreifer, um falsche und irreführende Informationen unter möglichen Angreifern zu verbreiten.
- *Deterrence:* Hierbei sind abschreckende Maßnahmen gemeint, die einen Einbruch aus der Perspektive des Einbrechers riskant oder wenig erfolgsversprechend erscheinen lassen. Sie sind vergleichbar mit der militärischen Taktik *Tarnen und Täuschen* und sollen bewirken, dass eigentlich attraktive Ziele für den Angreifer als weniger attraktiv oder gar nicht mehr wahrgenommen werden.
- *Deflection*: Ablenkende Maßnahmen sollen die Einbrecher von den Assets des Systems ablenken und zu einem vermeintlich attraktiven, aber falschen, künstlich erzeugten Ziel leiten. Sog. *Honeypot*-Systeme, die dem Angreifer ein (attraktives) Ziel mit interessantem oder wertvollem Inhalt vortäuschen, sind in dieser Kategorie die am häufigsten genannten Vertreter. Weitere Beispiele sind u. a. die Nutzung von falschen Zugangskonten mit beschränkten Rechten zum Ködern von Angreifern.
- *Detection*: Intrusion Detection Systeme sind Mechanismen, die einen Einbruch erkennen können und übergeordnete Systeme darüber informieren bzw. alarmieren. Beispielsweise kann ein Einbruch erkannt werden, indem Anomalien im Netzwerkverkehr oder im Systemablauf festgestellt werden.
- *Countermeasures:* Darunter fallen alle aktiven Maßnahmen gegen einen erkannten Angriff, beispielsweise Maßnahmen zur Schadensminimierung und Eindämmung möglicher Auswirkungen, indem u. a. bestimmte Funktionen gesperrt werden (Notbetrieb).

Das Defence-in-Depth-Modell von Larson und Nilsson [11] besteht auf vier Stufen: Prevention, Detection, Deflection und Forenics. In ihrer Forschungsarbeit wendeten sie darüber hinaus für jede Stufe konkrete technische Maßnahmen an:

- Ein sicheres Updateverfahren als präventive Maßnahmen, um das Einschleusen manipulierter Software zu verhindern,
- ein Intrusion Detection System als Mechanismus zum Erkennen eines Einbruchs,
- ein Honeypotsystem als ablenkende Maßnahme und
- eine Infrastruktur zur forensischen Untersuchung stattgefundener und erkannter Angriffe.

Le et al. [9] zeigen aus verschiedenen Sichtweisen den aktuellen technischen Stand und verschiedene Forschungsaktivitäten für Security-Mechanismen. In ihrer dargestellten

Sichtweise „Stage view" sind die Security-Mechanismen anhand der Defence-in-Depth-Stufen Prevention, Detection, Deflection und Response zugeordnet – in Anlehnung an das von Nilsson und Larson vorgestellte Prinzip. Sie beließen es dabei nicht beim linearen Stufenmodell von Nilsson und Larson. Genauer gesagt erweiterten sie die Möglichkeiten des Modells, indem zusätzlich zum Stufenmodell des Defence-in-Depth-Prinzips auch eine Zuordnung zu verschiedenen Architekturebenen innerhalb („In-vehicle systems") und außerhalb („VANETs") des Fahrzeugs erfolgt. Dies bietet den Vorteil, dass die Verteidigungslinien nicht nur auf die einzelnen Angriffsstufen, sondern auch auf die Architekturebenen verteilt werden können. Auf diese Weise wird der Grundstein für die Planung eines mehrdimensionalen Verteidigungskonzepts gelegt, s. Abschn. 2.2.

Dieses Modell ermöglicht außerdem eine genauere Analyse und Bewertung der Angemessenheit und Notwendigkeit der einzelnen Security-Bausteine. So kann etwa auf bestimmte Maßnahmen verzichtet werden, falls das System über entsprechende physische oder logische Redundanzen und Plausibilisierungsmöglichkeiten verfügt. Die Anpassung an das konkrete Angreifermodell des jew. Systems und dessen Kontext spart Kosten und Entwicklungskapazitäten.

Darüber hinaus ist auf diesem Wege die Identifikation von Lücken im Verteidigungskonzept möglich. Sind auf allen Ebenen genügend geeignete präventive Maßnahmen vorhanden? Wurde das zugrunde liegende Prinzip von Defence-in-Depth eingehalten und das Verteidigungs- und Schutzkonzept so gestaltet, dass der Angreifer möglichst viele Verteidigungslinien überwinden muss? Dementsprechend lässt sich beispielsweise in der Konzeptphase bereits leicht erkennen, ob und welche Detektionsmechanismen auf der ECU-Ebene oder auf der Netzwerkebene eingeplant sind.

Diese Prüfungen können sowohl initial, in der Konzeptphase, als auch zu späteren Zeitpunkten innerhalb der Produktlebenszeit durchgeführt werden. Sie schaffen die Möglichkeit, das Verteidigungskonzept über die gesamte Produktlebensdauer hinweg an die sich stetig verändernde Bedrohungslage anzupassen.

Die Umsetzung des Defence-in-Depth-Prinzips birgt allerdings auch Nachteile. Bildlich gesprochen: Indem die Anzahl der Verteidigungslinien erhöht wird, verlängert sich auch der Weg, den eine Nachricht durch das Fahrzeug nehmen muss. Bezogen auf die Technik bedeutet das, dass zusätzliche Securityfunktionen den Ressourcenbedarf im Allgemeinen und die Laufzeit für kryptographische Funktionen im Speziellen erhöhen und zu Verzögerungen im Informationsfluss führen. Insbesondere für Echtzeitanwendungen kann diese Auswirkung problematisch sein. Außerdem führen zusätzliche Securityfunktionen auch zu zusätzlichen Aufwänden in der Entwicklung, im Test und in der Wartung. Das Erzielen eines sorgfältig ausgewogenen Verhältnisses aus Schutzbedarf, Angriffswahrscheinlichkeit und Kosten ist anzuraten. Falls die Kosten für den Schutz eines Assets höher sind als der eigentliche Wert des Assets wurde vermutlich über das Ziel hinausgeschossen.

Ein überzeugendes Beispiel für eine schlecht angepasste Securitystrategie stammt aus dem Energiesektor. Die elektronischen Steuerungen von Windkraftanlagen werden

mittels sog. SCADA-Systeme (Supervisory Control and Data Acquisition, dt. Überwachung, Steuerung und Datenerfassung) gewartet und gesteuert. Die Steuerungen der
einzelnen Anlagen kommunizieren dabei häufig über eine Ethernet-Verbindung mit den
zentralen SCADA-Rechnern. Ohne Berücksichtigung der herrschenden Umgebungsbedingungen werden für eine Verteidigungsstrategie sowohl Fernangriffe, in diesem Fall
über die Ethernet-Verbindung, als auch lokale, physische Angriffe auf die elektronische
Steuerung berücksichtigt. Unter Berücksichtigung des Systemkontextes einer Wind-
kraftanlage innerhalb eines Offshore-Windparks wird jedoch schnell klar, dass in rund
50 m Höhe und mehrere Kilometer vom Festland entfernt der physische Zugang zu den
Steuerungen schwierig und aufwendig und deshalb unwahrscheinlich wird. Kurzum,
eine angepasste Securitystrategie wird in diesem Kontext den Schwerpunkt auf die
Absicherung der Backend-Systeme und Ethernet-Verbindungen mit den Offshore-
Anlagen legen.

2.2   Referenzmodell für eine mehrdimensionale Verteidigungsstrategie

Wie im vorherigen Abschnitt skizziert, führt die Anwendung des Defence-in-Depth-
Prinzips auf die verschiedenen Ebenen der Fahrzeugarchitektur zu einer mehrschichtigen
bzw. unter Berücksichtigung der Tiefenwirkung zu einer mehrdimensionalen Verteidigungsstrategie.

In diesem Abschnitt wird ein Referenzmodell vorgestellt, das sowohl die mehrdimensionale Verteidigungsstrategie umsetzt als auch die oben definierten, ganzheitlichen und risikobasierten Lösungsansätze berücksichtigt.

Im vorgestellten Referenzmodell, s. Abb. 2.2, sind auf der vertikalen Achse die
Ebenen der Fahrzeugarchitektur aufgelistet – von außen nach innen sortiert:

- *Infrastruktur:* beinhaltet alle Infrastruktur- und Backendkomponenten, die mit dem
  Fahrzeug kommunizieren sowie systemübergreifende Funktionen, die für die Security
  des Fahrzeugs eine Rolle spielen
- *Fahrzeug:* berücksichtigt alle Außenschnittstellen des Fahrzeugs sowie alle
  Funktionen, die für die Gesamtintegrität des Fahrzeugs sorgen
- *Netzwerk:* beinhaltet das fahrzeuginterne Kommunikationsnetzwerk
- *ECU:* beinhaltet alle ECU-internen Funktionen, sowie deren Außenschnittstellen

Auf der horizontalen Achse sind die Stufen der Defence-in-Depth-Tiefenverteidigung
aufgeführt: in der linken Spalte die präventiven Maßnahmen, in der mittleren Spalte
die Maßnahmen zum Erkennen eines Angriffs und in der rechten Spalte stehen die
Maßnahmen zum Ablenken und Abschwächen der Auswirkungen eines Angriffs, vgl.
[9].

		Prävention	Erkennung	Ablenkung u. Abschwächung
Ebenen der Fahrzeugarchitektur	Infrastruktur	Secure Backend, Key Management, Production Site Security, Secure OTA-Update, Aftermarket Protection	Intrusion Detection System (Backend)	Redundancy/ Backup Systems
	Fahrzeug	Firewall, Secure Backend Communication, Secure V2X Communication	Intrusion Detection System (Fzg)	
	Netzwerk	Sichere Buskommunikation, Netzwerk-Segmentierung		Netzwerk-Segmentierung, Honeypot
	ECU	Secure Boot/Programming, Hardening, Secure ECU-Access, Hardware Security Support	Runtime Manipulation Detection, Control Flow Integrity	Secure Execution Environment/ Virtualisierung
		Prävention	Erkennung	Ablenkung u. Abschwächung
		Verteidigungsstrategie		

Abb. 2.2 Referenzmodell für die Anwendung der Verteidigungsstrategie auf die Ebenen der Fahrzeugarchitektur

Prävention Zur Prävention von Angriffen sollen auf der Infrastrukturebene Maßnahmen zur Absicherung des Backends und der Produktionsumgebung getroffen werden. Außerdem sollen systemübergreifende Funktionen, d. h. Funktionen wie Schlüsselmanagement, Update-Over-the-Air und Aftermarketzugang, die sich sowohl über Fahrzeug- als auch Infrastrukturkomponenten erstrecken, geschützt werden.

Auf der Fahrzeugebene sollen sämtliche Außenschnittstellen, wie etwa Verbindungen zum Backend und die V2X-Kommunikation, abgesichert werden. Mittels einer Firewall soll der Zugriff von außen grundsätzlich beschränkt und kontrolliert werden.

Auf der Netzwerkebene ist dafür zu sorgen, dass der fahrzeuginterne Datenaustausch zwischen den ECUs, Aktoren und Sensoren abgesichert ist, d. h. dass die interne Kommunikation nicht als Angriffspunkt ausgenutzt werden kann. Des Weiteren soll die Topologie des Kommunikationsnetzwerks etwa durch eine geeignete Segmentierung hinsichtlich ihrer Security-Eigenschaften optimiert werden.

Auf der ECU-Ebene sind verschiedene Maßnahmen zu treffen, um zum einen den Zugriff auf die ECU zu kontrollieren und zum anderen um die Integrität der ECU unter allen Umständen sicherzustellen. Hierzu zählen insbesondere Funktionen, die die Software-Integrität verifizieren und die besonders schützenswerte Daten wie kryptographische Schlüssel vor unbefugtem Zugriff und vor Manipulation schützen. Die Zuordnung des HSMs in diese Kategorie ist ambivalent und deshalb diskussionswürdig. Einerseits stellt ein Hardware Security Modul, bzw. allgemein formuliert eine sichere und vertrauenswürdige Ausführungsumgebung mit sicherem Schlüsselspeicher, eine präventive Maßnahme dar, weil damit der Zugriff auf schützenswerte Daten verhindert wird. Andererseits zählen SEE/TEE auch zu den abschwächenden Maßnahmen, weil ein Angriff oftmals nicht direkt auf das HSM abzielt, sondern über eine Lücke im Gesamtsystem (z. B. in der Applikationssoftware oder im Diagnosestack) beginnt und im weiteren Verlauf des Angriffspfades die Integrität und Vertraulichkeit des HSMs angreift. Eine SEE/TEE kann umgeben von einer kompromittierten Umgebung dann immer noch die „sichere Welt" weitestgehend am Laufen halten und den Angriff somit abschwächen. Zusätzlich kann ein HSM beispielsweise durch Maßnahmen wie das Sperren des Schlüsselspeichers und das Verweigern von Kryptofunktionen auf einen erkannten Angriff reagieren. Die Trennung schützenswerter Software vom Restsystem ist somit sowohl eine präventive Maßnahme, kann im Verlauf eines Angriffs auf das Restsystem jedoch auch für die Kontrolle ablenkender und abschwächender Maßnahmen genutzt werden.

Erkennung Zum Erkennen von Angriffen werden sowohl im Backend als auch im Fahrzeug sog. *Intrusion Detection Systeme* verwendet. Auf der ECU-Ebene prüfen darüber hinaus Mechanismen wie *Runtime Manipulation Detection* und *Control Flow Integrity* zur Laufzeit die Systemintegrität und können somit auch Angriffsversuche erkennen.

Ablenkung und Abschwächung Zum Ablenken von Angriffen dienen im Wesentlichen sog. *Honeypot-Systeme,* die die Angreifer in ein künstlich erzeugtes System locken sollen. Von hier aus können Angreifer keinen Schaden auf das reale System ausüben und die aufgezeichneten Aktivitäten der Angreifer können zur forensischen Analyse herangezogen werden, um die Fähigkeiten und das Verhalten der Angreifer zu untersuchen. Abschwächende Maßnahmen dienen dazu, die Auswirkungen eines zumindest teilweise erfolgreichen Angriffs begrenzt zu halten, um ein Mindestmaß an Funktionalität und Kontrolle zu erhalten. Auf Gesamtsystemebene (Infrastruktur und Fahrzeug) helfen hierbei Redundanz- und Backupkonzepte. Auf Netzwerkebene soll eine Segmentierung der Netzwerktopologie die Ausbreitung eines Angriffs über Zonen- bzw. Domänengrenzen hinweg erschweren. Auf der ECU-Ebene verhindert die Segmentierung und Isolation sicherheitsrelevanter Software und Daten den Zugriff von möglicherweise kompromittierten Gastgebersystemen.

Zusammenfassend wird festgehalten, dass das vorgestellte Referenzmodell sowohl die Fahrzeugarchitektur berücksichtigt als auch die Verteidigungsstrategie umsetzt und als Ergebnis eine Aufstellung aller erforderlichen Securitybausteine als Beitrag für das Securitykonzept, s. folgender Abschnitt, liefert.

Die zugrunde liegende Verteidigungsstrategie ist:

- *risikobasiert,* weil davon ausgegangen werden muss, dass weiterhin Lücken bestehen und kein hundertprozentiger Schutz erreicht werden kann, und
- *ganzheitlich,* weil zusätzlich zur gesamten Fahrzeugarchitektur auch die relevante Infrastruktur für die Verteidigungsstrategie einbezogen wird.

2.2.1   Anpassungsfähigkeit an unterschiedliche Bedrohungsszenarien

Fahrzeuge und die zugehörige Infrastruktur stellen mit ihren vielen verschiedenen Assets und Angriffspunkten ein relativ komplexes System dar, was zur Folge hat, dass man es nicht mit einer oder einigen wenigen Bedrohungen und den verbundenen Risiken zu tun hat, sondern mit vielschichtigen *Bedrohungsszenarien*, s. Abschn. 1.2.3.

Unterschiedliche Bedrohungsszenarien kommen durch mehrere Variablen, die auch im Rahmen der TARA für die Bewertung von Bedrohungen und Risiken herangezogen werden, zustande.

Zunächst wird das Potenzial einer Bedrohung u. a. anhand der zugeordneten Angreifertypen, der verwendeten Angriffsvektoren bzw. Einstiegspunkte (engl. entry points) sowie des erforderlichen Gelegenheitsfensters ermittelt.

Skript-Kiddies, Laymen und Thrill-Seekers, die mit einfacheren Mitteln und mit eher geringem Eigenrisiko versuchen, Fahrzeuge und Automotive-Infrastrukturen anzugreifen, sind (zunächst) die wahrscheinlicheren Angreifer als *Nation-States* und cyberkriminelle Organisationen, die etwa mit geopolitischer Taktik, zur Kriegsführung oder für ihren eigenen Profit versuchen, Fahrzeuge anzugreifen. Die erstgenannte Gruppe wird zudem mit höherer Wahrscheinlichkeit Fernangriffe durchführen und infolgedessen die Internetverbindungen und die Funkschnittstellen des Fahrzeugs (BT, WiFi, Mobilfunk) als Einstiegspunkte wählen. Physische Angriffe sind deshalb nicht weniger wahrscheinlich, sie erfordern allerdings den zumindest zeitlich beschränkten Zugriff auf ein Fahrzeug. Das Gelegenheitsfenster ist bei Angriffen auf Internetverbindungen praktisch unendlich und zudem leicht skalierbar, indem weltweit verteilte Ressourcen (und Komplizen) eingebunden werden können. Angriffe auf die Funkschnittstellen erfordern zumindest die Anwesenheit des Angreifers in Empfangsreichweite.

Darüber hinaus erfolgt im Rahmen der TARA die Bewertung der erwarteten Auswirkungen eines Angriffs anhand der Kategorien Verfügbarkeit, Sicherheit (Safety), Privacy und des möglichen finanziellen Schadens.

Auch bezüglich dieser Variablen können mehrere verschiedene Bedrohungsszenarien entstehen, denen mit unterschiedlichen Strategien entgegengewirkt wird. Beispielsweise kann das Erdulden (geringer) finanzieller Schäden durch äußerst seltene oder unwahrscheinliche Angriffe für ein Unternehmen günstiger sein als die kostenintensive Implementierung und Wartung spezieller Securitybausteine. Auch der Versuch, mittels ausgetüftelter Schutzmechanismen auch unter widrigsten Umständen die Verfügbarkeit aller Systemfunktionen eines Fahrzeugs aufrecht zu erhalten, stehen zum Teil im Widerspruch zu den hocheffizienten und kostengünstigen Methoden, die etwa durch mutwillige Sachbeschädigung an einem Fahrzeug erreicht werden.

Derartige Abwägungen sind nicht allgemeingültig und müssen von Fall zu Fall, individuell für jede Produktgruppe neu bewertet werden. In jedem Fall dient das oben vorgestellte Referenzmodell als Grundlage für die Aufteilung, Planung und Priorisierung

Abb. 2.3 Beispielszenario
mit priorisierten
Securitybausteinen

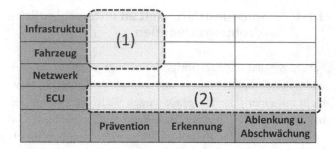

mehrerer Bedrohungsszenarien. Auf diese Weise werden den jeweiligen Bedrohungsszenarien die erforderlichen Securitybausteine zugeordnet. Es bietet darüber hinaus den
nötigen Überblick, um zu verhindern, dass konzeptuelle Lücken im Securitykonzept
unentdeckt bleiben.

Beispiel

Beispielszenario mit priorisierten Securitybausteinen, s. Abb. 2.3:

- In folgenden, beispielhaften Szenario wird angenommen, dass es oftmals nicht
  möglich ist, das gesamte Securitykonzept von Beginn an lückenlos und fehlerfrei
  zu implementieren. Deshalb wird eine *Priorisierung* der zu implementierenden
  Securitybausteine und damit deren Reihenfolge der Implementierung festgelegt.
  Welche Bausteine sind aber wichtiger als andere? In der Produktentwicklungsphase sind physische, lokale Angriffe (durch externe Angreifer) weniger wahrscheinlich, weil die Gelegenheitsfenster und die physischen Zugriffsmöglichkeiten
  nicht vorhanden sind. Fernangriffe auf das Fahrzeug und auf die Backend-Infrastruktur sind jedoch bereits möglich. Die höchste Priorität bekommen demnach
  präventive Maßnahmen gegen Fernangriffe (1), die zur Absicherung aller fahrzeugexternen Schnittstellen und Backend-/Internetverbindungen dienen.
- Die zweithöchste Priorität erhält die komplette Absicherung einzelner, kritischer
  ECUs (2) wie etwa Domain-Controller, Gateways, Head-Units oder Telematikein-
  heiten. Deren Integrität wird in diesem Beispiel höher bewertet als der Schutz von
  weniger kritischen Komponenten wie die Steuerung der Fensterheber. ◀

2.3 Security-Konzept

Wie wird die Security-Strategie und das davon abgeleitete Referenzmodell, sowie die Best-
Practices mit dem *Security-Konzept* verknüpft? Was ist das Security-Konzept überhaupt?

In ISO21434 [7] ist das Security-Konzept definiert als die Zusammenfassung
der Cybersecurity-Anforderungen zur Erfüllung der *Cybersecurity-Goals* und deren
Zuordnung zu (den Elementen der) Security-Architektur.

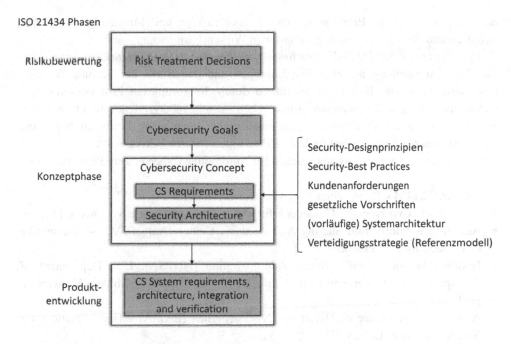

Abb. 2.4 Security-Konzept im Kontext des Cybersecurity-Engineeringprozesses

Die Cybersecurity-Anforderungen werden einerseits von den Cybersecurity-Goals und diese wiederum von den *Risk Treatment Decisions* abgeleitet, s. Abb. 2.4. Andererseits sollten bereits in der Konzeptphase Security-Designprinzipien, Best Practices, Kundenanforderungen und gesetzliche Anforderungen für die Definition des Security-Konzepts einbezogen werden. In der darauffolgenden Produktentwicklungsphase werden die oben genannten Quellen erneut herangezogen, allerdings auf einer detaillierteren Abstraktionsebene und zum Verfeinern der Anforderungen.

Als Grundlage für die Security-Architektur dienen wiederum die vorläufige Systemarchitektur sowie der gewählte Lösungsansatz für die Verteidigungsstrategie. Für den sensiblen Schritt in der Konzeptphase, der Zuordnung von Security-Anforderungen zu den Komponenten des Systems oder dessen Infrastruktur, dient das oben vorgestellte Referenzmodell als Gerüst, bietet Orientierung und ermöglicht einen systematischen Abgleich mit ähnlichen Systemen.

2.4 Best Practices

Die Gemeinschaft der Fahrzeughersteller steht zusammen mit ihren Zulieferern weltweit gleichermaßen vor der Herausforderung, ihre Produkte und Unternehmen vor den Risiken von Cybersecurity-Angriffen zu schützen. Um das Rad nicht jedes Mal neu zu erfinden, erscheint ein Erfahrungsaustausch über Erfolge und Misserfolge sowie das Schaffen und Austauschen einer gemeinsamen Wissensbasis ratsam.

Best Practices, auf Deutsch etwa *beste Vorgehensweisen* oder *Methoden,* bezeichnet die Zusammenstellung aktueller Empfehlungen und den Stand der Technik für eine bestimmte Thematik. Best Practices führen durch die komplexen Problemstellungen, liefern dafür mögliche Lösungswege und geben branchenübergreifende Richtlinien vor. Sie geben einerseits Orientierung, andererseits aber auch einen Leitfaden bzw. eine untere Messlatte, die nur in begründeten Fällen unterschritten werden sollte.

Eine Übersicht der wichtigsten Quellen für Automotive Cybersecurity Best Practices:

- ISO/SAE 21434 – Road vehicles – Cybersecurity engineering, s. [7]
- SAE J3061 -Cybersecurity Guidebook for Cyber Physical Vehicle Systems, s. [12]
- Automotive Information Sharing And Analysis Center (Auto ISAC) – Automotive Cybersecurity Best Practices, s. [2]
- National Highway Traffic Safety Administration (NHTSA), U.S. Department of Transportation – Cybersecurity Best Practices for the Safety of Modern Vehicles, s. [10]
- Agentur der Europäischen Union für Cybersicherheit (ENISA) – Good Practices for Security of Smart Cars, s. [1]
- European Automobile Manufacturers Associations (ACEA) – Principles of Automobile Cybersecurity, s. [5]
- Department for Transportation UK (DfT) – Principles of cyber security for connected and automated vehicles, s. [3]

2.4.1 Security-Designprinzipien

Security by Design Die weitreichenden Auswirkungen von Securityrisiken macht es notwendig, die Disziplin *Security* in allen Phasen des Produktentwicklungsprozesses und Produktlebenszyklus zu berücksichtigen. Insbesondere am Beginn, in der Designphase, gilt es, mögliche Bedrohungen durch Cybersecurity-Angriffe sowie die daraus resultierenden Risiken frühzeitig zu erkennen. So können geeignete Maßnahmen zur Reduzierung der Angriffsoberfläche des Systems von Anfang an in den Entwicklungsprozess einfließen. Security nachträglich zu integrieren oder am Ende „anzuflanschen" ist in der Regel teuer, kompliziert, fehleranfällig und deshalb auch unsicher, weil sich so die Gefahr für Schwachstellen erhöhen.

Durch die Einführung und konsequente Umsetzung eines Security Engineering Prozesses sowie dessen Anbindung an den Produktenwicklungsprozess, s. Kap. 4, wird außerdem sichergestellt, dass verschiedene empfohlene und bewährte Methoden für die Entwicklung sicherer Systeme in die Designentscheidungen einfließen. ISO 21434 und SAE J3061 führen beispielsweise die Anwendung des sog. *Least Privilege Prinzips* und

die durchgängige Absicherung aller Schnittstellen als gängige und empfohlene Praktiken
an.

Security by Default Sämtliche Voreinstellungen sollten so gewählt sein, dass sich das
System in einem möglichst sicheren (im Sinne von Security) Zustand befinden. Zum
einen wird so sichergestellt, dass Software-Funktionen mit sicheren Konfigurationen
initialisiert werden. Zum anderen werden auf diese Weise bestimmte Funktionen und
Schnittstellen standardmäßig deaktiviert und somit die Angriffsoberfläche des Systems
verkleinert. Dieses Prinzip beinhaltet auch ein sog. Secure Fallback, den Sprung auf eine
sichere Rückfallebene – insbesondere in einem Fehlerfall.

Secure Access Mehrere Mechanismen wie Authentifizierung und Autorisierung
kontrollieren und beschränken Zugänge und Zugriffsmöglichkeiten auf die Dienste und
Daten des Systems. Ein Einhalten des *Least Privilege Prinzips* führt dazu, dass alle
Benutzer ausschließlich mit den Berechtigungen ausgestattet sind, die für ihre Aufgabe bzw. Rolle zwingend erforderlich sind. Berechtigungen, die nicht benötigt werden,
müssen den jeweiligen Benutzern wieder entzogen werden. Regelmäßige Audits überprüfen die Rechtevergabe und passen sie ggf. an. Eine Logging-Funktion speichert alle
Zugriffe in einem manipulationssicheren Speicher ab.

In Bezug auf den Schutz vor Insider-Angriffen wird häufig der römische Dichter
Juvenal mit der folgenden Frage zitiert: *„Quis custodiet ipsos custodes?"* (dt. Wer
bewacht die Wächter?), s. Juvenal, Satiren VI [13]. Übertragen auf die Cybersecurity-
Bedrohungen, die im Automotive-Bereich möglich sind, beschreibt Juvenal damit
das Problem des möglichen Missbrauchs von Rechten durch deren legitimen Inhaber.
Besonders die Rechte auf kritische Funktionen und Daten, wie beispielsweise das Key
Management, müssen sorgfältig kontrolliert werden.

Diehl empfiehlt hierfür zwei Gegenmaßnahmen, s. [4]: Zum einen sollten
Berechtigungen sorgfältig voneinander getrennt werden und in verschiedene Rollen,
die jeweils für sich keinen kritischen Missbrauch ermöglichen, aufgeteilt werden.
Ein Anhäufen mehrerer kritischer Berechtigungen zu „Superuser"-Rollen soll vermieden werden. Zum anderen sollten Zugriffe auf kritische Dienste bzw. Daten stets
protokolliert werden und die Protokolle sollten auch regelmäßig ausgewertet und nach
Hinweisen für Missbrauch durchsucht werden.

Security-Architektur Zur Erhöhung des Angriffsschutzes und der Ausfallsicherheit sollte die E/E-Architektur, genauer gesagt die physische Architektur, segmentiert
werden, d. h. die ECUs sollten voneinander getrennt und jeweils einer geeigneten
Domäne, zugeordnet werden, s. Abschn. 5.3.1. Domänenübergreifende Kommunikation
sollte zwar ermöglicht jedoch auch beschränkt und kontrolliert werden. Diese
Segmentierung und Isolierung führt einerseits zu einer erhöhten Ausfallsicherheit des
Gesamtsystems, weil sich Fehler in der Regel nur auf die betroffenen Domänen auswirken. Andererseits werden auch Security-Risiken in einer Domäne auf eben diese

beschränkt, d. h. einem Angreifer wird es erschwert, seinen Angriffspfad über die Domänengrenzen hinaus fortzuführen.

Das Konzept der Segmentierung bzw. Isolation lässt sich auch auf die ECU-Ebene über-tragen. Das Schaffen einer sicheren Domäne innerhalb einer ECU bzw. innerhalb eines SoC oder Mikrocontrollers führte überdies zur Entwicklung von Hardware-unterstützten, sicheren Laufzeitumgebungen wie *HSMs* oder *TrustZones,* s. Abschn. 5.1.4.

Kontrolle der Schnittstellen Sämtliche Schnittstellen müssen kontrolliert bzw. abgesichert werden, insbesondere Test- und Entwicklungsschnittstellen, die in der Regel umfassende Zugriffsmöglichkeiten auf systeminterne Daten und Funktionen besitzen.

No Security by Obscurity Obwohl sich Kerckhoffs' Prinzip ursprünglich auf krypto-graphische Verfahren und Algorithmen bezog, sollte es vom Grundsatz auch für alle Aspekte der Entwicklung Cybersecurity-relevanter Embedded Systeme Anwendung finden. *„Il faut qu'il n'exige pas le secret, et qu'il puisse sans inconvénient tomber entre les mains de l'ennemi."* (Auguste Kerckhoffs) [8]. Frei übersetzt bedeutet Kerckhoffs' Prinzip, dass das System keiner Geheimhaltung erfordern darf, um sicher zu sein. Die Sicherheit sollte allein in der Geheimhaltung kryptographischer Geheimnisse wie Schlüssel liegen, jedoch nicht im Design oder in der Implementierung eines Systems. Dies schließt unter anderem jegliche proprietäre Verfahren zur Erfüllung von Security-Schutzzielen aus.

Bypassing und Backdoors Das Umgehen von Securityfunktionen sowie das Implementieren und Nutzen von Hintertüren ist strikt untersagt.

Literatur

1. Agentur der Europäischen Union für Cybersicherheit (ENISA). (2019). *Good practices for security of Smart cars.* https://www.enisa.europa.eu/publications/smart-cars/at_download/fullReport. Zugriffsdatum 2021-06-01.
2. Automotive Information Sharing And Analysis Center (Auto ISAC). (2016). *Best practices – Auto-ISAC.* Best Practices – Auto-ISAC. https://automotiveisac.com/best-practices/. Zugriffs-datum 2021-06-01.
3. Department for Transport. (2017). *Principles of cyber security for connected and automated vehicles.* GOV.UK. https://www.gov.uk/government/publications/principles-of-cyber-security-for-connected-and-automated-vehicles. Zugriffsdatum 2021-06-01.
4. Diehl, E. (2016). *Ten laws for security.* Springer Publishing.
5. European Automobile Manufacturers Associations (ACEA). (2017). *Principles of automobile cybersecurity.* https://www.acea.auto/files/ACEA_Principles_of_Automobile_Cybersecurity.pdf. Zugriffsdatum 2021-06-01.
6. Highland, H. J. (1995). AIN'T misbehaving—A taxonomy of anti-intrusion techniques. *Computers & Security, 14*(7), 606. https://doi.org/10.1016/0167-4048(96)81669-5.

7. ISO. (2020). *ISO/SAE DIS 21434 Road vehicles – Cybersecurity engineering*.

8. Kerckhoffs, A. (1883). *La cryptographie militaire*. Published.

9. Le, V. H., et al, (2018). Security and privacy for innovative automotive applications: A survey. *Computer Communications, 132*, 17–41. https://doi.org/10.1016/j.comcom.2018.09.010

10. National Highway Traffic Safety Administration US Department of Transportation. (2016). *Cybersecurity best practices for modern vehicles*. https://www.nhtsa.gov/sites/nhtsa.gov/files/documents/812333_cybersecurityformodernvehicles.pdf. Zugriffsdatum 2021-06-01.

11. Nilsson, D. K. & Larson, U. E. (2009). A defence-in-depth approach to securing the wireless vehicle infrastructure. *Journal of Networks, 4*(7). https://doi.org/10.4304/jnw.4.7.552-564

12. SAE International. (2016). *J3061 – Cybersecurity guidebook for cyber-physical vehicle systems*.

13. Schnur, H. C. (1986). *Satiren (Reclams Universal-Bibliothek)*. Reclam, Philipp, jun.

14. Whatley, N. (1927). Antike Schlachtfelder, Bausteine zu einer Antiken Kriegsgeschichte. Vol. IV. Part 2. J. Kromayer und G. Veith. S. 171–323. Berlin: Weidmannsche Buchhandlung, 1926. – Schlachten-Atlas zur Antiken Kriegsgeschichte, Griechische Abteilung I. Von Marathon bis Chaeronea. J. Kromayer und G. Veith. Leipzig: H. Wagner und E. Debes, 1926. *The Classical Review, 41*(4), 147–148. https://doi.org/10.1017/s0009840x00043237.

Security-Organisation und -Management

3

Zusammenfassung

Wie kann Cybersecurity nachhaltig und effizient eingeführt, überwacht und gesteuert werden? Wie kann Cybersecurity systematisch mit den übergeordneten Zielen eines Unternehmens verknüpft und in Einklang gebracht werden? Vor welchen Aufgaben stehen dabei die Abteilungsleiter und die Unternehmensführung? Die sog. *Cybersecurity-Governance* muss in der Unternehmensführung verankert sein. Eine lebendige Cybersecurity-Kultur, die in der gesamten Belegschaft nachhaltig für ein besseres Bewusstsein für Cybersecurity sorgt, ist für alle Seiten ein Gewinn. Zu den weiteren Aufgaben zählen Planung und Durchführung von Audits und Zertifizierungen, sowie das Etablieren fortlaufender Cybersecurity-Aktivitäten, insbesondere für das Event Monitoring und Incident Response Management.

In diesem Kapitel wird ausgeführt, wieso nicht nur die technischen Maßnahmen zur Absicherung der Fahrzeuge und deren Komponenten erforderlich sind, sondern wieso auch die Verwaltung aller Cybersecurity-Aktivitäten in der gesamten Wertschöpfungskette und über den gesamten Produktlebenszyklus hinweg eine wichtige Voraussetzung für den ganzheitlichen Schutz darstellt.

3.1   Welche organisatorischen Maßnahmen sind erforderlich?

Wieso sind organisatorische Maßnahmen für den Schutz vor Cyberangriffen erforderlich? Sind technische Maßnahmen zur Absicherung nicht ausreichend?
Wie kann Cybersecurity nachhaltig und effizient eingeführt, überwacht und gesteuert werden? Wie kann Cybersecurity systematisch mit den übergeordneten Zielen eines Unternehmens verknüpft und in Einklang gebracht werden? Vor welchen Aufgaben stehen dabei die Abteilungsleiter und die Unternehmensführung?

Mit der Einführung eines sog. *Cybersecurity Management Systems* (CSMS) werden in Analogie zu einem *Information Security Management System* (ISMS) Abläufe und Regeln aufgestellt, die innerhalb einer Organisation nachhaltig und systematisch alle Cybersecurity-Aktivitäten beschreiben, einführen, überwachen, steuern und fortlaufend nachjustieren und verbessern.

Das „Weltforum für die Harmonisierung der Fahrzeugvorschriften" (WP.29) der UNECE (United Nations Economic Commission for Europe) hatte im Jahr 2020 für die aktuell rund 60 UNECE-Mitgliedsländer zwei neue Vorschriften zur Gewährleistung der Fahrzeugsicherheit und explizit auch zum Schutz gegen Cyberangriffe, verabschiedet.

Die von der UNECE WP.29 herausgegebenen Verordnungen R.155 [1] und R.156 [2] sind dabei einerseits ein Versuch, die multiperspektifischen Fragen und Problemstellungen für die Automobilindustrie zu beantworten und andererseits, um einen rechtlichen Rahmen für die Entwicklung von nachhaltig sicheren Fahrzeugen zu schaffen. Mit diesen beiden Vorschriften werden auch zum ersten Mal Maßnahmen zum Schutz von vernetzten und autonomen Fahrzeugen angeordnet. Sie bestehen aus vier Arbeitspaketen:

- *Management* von fahrzeugrelevanten Risiken durch Cyberangriffe
- Anwendung des *Security by Design*-Prinzips über die gesamte Wertschöpfungskette hinweg
- Erkennen von *Security-Vorfällen* innerhalb der gesamten Fahrzeugflotte sowie Veranlassen von geeigneten Reaktionen
- Einführung einer rechtlichen Grundlage von *Over-the-Air-Updates* für die Fahrzeugsoftware, basierend auf einer sicheren (safe und secure) Software-Updatefunktion

Das in UNECE WP.29 R.156 geforderte *Software Update Management System* (SUMS) wird im Abschnitt *Sicheres Update,* s. Abschn. 5.5.4, erneut aufgegriffen und erläutert.

Im nächsten Abschnitt wird das in UNECE WP.29 R.155 geforderte Cybersecurity Management System (CSMS) diskutiert.

3.2   Welche Anforderungen werden an das Security-Management gestellt?

Als Grundlage für die Umsetzung eines CSMS sowie für dessen Zertifizierung, die von UNECE WP.29 zukünftig für die Typenzulassung erforderlich ist, dient der Cybersecurity Engineering Standard ISO 21434. In diesem Abschnitt werden Bestandteile, die für die Security-Organisation und Management relevant sind, herausgegriffen und erörtert.

Cybersecurity-Governance
Wie wird sichergestellt, dass Cybersecurity keine „Eintagsfliege" ist und nach Abschluss eines Entwicklungsprojekts wieder eingestellt wird, sondern dass Cybersecurity langfristig und nachhaltig zu einem festen Bestandteil der Unternehmensstrategie wird?

Die Gefahr besteht, dass ohne Rückendeckung des Top-Managements und Verankerung in den Strategiepapieren des Unternehmens die Ressourcen, die für die Bearbeitung und Verfolgung von Cybersecurity-Aktivitäten erforderlich sind, mehr oder weniger kurzfristig wieder abgezogen werden. Zuallererst ist ein Commitment des Vorstands erforderlich, das Cybersecurity, d. h. die Absicherung der Produkte vor Cyberangriffen, als ein zu verfolgendes Unternehmensziel identifiziert und als solches durch alle Ebenen der Unternehmenshierarchie nach unten auf die Arbeitsebene ableitet.

Durch Cybersecurity, genauer gesagt durch die Nicht-Bearbeitung von Cybersecurity, können Risiken entstehen, die nicht zuletzt auch vom Management als unternehmerische Risiken verstanden werden müssen. Auf der Grundlage dieser Entscheidungen nimmt das Unternehmen die entsprechenden Vorgaben in seine Richtlinien auf und leitet davon wiederum Prozesse, Handlungsanweisungen und Rollenbeschreibungen ab. Dabei ist von Anfang an zu beachten, dass das Erzielen einer ganzheitlichen Cybersecurity-Strategie auch impliziert, dass alle Vorgaben und Maßnahmen für den gesamten Lebenszyklus eines Produkts, s. Kap. 4, sowie für die gesamte Lieferkette bzw. Wertschöpfungskette anzuwenden sind. Dies hat konkret zur Folge, dass die Einhaltung der Cybersecurity-Policies auch beim Lieferantenmanagement einfließen und von den Lieferanten eingefordert werden muss. Die Herausforderung besteht hierbei in der Definition und Einigung auf einen gemeinsamen Nenner – eine minimale Security-Strategie, die für die gesamte Zuliefererkette durchgängig gültig und anwendbar ist.

Eine weitere Aufgabe der Leitungsebene besteht im Bereitstellen ausreichender Ressourcen für das Bearbeiten der Cybersecurity-Aktivitäten. Die Kosten für Personal, Werkzeuge, Bauteile, Entwicklungs- und Testkapazitäten, etc. müssen rechtzeitig und langfristig geplant, budgetiert und durchgesetzt werden. Die Langfristigkeit führt in diesem Zusammenhang zu einer neuen Erschwernis für die Autobauer. Denn die UNECE-Anforderungen verpflichten die OEMs, dafür Sorge zu tragen, dass ihre Fahrzeuge auch nach SOP, in der sogenannten Post-Produktionsphase, sicher sein sollen, indem Schwachstellen erkannt und behoben werden. Die wirtschaftliche Abschätzung dieser Anforderung und der damit verbundenen, langfristigen Auswirkungen auf das Unternehmen sind herausfordernd. Was die Zukunft bringen wird ist ungewiss. Aber ein Blick in die jüngste Vergangenheit, fünf bis zehn Jahre sind dabei völlig ausreichend, lassen erahnen, auf welche technischen und organisatorischen Herausforderungen sich OEMs und Zulieferer einstellen sollten. Zehn Jahre nach Entwicklungsabschluss noch Bugfixes für ein dann altes System zu erzeugen, zu testen und auszurollen ist technisch und organisatorisch schwierig. Die erforderliche Entwicklungs- und Testumgebungen über so einen langen Zeitraum zu erhalten bzw. im Bedarfsfall wiederherzustellen ist aufwendig und nicht trivial. Hinzu kommt, dass ab einem gewissen Punkt die technischen Grenzen der Software-Updatebarkeit erreicht sein werden und stattdessen alternative Lösungen wie etwa das Austauschen der Hardware-Plattform erwogen werden müssen.

Eine häufige Maßnahme, um zumindest längerfristig die Wirksamkeit von Security-Aktivitäten messen und vergleichen zu können, ist die Einführung von Metriken und die regelmäßige Erhebung entsprechender Daten. Nach einem Abgleich mit den Daten des Incident-/Event Monitorings bzw. der Schwachstellenanalyse können etwas belastbarere Nachweise für Wirksamkeit und Kosten erbracht werden. Welche Kosten entstehen durch das Beheben von Security-Schwächen in aktuellen/älteren Produkten? Konnten erfolgreiche Angriffe aufgrund fehlender Security-Maßnahmen durchgeführt werden?

Erschwerend kommt hinzu, dass sich Security als Verkaufsargument bislang nicht durchsetzen konnte. Security-Maßnahmen erhöhen zwar die Qualität eines Produkts, aber nur zu geringen Teilen den Funktionsumfang. Spätestens seit der Einführung der DSGVO steigt bei den Endkunden das Bewusstsein für Datenschutz und seit der öffentlichkeitswirksamen Darstellung erfolgreicher Hackerangriffe auf verschiedene Automobilhersteller darüber hinaus auch für Security. So besteht Hoffnung, dass zukünftig ein überzeugendes Securitykonzept durchaus auch als *Selling-Point* nachgefragt werden wird.

Verknüpft mit dem Aufbau von Ressourcen ist auch die Stellenbesetzung sowie das Einsetzen von Security-Teams mit breit ausgebildeten und erfahrenen Security-Spezialisten, -Architekten, -Testern, und -Entwicklern und Teamleitern, die sich exklusiv der Bearbeitung der securitybezogenen Aufgaben widmen können.

Wie wird Cybersecurity in die existierenden Unternehmensabläufe integriert und wie wird der notwendige Informationsaustausch abgestimmt? Diese organisatorische Herausforderung besteht darin, den Austausch zwischen den verschiedenen Teams, inklusive des Security-Teams, zu fördern. Cybersecurity ist ein Querschnittsthema, welches ähnlich wie *Funktionale Sicherheit* mit quasi allen anderen Disziplinen verknüpft ist. Ein Arbeiten in „Silos" sollte (auch) deshalb systematisch verhindert werden.

Cybersecurity-Kultur

Unter Cybersecurity-Kultur versteht man das angemessene Verhalten aller Mitarbeiter im Umgang mit Cybersecurity, das wiederum einhergeht mit der (inneren) Zustimmung zu den Werten, für die Cybersecurity einsteht. Während der Begriff Cybersecurity-Kultur

eher die innere Haltung gegenüber Cybersecurity beschreibt, sozusagen ein Bauch-
gefühl ist, versteht man unter *Cybersecurity-Awareness* das Bewusstsein und Wissen
um die Ziele von Cybersecurity und um die Gefahren von Cybersecurity-Bedrohungen.
Letzteres ist demnach eher eine Kopfsache.

Die Cybersecurity-Kultur sollte zu einem Teil der Unternehmenskultur werden und zu
einem festen Bestandteil in der täglichen Arbeit eines jeden Mitarbeiters – vom Toplevel-
Management bis zum Angestellten. Sicherlich hat ein Security-Ingenieur in seinem
Tagesgeschäft naturgemäß mehr Berührungspunkte mit diesem Themenbereich als beispielsweise ein Lagerarbeiter. Aber auch letzterer kann durch leichtfertiges Handeln
bzw. durch Vernachlässigen bestimmter Schutzbestimmungen die Sicherheit des Unternehmens gefährden.

Das oben erwähnte Verhalten jedes einzelnen Mitarbeiters ist die Grundlage für eine
nachhaltige Cybersecurity-Kultur. Es sollte positiv verstärkt, gefördert aber auch trainiert
werden. Hier kommt wieder die Awareness ins Spiel, d. h. im Rahmen des Security-
Managements sollten Richtlinien verfasst und ein Budget bereitgestellt werden, um
die Mitarbeiter aller Ebenen regelmäßig hinsichtlich ihrer Cybersecurity-Kompetenzen
weiterzubilden. Dies sollte explizit sowohl die möglichen Gefahren, die von Schwachstellen ausgehen, als auch die resultierenden Risiken für das Unternehmen und seine
Kunden beinhalten. Im nächsten Schritt kann dieses Programm zum Fördern und Aufrechterhalten der Awareness auf die Zulieferkette erweitert werden. Auf diesem Weg
soll ein Bewusstsein und Verständnis für die Notwendigkeit und den Nutzen von Cybersecurity im gesamten Unternehmen entstehen und sich weiterentwickeln. Die Unterstützung aller Managementebenen ist dabei eine Voraussetzung für die Nachhaltigkeit
der getroffenen Maßnahmen. Darüber hinaus setzt die Nachhaltigkeit einen kontinuier-
lichen Verbesserungsprozess voraus. Die Erfahrungen von Vorgänger- oder parallel
laufenden Projekten sollten dabei ebenso einbezogen werden, wie die Informationen von
Feldbeobachtungen, wie etwa vom *Cybersecurity Monitoring und Event Assessment*, s.
unten.

Information Sharing
Unter welchen Bedingungen können oder müssen Informationen über Bedrohungen
und Schwachstellen innerhalb und außerhalb des Unternehmens zur Verfügung gestellt
werden?

Die Vorgaben und Vorgehensweisen für das Offenlegen von Schwachstellen und
der Weitergabe an betroffene Parteien müssen vom Security-Management erarbeitet
und festgelegt werden. In der Vergangenheit hat es sich grundsätzlich als lohnend
herausgestellt, wenn securityrelevante Informationen – unter Wahrung der Vertraulichkeit und dem Schutz von Firmengeheimnissen – zwischen den jeweiligen Akteuren
ausgetauscht wurden. Diese Idee wurde mit dem Auto-ISAC, dem sog. Automotive
Information Sharing und Analysis Center, institutionalisiert. Die Mitglieder und Partner,
überwiegend OEMs und Zulieferer der Automobilindustrie, profitieren dabei von der

Stärke der Gemeinschaft. Was sie eint, ist der gemeinsame Feind. Indem sie relevante Informationen über Angriffe, Schwachstellen und Bedrohungen teilen, gemeinsame Lösungen erarbeiten und sich gegenseitig beraten und unterstützen, schaffen sie nicht nur gegenseitiges Vertrauen, sondern sie reduzieren insgesamt auch das Risiko, Opfer eines Angriffs zu werden. Und nebenbei teilen sie sich die Kosten für übergreifende Aufgaben wie etwa des Vulnerability Monitorings.

ISMS

Information Security Management Systeme (ISMS) werden von Unternehmen auch unabhängig von Cybersecurity benötigt, z. B. für den Schutz von Firmengeheimnissen, Geschäftsplänen, Kundendaten, etc. ISMS sind in ISO 27000 standardisiert und in den Unternehmen seit geraumer Zeit etabliert. Die Herausforderung besteht darin, die externe, produktorientierte Sichtweise des CSMS und die nach innen gerichtete Sichtweise des ISMS innerhalb des Unternehmens zusammenzuführen, sowie Gleichanteile bezogen auf Stakeholder, Rollen und Schnittstellen zu identifizieren und sinnvoll miteinander zu verknüpfen.

Risikomanagement

Sind die von Cybersecurity-Bedrohungen stammenden Risiken mit den Unternehmensrisiken abgestimmt?

Die Integration der Cybersecurity-Risiken in das Ensemble der unternehmerischen Risiken ist wie ein zweischneidiges Schwert. Zum einen erhält das Management ein vollständigeres Bild von der aktuellen und tatsächlichen Risikosituation. Die Konsolidierung aller relevanter Informationen erhöht hierbei die Transparenz innerhalb des Unternehmens. Zum anderen ermöglicht dies eine präzisere Planung geeigneter Maßnahmen.

Audit und Zertifizierung

Die UNECE fordert die *Zertifizierung* des CSMS durch einen unabhängigen Auditor als Voraussetzung für die Typenzulassung für Fahrzeuge. Im Audit wird geprüft, ob die umgesetzten Prozesse des CSMS (bzw. des SUMS) den Vorgaben der UNECE WP.29 entsprechen.

Fortlaufende Cybersecurity-Aktivitäten

UNECE WP.29 fordert in R.155 von den Fahrzeugherstellern einen Nachweis darüber, dass das jeweilige, implementierte CSMS geeignete Prozesse für die Überwachung der Fahrzeuge beinhaltet. Diese Überwachung (engl. monitoring) soll fortwährend in der Lage sein, mögliche Bedrohungen und Angriffe auf alle Fahrzeuge im Feld zu erkennen. Außerdem muss das CSMS Prozesse für die Auswertung und Analyse sog. Cybersecurity-relevanter Vorfälle und Schwachstellen definieren.

ISO 21434 sieht hierfür verschiedene Prozesse bzw. Aktivitäten vor. Das Cybersecurity Monitoring erfasst von internen und externen Quellen zunächst alle securityrelevanten Informationen und führt eine Eingangsanalyse bzgl. ihrer grundsätzlichen

Relevanz und Korrektheit durch. Das Auto-ISAC stellt etwa eine wichtige externe Quelle dar, wohingegen Security-Untersuchungen interner Spezialisten sowie das sog. *Security Operations Center* (SOC) häufige interne Quellen sind – insbesondere zur Erfassung und Überwachung sämtlicher Fahrzeugdaten und -zustände (field monitoring), s. *Hintergrundinformationen zu SOC*. Im anschließenden Event Assessment wird u. a. mittels einer Schwachstellenanalyse überprüft, ob das Security-Event für das jew. Produkt bzw. Fahrzeug relevant ist und eine mögliche Bedrohung darstellt. Im darauffolgenden Incident Response Prozess wird anhand einer Risikobewertung entschieden, wie auf den Vorfall reagiert werden soll. Wie wird das Problem behoben bzw. der korrekte Systemzustand wiederhergestellt? Welche Maßnahmen müssen getroffen werden, um die Schwachstelle zu beseitigen, bzw. das Risiko auf ein akzeptables Niveau abzusenken? Außerdem ist im sog. *Incident Response Plan* definiert, welche internen und externen Ansprechpartner bei einem Security-Vorfall informiert werden müssen – beispielsweise der Kunde oder das Auto-ISAC. Was UNECE allerdings (noch) nicht vorschreibt, ist die Dauer, d. h. wie lange ein OEM seine Fahrzeuge überwachen muss und auf eventuelle Vorfälle reagieren muss.

Hintergrund

Security Operations Center (SOC)

Das von UNECE WP.29 R.155/R.156 geforderte Cybersecurity-Management, das sich über den gesamten Produktlebenszyklus erstreckt, sieht auch die Überwachung und Wartung der sich im Feld befindlichen Fahrzeuge vor. Ein *Security Operations Center* (SOC) dient dazu, das Einsammeln und Zusammenführen securityrelevanter Informationen, deren Analyse und die Reaktion auf erkannte Angriffe oder zu korrigierende Schwachstellen zentral zu koordinieren.

Die drei wesentlichen Aufgaben eines SOCs sind:

1. Das Erfassen verschiedener interner und externer Informationen, wie etwa Meldungen über neue, bislang unbekannte Schwachstellen in Software-Bibliotheken oder Hardware-Komponenten.
2. Das Verarbeiten dieser Informationen sowie das Erkennen von Angriffen und Analysieren verwendeter Angriffsvektoren.
3. Die Reaktion auf erkannte Angriffe und Schwachstellen, d. h. das Einleiten von Gegenmaßnahmen bzw. das Beheben von Sicherheitslücken.

Vor dem Einzug (breitbandiger) Internetverbindungen in die Fahrzeuge bestand nur die Möglichkeit, securityrelevante Informationen über mögliche Angriffsversuche im begrenzten Umfang in manipulationssicheren Speichern, sog. Security-Logs, der ECUs abzuspeichern und dann etwa im Rahmen von Werkstattbesuchen auszulesen und an das OEM-Backend zu Analysezwecken zu übermitteln. Eine unmittelbare oder kurzfristige Reaktion auf einen erkannten Angriff war nicht möglich.

Bei Fahrzeugen, die über eine Internetverbindung verfügen, können securityrelevante Informationen regelmäßig und oftmals auch in größeren Mengen an das zentrale Backend übermittelt werden. In der Gegenrichtung können vom Backend *Software- und Policy-Updates* an die Fahrzeuge verteilt werden.

Ein zentrales Monitoring-System, das regelmäßig mit aktuellen Informationen über Cybersecurity-Events versorgt wird, birgt gegenüber kleineren, dezentralen Lösungen oder sogar den (historischen) Offline-Lösungen, s. oben, mehrere Vorteile.

Zum einen erlaubt die Überwachung der gesamten Fahrzeugflotte eines OEMs und bestenfalls der Zusammenschluss mit anderen Vertretern der Branche eine bessere und frühzeitige Erkennung von Angriffsmustern und Anomalien. Die Bündnispartner können sich gegenseitig vor Angriffen warnen.

Zum anderen verschafft der Informationsaustausch über Schwachstellen und Angriffe den Partnern dieser Allianz einen entscheidenden Vorsprung gegenüber den Bedrohungen der dunklen Seite. Deren Vertreter, etwa mutmaßliche Angreifer und Black-Hat-Hacker, teilen bzw. verkaufen ihre Informationen über mögliche Angriffs-vektoren typischerweise in verschiedenen Foren und Kanälen des Internets. Das Aufklären und Verfügbarmachen dieser Informationen über mögliche Bedrohungen, die sog. *Threat Intelligence*, kann in der Zusammenarbeit und mit gemeinsamen Ressourcen besser gelingen.

Wie ist ein SOC informationstechnisch angebunden?
Welche Informationen benötigt ein SOC? Welche Informationen bzw. Erkenntnisse erzeugt ein SOC?

Die Aufgabe (1), s. oben, besteht im Zusammentragen aller relevanter Informationen über Cybersecurity-Events. Dabei werden sowohl externe als auch interne Informations-quellen einbezogen.

Zu den externen Informationsquellen zählen:

- Auto-ISAC: Informationsaustausch und Reportings bzw. Alerts
- Internet, öffentliche Datenbanken über Security-Schwachstellen (z. B. *cve.mitre.org*), einschlägige Web-Foren und Social-Media-Kanäle
- Informationen von Security-Dienstleistern und entgeltliche Dienste von Drittanbietern
- *Bug-Bounty-Programm*: Beschaffung von Informationen von White-Hat-Hackern durch Auslobung von Preisgeldern

Zu den internen Informationsquellen zählen:

- Die eigene Fahrzeugflotte: Das *Intrusion Detection System* (IDS), s. Abschn. 5.3.3, stellt eine der wichtigsten Informationsquellen dar. Die begrenzten Ressourcen der Intrusion Detection Systeme im Fahrzeug sowie der fehlende Informationsaustausch mit anderen Fahrzeugen erlauben allerdings nur einfache Analysen sowie das Heraus-filtern irrelevanter Informationen.
- *Honeypots,* können sowohl in Fahrzeugen als auch in der Backend-IT-Infrastruktur, als Lockvogelsystem die Aufmerksamkeit der Angreifer auf sich ziehen. Ein Angriff

auf einen Honeypot dient neben der Vorwarnung auch als Informationsquelle, um Technik und Methodik der Angreifer zu untersuchen.

- Interne Security-Reviews und Penetrationstests, u. a. vom eigenen Red Team, sind ebenfalls ein probates Mittel, um Schwachstellen und Sicherheitslücken zu identifizieren oder bestenfalls auch auszuschließen.
- Security-Event-Informationen vom IT-SOC des Unternehmens sollten ebenfalls mit den Informationen des (Fahrzeug-)SOCs abgeglichen werden.

Die Aufgabe (2) besteht zunächst in der *Vorverarbeitung* der gesammelten Informationen. Bestimmte Informationen wie etwa personenbezogene Daten, werden ggf. gefiltert oder pseudonymisiert. Falsch-positive Meldungen müssen idealerweise automatisiert herausgefiltert werden. Im Anschluss erfolgt die Analyse: Die Daten der verschiedenen Datenquellen werden konsolidiert und ggf. miteinander abgeglichen. Gibt es Zusammenhänge zwischen bestimmten Cybersecurity-Events im Backend und in den Fahrzeugen? Sind bestimmte Muster oder Wiederholungen erkennbar? Gibt es Anzeichen für großflächige Angriffe?

Der bereits erwähnte Vorteil des zentralen Monitorings im Backend ist die quasi beliebig große bzw. leicht skalierbare Rechenleistung, was u. a. die Verarbeitung größerer Datenmengen und damit komplexe Analysen und Schlussfolgerungen möglich macht. Ziel ist es, Angriffe und Versuche zu erkennen und zu verstehen. Die Angriffspfade müssen nachvollziehbar sein und ggf. rekonstruiert werden. Aus den gewonnenen Erkenntnissen können ggf. Empfehlungen für Abhilfemaßnahmen abgeleitet werden.

Die Aufgabe (3) besteht im Anstoßen der (Gegen-)Reaktion auf erkannte Angriffe und Sicherheitslücken. An diesem Punkt werden Gegenmaßnahmen definiert und ggf. werden Software-Updates erstellt und per (OTA-)Update ausgerollt. In diesem Zuge werden ggf. auch Policies und Strategien für IDS, Firewall etc. nachgeschärft und auf die neuen Bedrohungen angepasst.

Wie ist ein SOC prozesstechnisch angebunden?
Das SOC stellt ein essenzielles Element für das Cybersecurity-Monitoring in der Post-Produktionsphase dar. Mit seinen Aufgaben ist es mit verschiedenen Teilprozessen verknüpft, u. a. mit dem *Cybersecurity Event Monitoring* und *Vulnerability Monitoring*, dem *Event Assessment,* dem *Incident Response Prozess* sowie dem Update-Prozess als Werkzeug um Gegenmaßnahmen und Korrekturen bzw. vorbeugende Maßnahmen kurzfristig im Feld flächendeckend auszurollen.

Die Zusammenarbeit und der reibungslose Informationsaustausch zwischen den beteiligten Teams (z. T. auch Teams verschiedener Unternehmen) ist unabdingbar, um schnell und effizient gegen eine Bedrohung reagieren zu können. Die folgenden Personengruppen sind bei den oben genannten Aufgaben involviert:

- Security Experten der jew. Entwicklungsabteilungen
- PSIRT-Team(s)

- IT-Security-Teams (CSIRT, etc.)
- ext. Partner wie etwa ISAC-Analysten◄

Operations and Maintenance

Neben dem oben umrissenen Incident Response Management definiert ISO 21434 auch die Möglichkeit, Fahrzeuge in der Post-Produktionsphase aktualisieren zu können, s. Abschn. 5.5.4. Diese Fähigkeit ist eine zentrale Anforderung von UNECE WP.29 R.156, s. oben.

Verteilte Cybersecurity-Aktivitäten

ISO 21434 sieht auch vor, bestimmte Verantwortlichkeiten zu übertragen. In einer dafür vorgesehenen Schnittstellenvereinbarung werden verantwortliche, mitarbeitende und zu informierende Parteien definiert. Im Gegensatz zum Zuschneiden der Prozesse (Tailoring) werden hierbei keine Aktivitäten weggelassen oder modifiziert ausgeführt, sondern lediglich einer anderen Rolle bzw. Person zugewiesen. Ein allseitiges Verständnis der Anforderungen ist eine zwingende Voraussetzung und muss ggf. vom Security-Management sichergestellt werden.

Zusammengefasst: Die Anforderungen der UNECE WP.29 bzw. des ISO 21424-Standards an das Cybersecurity Management betrifft mehrere Bereiche der Organisation:

- Die Unternehmensführungen sind für die strategischen Vorgaben, die Security-Kultur und das Risikomanagement verantwortlich.
- Die Personalabteilung ist für den Aufbau der Securityteams sowie für die Schulungs- und Weiterbildungsmaßnahmen zuständig.
- Die Rechts- und Qualitätsabteilungen vertreten Compliance- bzw. Zertifizierungs- themen.
- Die IT-Security-Teams sind insbesondere beim Aufbau und Betrieb von Backend- Komponenten wie SOC, OTA-Update-Server, etc. involviert. Außerdem ist ihre Expertise im Bereich des Informationsschutzes gefragt.
- Die Entwicklungsabteilung ist verantwortlich dafür, dass Cybersecurity *by-design*, d. h. von Anfang an durchgehend in der Produktentwicklung berücksichtigt wird.

Literatur

1. UNECE. (2021a). UN Regulation No. 155 – Cyber security and cyber security management system I UNECE. UNECE.ORG. https://unece.org/transport/documents/2021/03/standards/un-regulation-no-155-cyber-security-and-cyber-security. Zugriffsdatum 2021-06-01.
2. UNECE. (2021b). UN Regulation No. 156 – Software update and software update management system I UNECE. UNECE.ORG. https://unece.org/transport/documents/2021/03/standards/un-regulation-no-156-software-update-and-software-update. Zugriffsdatum 2021-06-01.

Secure Product Lifecycle

4

Zusammenfassung

Die Umsetzung einer ganzheitlichen Cybersecurity-Strategie erfordert die Anwendung aller Vorgaben und Maßnahmen für den gesamten Lebenszyklus eines Produkts, inklusive der gesamten Liefer- bzw. Wertschöpfungskette. Die Verantwortung und der Wirkungsbereich von Cybersecurity ist nicht wie bei den meisten anderen Disziplinen auf die Entwicklungs- und Produktionsphase beschränkt, sondern überspannt sämtliche Abschnitte des Produktlebenszyklus. In der Planungsphase werden Strategie und Konzept definiert und damit Security *by Design* in der folgenden Produktentwicklung integriert. In der Entwicklungsphase wird Cybersecurity mit dem bestehenden Entwicklungsprozess verwoben und damit gleichermaßen mit den anderen Disziplinen bearbeitet. In der Produktionsphase müssen sowohl die Produktionsumgebungen des OEMs und aller Lieferanten abgesichert werden als auch die zugehörenden logistischen Prozesse. In der am längsten andauernden Lebensphase eines Produkts, der Post-Produktionsphase, müssen die Schutzmechanismen kontinuierlich an die sich verändernde Bedrohungssituation angepasst werden. Im letzten Lebensabschnitt wird dafür gesorgt, dass Geheimnisse und personenbezogene Daten vor der Außerbetriebnahme des Produkts vernichtet werden, um einen Zugriff von Dritten zu verhindern.

Der Themenkomplex Cybersecurity ist für sämtliche Abschnitte des Produktlebenszyklus relevant und überspannt somit die Planung, die Entwicklung, die Produktion, sowie auch die Phasen nach der Produktion bis zur Außerbetriebnahme, s. Abb. 4.1.

Was muss getan werden, damit in jeder Phase des Produktlebenszyklus für die Sicherheit gesorgt ist? Im Folgenden wird diese Frage für die einzelnen Abschnitte des Lebenszyklus diskutiert.

M. Wurm, *Automotive Cybersecurity,* https://doi.org/10.1007/978-3-662-64228-3_4

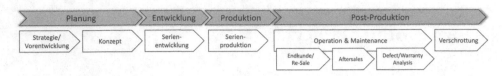

Abb. 4.1 Produktlebenszyklus

4.1 Strategie und Konzept

Der ISO-Standard 26262 [4], ist seit Jahren ein fest integrierter und stark mit der Produktentwicklung verzahnter Teilprozess der Elektronikentwicklung des Automotive-Bereichs. Wie bei der Funktionalen Sicherheit kann auch Cybersecurity nicht einfach nachträglich in ein Produkt „hineindokumentiert" werden, sondern muss fester Bestandteil des Entwicklungsprozesses und darüber hinaus des gesamten Produktlebenszyklus sein.

Wieso ist es wichtig, dass Security von Beginn an bei der Entwicklung von Fahrzeugen und Infrastrukturkomponenten berücksichtigt wird?

Späte Änderungen an der Systemarchitektur verursachen in der Summe höhere Kosten, als wenn die Anforderungen bereits zu Beginn der Entwicklung bekannt sind. Dies ist vorwiegend den relativ langen Entwicklungszyklen sowie der Einbindung mehrgliedriger Lieferketten geschuldet.

Ein spätes Hinzufügen von Cybersecurity-Features in Elektronikkomponenten wird zur Kosten- und Zeitersparnis häufig durch ein Andocken vorgefertigter Securityfunktionen an das vorhandene System bewerkstelligt. Dabei kommt die Untersuchung potenzieller Schwachstellen des abzusichernden Systems häufig zu kurz, was zwangsläufig dazu führt, dass die Securitymaßnahmen weder vollständig noch zielgerichtet sind. Das *Security-by-Design-Prinzip* wird damit nicht erfüllt.

Eine höhere Sicherheit kann im Gegenzug dazu erreicht werden, wenn die Schwachstellen des Systems frühzeitig erkannt und analysiert werden, wenn daraus resultierende, potenzielle Risiken identifiziert und erforderliche Schutzziele formuliert werden. Die daraus abgeleiteten Securityanforderungen fließen dann idealerweise von Anfang an in die Systemarchitektur ein und werden somit regelrecht verinnerlicht, sozusagen Teil ihrer DNS. Diese Analysen sowie die daraus resultierenden Erkenntnisse dienen auch als Grundlage für die fortwährenden Securityaktivitäten im Verlauf des Produktlebenszyklus. Die Bewertung der Relevanz der vom Security-Monitoring erfassten Schwächen und Bedrohungen gelingt mittels der vorliegenden Informationen besser. Das sog. *Risk Treatment,* wird dadurch effizienter, weil die beschränkten Ressourcen für die Gegenmaßnahmen gezielt zum Reduzieren zu hoher Restrisiken verwendet werden können. Der in Abschn. 2.1 beschriebene risikobasierte Ansatz wird in diesem Teilbereich durch die in ISO 21434 definierte Methodik für die Risikobewertung realisiert.

Mit welchen konkreten Aktivitäten schafft man eine gute Basis als Ausgangslage für die Entwicklung sicherer (by-design) Produkte? Und wie sorgt man auch nach der Entwicklung, Produktion und Auslieferung an den (End-)Kunden dafür, dass die Sicherheit weiterhin gewährleistet wird?

ISO 21434 schreibt für die sog. Konzeptphase die Erstellung unterschiedlicher Arbeitsprodukte vor, die wiederum das betroffene Produkt und dessen Kontext in ausreichender Tiefe definiert. Insbesondere anhand der sog. *Item Definition* und der Identifikation möglicher Angriffsszenarien, die für die Assets des Produkts eine Bedrohung darstellen könnten, lassen sich sowohl in der Entwicklungsphase (TARA) als auch danach (Continuous Cybersecurity Activites) die Risiken von Cybersecurity-Schwächen ermitteln und angemessene Gegenmaßnahmen ableiten.

Verschiedene organisatorische Maßnahmen, s. Kap. 3, wie etwa der in UNECE WP.29 R.155 geforderten Installation eines CSMS, der Bereitstellung finanzieller und personeller Kapazitäten, sowie dem Aufbau von Security-Expertise im Unternehmen schaffen die Grundlage dafür, dass das Risiko von Cybersecurity-Angriffen gemäß standardisierter Methodik ermittelt und behandelt wird.

Nicht zuletzt ist es auch die UNECE WP.29, die für die Entwicklung von Fahrzeugen auch das Prinzip Security-by-Design zur Reduzierung von Risiken vorschreibt.

4.2 Entwicklung

Welche Maßnahmen müssen ergriffen werden, damit Security in der Produktentwicklung systematisch berücksichtigt wird?

Welche Rolle spielt der Entwicklungsprozess für die Absicherung des Produktlebenszyklus?

Hier lohnt sich ein Blick auf die bereits existierende Prozesslandschaft, insbesondere auf die Zielsetzung und Vorgehensweise der funktionalen Sicherheit (Safety). Der in der ISO-Norm 26262 spezifizierte Entwicklungsprozess für sicherheitskritische Kfz-Systeme legt für die System-, Hardware- und Softwareentwicklungsprozesse die einzelnen Methoden und Ziele fest – in ähnlicher Weise wie die zukünftige ISO-Norm 21434 dies für die Cybersecurity tut. Beide Normen verfolgen ein gemeinsames Ziel: die Entwicklung eines zuverlässigen, fehlerfreien und sicheren (safe und secure) Systems indem Risiken für Hazards und Threads möglichst reduziert werden, s. [5] und [8].

Die Integration von ISO21434-Workproducts und Methoden in ein vorhandenes Automotive-Spice-Entwicklungsmodell erfolgt ähnlich wie bei Safety, weil Safety eine vergleichbare Integration bereits abgeschlossen hat.

Einerseits bestehen Ähnlichkeiten in der Vorgehensweise und Arbeitsprodukte, s. Tab. 4.1, andererseits gibt es aber auch Unterschiede in der Sichtweise.

Tab. 4.1 Gegenüberstellung wichtiger Arbeitsprodukte von Safety und Security

	Safety	Security
Riskoanalyse	HARA (Gefährdungen/Hazards)	TARA (Bedrohungen/Threats)
Anforderungsanalyse	Safety Goals	Security Goals
Systemdesign/-architektur	Functional/Technical Safety Concept	Security Concept/Security-Architektur
Validierung	Validierung der Safety-Ziele	Security-Tests (Pentests, Fuzz-Tests, etc.)

- Die Disziplin Safety/Funktionale Sicherheit betrachtet die Wahrscheinlichkeiten für zufällige, sporadische Fehler, wie etwa Bauteilausfälle und Bitflips im Speicher, und den daraus folgenden Auswirkungen des Gesamtsystems auf seine Umwelt. Mit welcher Wahrscheinlichkeit bewirken technische Ausfälle bestimmter elektronischer Bauteile oder Komponenten ein Fehlverhalten des (elektromechanischen) Systems, was letztendlich zu einer Gefährdung von Leib und Leben der betroffenen Fahrzeuginsassen oder anderer Verkehrsteilnehmer führt?
- Die Disziplin Cybersecurity betrachtet hingegen Bedrohungen der Assets, wozu auch Safetyrisiken zählen. Bezogen auf safetyrelevante Assets werden dabei absichtlich ausgelöste Fehlerverhalten betrachtet. Angreifer (Menschen) greifen hier absichtlich und mutwillig elektronische Systeme an, wodurch wiederum direkt oder indirekt andere Menschen wie etwa Besitzer oder Verkehrsteilnehmer zu Geschädigten werden.

Ein grundsätzlicher Unterschied besteht in der jeweiligen Intention von Safety und Security: Safety dient dem Schutz des Menschen vor dem technischen System – Security dient dem Schutz des technischen Systems vor dem Menschen.

Bezogen auf den Lebenszyklus existiert ein weiterer Unterschied: Eine Safety-Risikoanalyse findet i. d. R. nur einmalig im Rahmen der Entwicklungsphase statt. Für Safety ist dies ausreichend, weil auch das bewertete System, das Produkt, spätestens am Ende der Entwicklungsphase stabil ist. Für Security stellt sich dies aufgrund einer angenommenen dynamischen Veränderung der Bedrohungslage im Verlauf des Lebenszyklus anders dar, s. *Post-Produktion*.

4.3   Produktion

Welche Maßnahmen müssen ergriffen werden, um die Manipulation von Bauteilen, Komponenten, Systemen und des Gesamtfahrzeugs sowohl innerhalb der Produktions- und Fertigungsstätten, als auch im Rahmen logistischer Aktivitäten verhindern zu können?

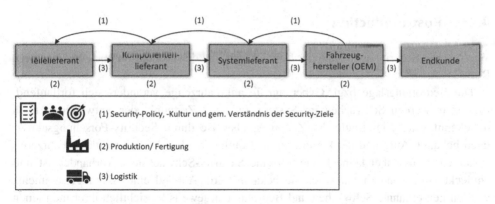

Abb. 4.2 Absicherung der Produktions- und Lieferketten

In Abb. 4.2 sind die verschiedenen Maßnahmen zum Erreichen dieser Ziele, d. h. die lückenlose Absicherung, der gesamten Wertschöpfungskette, illustriert. In der idealisierten Lieferkette – bestehend aus Teilelieferant (z. B. Halbleiterhersteller), Komponentenlieferant (z. B. ECU-Hersteller), Systemlieferant (Tier-1), OEM und Kunde – sind jeweils die Produktions- bzw. Fertigungsstätten (2) und dazwischen die Logistikprozesse (3) dargestellt. Zudem ist die Übertragung von Security-Policy, Security-Kultur und Zieldefinitionen (1) vom OEM an seine Lieferanten symbolisiert.

1. OEMs und ihre Lieferanten können die Verantwortung für bestimmte Aufgaben untereinander aufteilen – vertraglich vereinbart im sog. Development Interface Agreement. Diese Aufteilung der Verantwortung funktioniert allerdings nur dann zuverlässig, wenn unter allen Beteiligten, d. h. OEMs und Lieferanten, ein gemeinsames Verständnis für die Security-Ziele, -Meilensteine und -Anforderungen vorherrscht. Der OEM trägt für ein gemeinsames Verständnis bei, indem er u. a. die Werte seiner Security-Kultur und die Vorgaben seiner *Security-Policies* an seine Lieferanten überträgt bzw. auf sie ausdehnt, s. Kap. 3.
   Die Umsetzung der Security-Policies, die korrekte und vollständige Integration eines Security-Entwicklungsprozesses oder auch die Umsetzung geeigneter Absicherungsmaßnahmen für Logistik und Produktion können vom OEM mittels Assessments, Prozess-Audits und Begehungen der Produktionsstätten kontrolliert werden.
2. Die Absicherung der jew. *Produktionsumgebung* jedes einzelnen beteiligten Unternehmens in der Lieferkette wird im Abschn. 5.5.3 näher ausgeführt.
3. Absicherung der *Logistik* zwischen den jew. Unternehmen bzw. Produktionsstätten: Dabei muss insbesondere der nicht autorisierte Zugriff auf die Komponenten kontrolliert bzw. verhindert werden. ISO 21434 sieht zur Definition produktionsspezifischer Securityanforderungen und Schutzmaßnahmen den sog. *Production Control Plan* vor (Clause 12).

4.4   Post-Production

Wieso spielt Security auch nach der Entwicklung und der Produktion noch eine wichtige Rolle?

Die Bedrohungslage bzgl. Cyberangriffe auf Fahrzeuge verändert sich fortlaufend. Einerseits werden Schwächen im System, die zum Zeitpunkt der Entwicklung noch unbekannt waren, im Laufe der Zeit beispielsweise durch Security-Forschungsaktivitäten bekannt. Aufgrund der komplexen und umfangreichen Funktionalität in Fahrzeugsystemen ist es dabei keine Frage, ob eine Security-Schwachstelle vorhanden ist und entdeckt wird, sondern nur wann sie bekannt wird. Anhand eines Event-Assessments werden neu erkannte Schwächen und Bedrohungen jeweils hinsichtlich ihrer möglichen Auswirkungen und hervorrufenden Risiken bewertet. Darauf basierend wird letztendlich auch entschieden, ob eine Behebung der Schwachstelle nötig ist, bzw. wie die Kritikalität der Schwachstelle einzustufen ist. Andererseits verändern sich mit der Zeit auch die Annahmen, die für die Gestaltung des Angreifermodells herangezogen wurden. So muss etwa von stetig wachsenden Fähigkeiten und Kenntnissen der Angreifer, sowie verbesserten Werkzeugen ausgegangen werden. Angreifer entwickeln stets neue Methoden, um Angriffe auf Fahrzeuge und Infrastruktur erfolgreich durchzuführen. Die verfügbare Rechenleistung zum Durchführen kryptoanalytischer Berechnungen, d. h. zum Brechen kryptographischer Verfahren, kann heutzutage fast beliebig erweitert werden, etwa durch sog. Crowd-Computing. Selbst die aktuell gültige Annahme, dass Quantencomputer noch nicht mit ausreichender Anzahl sogenannter Qubits verfügbar sind könnte bereits in wenigen Jahren überholt sein, s. *Hintergrundinformationen zu Post-Quantum Computing.*

Hintergrund

Post-Quantum Computing
Was sind Quantencomputer?
Quantencomputer sind fortgeschrittene Rechnersysteme, die für ihre Berechnungen bestimmte Phänomene der Quantenmechanik ausnutzen – etwa die sog. Quantenverschränkung (engl. entanglement), die Albert Einstein angeblich noch als „spukhafte Fernwirkung" bezeichnete. Verschränkte Quantenobjekte verhalten sich hinsichtlich ihres Zustands als Einheit, auch über große Distanzen hinweg und ohne Zeitverzögerung. Die Realisierung von Quantencomputern mit ausreichender Anzahl von *Qubits,* den sog. Quantenbits als Äquivalent klassischer Bits, steht noch aus, aber in der Theorie kann ein Quantencomputer aufgrund seiner Rechengeschwindigkeit schwierige Probleme effizient und in endlicher Zeit lösen, wozu klassische Computer nicht fähig sind.

Die Technologie der Quantencomputer wird für einige Anwendungen nutzbringend sein. So nutzt die sog. *Quantenkryptographie* bestimmte quantenmechanische

Effekte, um kryptographische Verfahren und Algorithmen schneller bzw. sicherer umzusetzen als mit herkömmlichen Rechnersystemen.

Ein erstes Beispiel ist der *Quantenschlüsselaustausch.* Das Schlüsselmaterial wird hierbei mittels Photonen über eine optische Verbindung, etwa Glasfaserleitungen, übermittelt. Die Abhörsicherheit kommt dadurch zustande, dass das Abhören, bzw. Messen der Informationen, etwa der Polarisationszustand der einzelnen Photonen, deren Zustand ändert. Die ursprüngliche Information wird zerstört und das Abhören würde dadurch erkannt werden. Aufgrund der geringen Bandbreite und Reichweite ist dieses Verfahren nur eingeschränkt praxistauglich.

Ein weiteres Beispiel ist die Erzeugung von Zufallszahlen. Mittels quantenmechanischer Effekte können echte, unvorhersagbare Zufallswerte generiert werden. Machine Learning-Algorithmen und zahlreiche Optimierungsaufgaben sind weitere Anwendungsgebiete, die von den Fähigkeiten eines Quantencomputers profitieren werden.

Wieso werden Quantencomputer zur Bedrohung für die heutige Kryptographie?

Die Sicherheit der heute verwendeten kryptographischen Algorithmen beruht auf der Annahme, dass (noch) kein effizientes Verfahren existiert, bzw. kein Rechnersystem schnell genug ist, die dafür erforderlichen kryptoanalytischen Berechnungen in endlicher Zeit auszuführen. Der Rechenaufwand für die Kryptoanalyse, d. h. für das Brechen eines Kryptosystems, steigt exponentiell mit der Schlüssellänge und wird somit mit einem hinreichend langen Schlüssel praktisch nicht machbar.

Das sog. Faktorisierungsproblem für ganze Zahlen beschreibt das Fehlen eines effizienten Verfahrens, mit dem etwa beim RSA-Kryptosystem der Modulus faktorisiert werden könnte, um das Kryptosystem zu brechen.

Für den sog. diskreten Logarithmus, der u. a. die Grundlage für das ElGamal Verfahren und ECDSA bildet, verhält es sich ähnlich. Mit Algorithmen wie etwa der *Babystep-Giantstep-Methode* kann der diskrete Logarithmus zwar schneller berechnet werden als durch wahlloses Durchtesten. Es ist allerdings auch hier kein effizienter Algorithmus bekannt, dessen Rechenaufwand durch lineares Erhöhen der Schlüssellänge keine exponentielle Steigerung erfährt.

Die Sicherheit symmetrischer Verfahren wie AES beruht auf der schieren Größe des Schlüsselraums. Bei einem 128 Bit langen Schlüssel benötigt ein moderner Supercomputer etwa 10 Billiarden Jahre für einen Brute-Force-Angriff.[1]

---

[1] Diese Rechnung basiert auf der Leistungsfähigkeit moderner Supercomputer, die in der Größenordnung von etwa 100 PFLOPS liegt, und auf der Annahme, dass rund 100 Rechenoperationen pro Entschlüsselungsversuch benötigt werden. 100 PFLOPS/100 Operationen pro Entschlüsselungsversuch $= 10^{15}$ Entschlüsselungsversuche pro Sekunde $= 3,1*10^{22} =$ Entschlüsselungsversuche pro Jahr. Bei einer Schlüssellänge von 128 Bit sind zum vollständigen Durchprobieren 2^{128} Versuche erforderlich. $3,4*10^{38}Versuche/3,1*10^{22}VersucheproJahr = 10^{16}Jahre$

Im Gegensatz zu heutigen Rechnersystemen existieren für Quantencomputer bereits seit vielen Jahren Algorithmen, die die oben beschriebenen Probleme effizient berechnen können und damit die Analyse heutiger Kryptosysteme ermöglichen.

- Der *Shor-Algorithmus* [7] kann mithilfe eines Quantencomputers die Integerfaktorisierung sowie den diskreten Logarithmus in polynomieller Laufzeit durchführen, d. h. der Rechenaufwand steigt nur linear mit der Schlüssellänge. Somit kann ein Quantencomputer mit genügender Rechenleistung dieses Problem in kurzer, endlicher Zeit lösen.
- Der *Grover-Algorithmus* [3] ermöglicht bei symmetrischen Verfahren und Hashverfahren ein schnelleres Durchprobieren aller möglicher Kombinationen (Brute-force). So wird etwa bei einer AES 128-Verschlüsselung die maximale Anzahl benötigter Versuche von 2^{128} auf 2^{64} verkürzt, was einer Halbierung der Schlüssellänge gleichkommt.

Die Folgen auf den Embedded-/Automotive-Bereich werden verheerend sein. Die zur Absicherung der verschiedenen Security-Bausteine verwendeten kryptographischen Algorithmen wie etwa RSA- und ECC-basierte Verschlüsselungs- und Signaturverfahren, werden von Quantencomputern nachhaltig kompromittiert werden können. Auch Hash-Verfahren und symmetrische Kryptosysteme mit zu kurzen Schlüsseln werden betroffen sein. Daraus folgt, dass die meisten der heute eingesetzten kryptographischen Verfahren als unsicher einzustufen sind, sobald Quantencomputer mit ausreichender Performanz verfügbar sein werden.

Ist das ein Grund zur Sorge? Es gibt doch noch gar keine Quantencomputer!
Quantencomputer werden voraussichtlich bald Realität sein. Diese Aussage teilen sich verschiedene Forscher und Experten aus den Bereichen Kryptologie und Informatik und sie nennen Zeiträume zwischen 10 bis 20 Jahre bis die ersten Quantencomputer mit genügend Rechenleistung verfügbar sein werden.

Die Antwort auf die einleitende Frage ist also: Nein, aktuell besteht kein akuter Grund, sich Sorgen zu machen. Zumindest noch nicht. Aber ein baldiges Handeln ist erforderlich.

Der zeitliche Vorsprung wird hier zum kritischen Faktor. Auf der einen Seite wird genügend Zeit benötigt, um gegen Post-Quantum-Computing sichere Algorithmen (PQC-Algorithmen) zu finden, auszuwählen, zu implementieren und in die Systeme zu integrieren. Auf der anderen Seite erschweren die langen Fahrzeug-Entwicklungszyklen und die lange Produktlebensdauer ein kurzfristiges und flexibles Handeln.

Beispielrechnung: Bei einer etwa 5 Jahre dauernden Entwicklung und einer anschließenden 5 Jahre dauernden Serienproduktion sowie einer geschätzten Nutzungsdauer beim Endkunden von 10 bis 15 Jahren reichen die heute getroffenen Entwicklungsentscheidungen mindestens 20 Jahre in die Zukunft. Falls Quantencomputer in 20 Jahren verfügbar sein sollten, sind bereits die heute entwickelten

Fahrzeuge davon gefährdet. Software und Daten, die mit den heute üblichen krypto-graphischen Verfahren verschlüsselt oder digital signiert werden, können in Zukunft von Quantencomputern wieder entschlüsselt bzw. kompromittiert werden.

Welche Vorkehrungen müssen getroffen werden und welche Auswirkungen hat dies auf Automotive Systeme (ECUs)?
Hashfunktionen und symmetrische Verfahren der „klassischen" Kryptographie können von Quantencomputern nicht vollständig gebrochen werden. Quanten-computer können lediglich die *Exhaustive-Search-Methode* (Brute force) beschleunigen. Um das heutige („Prä-Quantum-Computing") Sicherheitsniveau zu erhalten, ist demnach eine Vergrößerung (mindestens Verdoppelung) der Hashlänge bzw. der Schlüssellänge für symmetrische Verfahren ausreichend.

Dies wirkt sich sowohl auf den erforderlichen statischen und dynamischen Speicherbedarf als auch auf den Rechenaufwand für die kryptographischen Algorithmen aus.

Als Ersatz für die von Quantencomputern gefährdeten, asymmetrischen Algorithmen existieren bereits zahlreiche verschiedene PQC-Kryptoalgorithmen. Weitere befinden sich in der Entwicklungs- oder Evaluationsphase.

PQC-Kryptoalgorithmen sind auf klassischen Rechnersystemen lauffähig, sind aber dennoch gegen die oben aufgeführten, kryptoanalytischen Angriffe durch Quantencomputern geschützt. Sie können anhand der mathematischen Probleme, auf denen sie basieren, klassifiziert werden, vgl. [2]:

- multivariate Polynomgleichungen
- mathematische Gitter
- Isogenie elliptischer Kurven
- kryptographische Hashfunktionen
- fehlerkorrigierende Codes

Post-Quantum-Computing ist seit einigen Jahren Gegenstand verschiedener Forschungsprojekte und Standardisierungsaktivitäten.

In *PQCrypto,* einem EU-Projekt des Horizon 2020-Programms [6], wurde eine mögliche Post-Quantum-Kryptographie für die Internet-Kommunikation, das Cloud-Computing und für Low-Power-Devices untersucht. Letzteres Arbeitspaket könnte auch für Anwendungen im Automotive-/Embedded-Bereich interessant sein.

PROMETHEUS, ebenfalls ein EU-Projekt des Horizon 2020-Programms, zielt auf PQ-Signatur- und Verschlüsselungsverfahren ab, die auf mathematische Gitter basieren.

Darüber hinaus existieren viele weitere Forschungsaktivitäten, auch außerhalb der EU.

Bei den Standardisierungsaktivitäten ist neben ISO, IETF und ETSI der von NIST ausgerufene Wettbewerb, s. [1], für die Evaluierung und Auswahl geeigneter PQC-Algorithmen für Verschlüsselungsverfahren, Signaturverfahren und Schlüsselaustauschverfahren eine wichtige Referenz.

Neben der Standardisierung und Auswahl geeigneter PQC-Algorithmen wird zukünftig auch die sog. *Krypto-Agilität* für die langlebigen Automotive-Systeme eine große Rolle spielen. Systeme mit entsprechender Update-Fähigkeit – bestenfalls auch für Krypto-Beschleuniger – erlauben ein Upgrade und Austauschen kryptographischer Algorithmen, ohne die Hardware austauschen zu müssen.

Welche Eigenschaften sollten PQC-HSMs zukünftig besitzen? Wang und Stöttinger gingen dieser Frage nach, s. [11]. Sie trafen eine Auswahl von insgesamt vier PQC-Verfahren, die für Anwendungen im Automotive-Umfeld taugen und (unter-)suchten die HSM-Architektur, die diese PQC-Algorithmen hinsichtlich Laufzeit- und Speicheranforderungen am besten unterstützen, etwa Hardwarebeschleuniger für PQC-Algorithmen wie SHA3-512 und AES256.

Handlungsempfehlungen:
Aufgrund der langen Laufzeiten, s. oben, sollten bereits heute Vorbereitungen getroffen werden, um auf mögliche, zukünftige Bedrohungen durch Quantencomputer reagieren zu können.

- Die securityrelevante Hardware (z. B. HSM) sollte möglichst Update-fähig sein und über ausreichende Reserven hinsichtlich CPU-Laufzeit und Speicher verfügen, um zu einem späteren Zeitpunkt mit geeigneten PQC-Algorithmen ausgestattet werden zu können.
- Verschiedene Migrationsszenarien für den möglichen Umstieg auf die Post-Quantum-Kryptographie sollten geplant werden – ggf. kann übergangsweise auch zweigleisig gefahren werden, d. h. die bisherigen Verfahren der klassischen Kryptographie und PQC-Algorithmen als Backup bzw. zur Evaluation werden gleichzeitig verwendet.
- Entwicklungsentscheidungen sollten vorausschauend getroffen werden, insbesondere wenn es sich um PKI-Infrastruktur, Hardware-Design und der Planung von Reserven handelt. Besonders kritische Entscheidungen, etwa bzgl. Telematik-/Connectivity-ECUs und Gateway-ECUs, sollten ggf. vorgezogen und frühzeitig getroffen werden.
- Die Forschungs- und Standardisierungsaktivitäten sollten in den kommenden Jahren sorgfältig verfolgt werden und die eigenen Migrationspläne ggf. nachjustiert werden. ◄

Welche Algorithmen sind unsicher, mittelfristig sicher oder sogar langfristig sicher? Die entsprechenden Einschätzungen von BSI oder auch NIST bzgl. der Verwendung kryptographischer Verfahren ist ebenfalls nicht stabil, sondern verändert sich im Laufe der

Zeit aufgrund neuer Erkenntnisse, etwa falls in einem kryptographischen Verfahren eine Hintertür entdeckt wurde, die etwa von einem Geheimdienst hineinspezifiziert wurde.

Das Angreifermodell muss spätestens dann angepasst werden, falls etwa eine neue, bisher nicht betrachtete Angreiferklasse für das jeweilige Produkt relevant wird. UNECE R.155 fordert darüber hinaus eine jährliche Aktualisierung der TARA durch den OEM – für die komplette Produktlebensdauer. Beispiel: Eine neu formierte, weltweit agierende Aktivistengruppe mit großen finanziellen Ressourcen, die die Einführung autonom fahrender Fahrzeuge um jeden Preis und mit allen Mitteln verhindern wollen, greifen gezielt diese Fahrzeuge und deren Hersteller an und erpressen sie.

Zusammenfassung

Die veränderliche Bedrohungslage, s. oben, kann sich auch für Fahrzeuge, die sich bereits im Einsatz beim Kunden befinden, negativ auswirken. Verglichen mit der Ausgangslage zum Zeitpunkt der Entwicklung könnte die neue, veränderte Situation zu einem erhöhten, nicht akzeptablen Risiko für den Kunden führen. Die Auswirkungen könnten von kleinen Funktionseinschränkungen bis zu safetykritischen Funktionsstörungen reichen. Letzteres müsste vom OEM so schnell wie möglich korrigiert und behoben werden, weil der OEM in der Verantwortung ist, die Sicherheit seiner Produkte auch nach der Auslieferung an den Kunden sicherzustellen, s. [9] und [10].

Anforderungen

Cybersecurity begleitet das Fahrzeug über seinen gesamten Lebenszyklus hinweg. Die Annahmen, die in der Design- und Entwicklungsphase etwa für die TARA zum Angreifermodell und zu den operativen Bedingungen getroffen wurden, müssen aufgrund der Unbeständigkeit der Bedrohungslage über den gesamten Lebenszyklus regelmäßig überprüft und infrage gestellt werden. Falls ein derartiges Re-Assessment das Potenzial neuer Risiken anzeigt, so müssen diese bewertet und ggf. durch geeignete Maßnahmen behoben werden. ISO 21434 definiert als sog. *Continuous Cybersecurity Activities,* die vor allem nach der Produktion relevant sind, folgende Aktivitäten: Cybersecurity Monitoring, Event Assessment und Vulnerability Management.

- Das *Cybersecurity-Monitoring* dient als zusätzliche, interne Informationsquelle, um eventuelle Angriffe bzw. Angriffsversuche auf einzelne Fahrzeuge oder die Fahrzeugflotte eines OEMs zu erkennen, s. Abb. 4.3. Die technische Umsetzung erfolgt beispielsweise mit Hilfe eines Intrusion Detection Systems, das im Fahrzeug Anomalien oder Angriffsversuche erkennt und an das zentrale Monitoringsystem im Backend, dem SOC, zur Auswertung übermittelt.
- Im Rahmen des anschließenden *Event Assessments* werden die vorliegenden Informationen u. a. anhand einer Schwachstellenanalyse untersucht. Ziel ist es hierbei festzustellen, ob sich die gefundenen Schwachstellen etwa über einen noch unbekannte Angriffspfade als kritische Probleme herausstellen, genauer gesagt ein sog. *Damage Szenario* auslösen könnten.

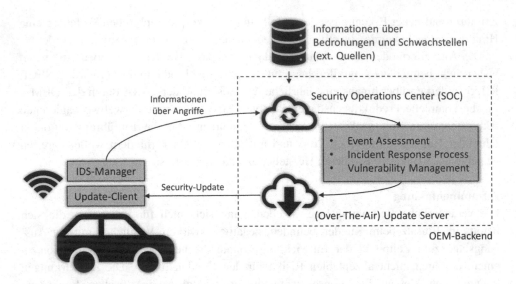

Abb. 4.3 Security-Aktivitäten in der Post-Production-Phase

- Das *Vulnerability Management* legt anhand der sog. Treatment Decision fest, ob und wie die kritischen Schwachstellen behoben werden. Das zukünftig von der UNECE WP.29 vorgeschriebene Software Update Management System (SUMS) soll unter anderem exakt für diesen Anwendungsfall die Möglichkeit schaffen, Security-Patches auf betroffene Fahrzeuge auszurollen, um kritische Schwachstellen zeitnah und kostengünstig (verglichen mit Rückrufaktionen) umzusetzen.

Die *Post-Production-Phase,* s. oben, deckt mehrere Anwendungsfälle ab – dargestellt durch verschiedene Teilphasen: Der normale Einsatz beim Endkunden, wofür das Fahrzeug vorbestimmt ist (engl. Operations), Wartungsarbeiten und Kundendienst (engl. Service and Maintenance), Aftermarket-Anwendungen, sowie Fehler- und Gewährleistungsanalysen. Letzterer Anwendungsfall führt aufgrund seiner oftmals irreversiblen Methoden zur anschließenden Außerbetriebnahme und Verschrottung. Prinzipiell gelten die oben definierten Anforderungen für alle Teilphasen.

4.5 Außerbetriebnahme und Verschrottung

In der allerletzten Phase des Produktlebenszyklus, der *Außerbetriebnahme* (engl. decommissioning), dürfen elektronische Komponenten, die sensible Informationen beinhalten, nicht einfach dem Materialsammlungs- und entsorgungsprozess zugeführt werden. Problematisch sind in diesem Zusammengang alle sensiblen und z. T. auch kritischen Daten, wie etwa personenbezogene Daten, kryptographisches Material und

Firmengeheimnisse (Intellectual Property). Diese Daten müssen zuvor mit sicheren Methoden gelöscht bzw. unbrauchbar gemacht werden, ansonsten könnten Angreifer durch Zugriff auf die Materialströme der Entsorgungs- und Recyclingprozesse intakte, wiederverwendbare Informationen erhalten und für zukünftige Angriffe ausnutzen, s. Abschn. 5.1.6.

Literatur

1. Alagic, G., et al. (2020). *Status report on the second round of the NIST post-quantum cryptography Standardization Process*. NIST – US Department of Commerce.
2. Campos, F. (2019). Post-quantum cryptography for ECU security use cases. In M. Meyer, S. Sanwald, M. Stöttinger, & Y. Wang (Hrsg.), *17th escar Europe: Embedded security in cars* (S. 155–169). Ruhr-Universität Bochum.
3. Grover, L. K. (1996). A fast quantum mechanical algorithm for database search. Proceedings of the twenty-eighth annual ACM symposium on Theory of computing - STOC '96. Published. https://doi.org/10.1145/237814.237866.
4. ISO. (2011). ISO 26262 – *Road vehicles – Functional safety, Part 1–10. ISO/TC 22/SC 32 – Electrical and electronic components and general system aspects*.
5. Macher, G., et al. (2020). *An Integrated View on Automotive SPICE*. SAE Technical Paper Series. Published. https://doi.org/10.4271/2020-01-0145.
6. Post-quantum cryptography for long-term security PQCRYPTO. (2015). PQCRYPTO https://pqcrypto.eu.org/. Zugriffsdatum 2021-06-01.
7. Shor, P. W. (1997). Polynomial-Time algorithms for prime factorization and discrete logarithms on a quantum computer. *SIAM Journal on Computing, 26*(5), 1484–1509. https://doi.org/10.1137/s0097539795293172.
8. Skoglund, M., et al. (2018). In search of synergies in a multi-concern development lifecycle: Safety and cybersecurity. *Developments in Language Theory, 302–313*. https://doi.org/10.1007/978-3-319-99229-7_26.
9. UN Regulation No. 155 - Cyber security and cyber security management system | UNECE. (2021, 4. März). UNECE.ORG. 2021-06-01.https://unece.org/transport/documents/2021/03/standards/un-regulation-no-155-cyber-security-and-cyber-security. Zugriffsdatum 2021-06-01.
10. UN Regulation No. 156 – Software update and software update management system | UNECE. (2021, 4. März). UNECE.ORG. https://unece.org/transport/documents/2021/03/standards/un-regulation-no-156-software-update-and-software-update. Zugriffsdatum 2021-06-01.
11. Wang, W., & Stöttinger, M. (2020). *Post-Quantum secure architectures for automotive hardware secure modules*. Published.

Technische Security-Bausteine

5

Zusammenfassung

Ein mehrschichtiges Verteidigungskonzept besteht aus technischer Sicht aus einer Komposition mehrerer Security-Bausteine mit verschiedenen Schutz- und Verteidigungsmaßnahmen, die ihre Wirkung auf unterschiedlichen Architekturebenen des Gesamtsystems entfalten. In diesem Kapitel werden von der ECU als innerste Schicht bis zur Automotive-Infrastruktur als äußerste Schicht, die technischen Security-Bausteine für alle Ebenen der Fahrzeugarchitektur dargestellt und ausführlich beschrieben. Dabei wird sowohl auf die Schutzziele und Securityanforderungen der jeweiligen Funktionen eingegangen als auch auf konkrete Lösungsmöglichkeiten sowie Abhängigkeiten zu anderen Security-Bausteinen. Nach Möglichkeit wird auf existierende Standards und Best-Practices eingegangen, aber alternative Umsetzungen werden ebenso erörtert. Als Hauptgegenstand dieses Buchs zielt dieses Kapitel darauf ab, einen möglichst breiten und gleichermaßen tiefen Einblick in die technischen Security-Bausteine zu geben.

Ein mehrschichtiges Verteidigungskonzept besteht aus technischer Sicht aus einer Komposition mehrerer Security-Bausteine mit verschiedenen Schutz- und Verteidigungsmaßnahmen, die ihre Wirkung auf unterschiedlichen Architekturebenen des Gesamtsystems entfalten.

Auf der ECU-Ebene zählen zum einen der Schutz der Integrität und Authentizität der ECU-Software inkl. zugehöriger Daten und zum anderen die Zugriffskontrolle von außen auf die ECU. Innerhalb der E/E-Architektur des Fahrzeugs spielt die Absicherung des Datenaustauschs zwischen verschiedenen ECUs die wichtigste Rolle. Hinzu kommen Maßnahmen, die ganz im Sinne des Defence-in-Depth-Prinzips ergänzend zur Vorbeugung auch der Erkennung oder Abschwächung von Angriffen dienen. Der Schutz der externen Fahrzeugkommunikation gewinnt vor allem aber nicht ausschließlich

bei vernetzten, automatisierten Fahrzeugen an Bedeutung, weil externe Fahrzeugschnittstellen in der Vergangenheit mehrfach erfolgreich als Eintrittspunkt für Fernangriffe ausgenutzt wurden. Eine abgesicherte Infrastruktur ist für ein ganzheitliches
Securitykonzept unerlässlich, falls über den Lebenszyklus verteilt unterschiedlichste
Anwendungsfälle von der Sicherheit und Verfügbarkeit verschiedener Infrastrukturkomponenten abhängen.

5.1   ECU-Integrität

Die Integrität und Authentizität der ECU-Software inkl. aller zugehörigen Daten sind
Voraussetzungen für die Zuverlässigkeit der ECU-Funktionen.

Sicheres Booten, zyklische Integritätsprüfungen zur Laufzeit und das *Sichere
Reprogrammieren* stellen sicher, dass ausschließlich authentische Software ausgeführt
wird. Eine *sichere und vertrauenswürdige Laufzeitumgebung* dient als zusätzlicher
Schutzwall für die Ausführung kryptographischer Funktionen und als sicherer Speicher
für die zugehörenden kryptographischen Geheimnisse. Zusätzliche *Härtungsmaßnahmen*
sind erforderlich, um die Angriffsoberfläche der oftmals sehr komplexen Mikrocontroller
und SoC auf ein Minimum zu reduzieren.

Im Hinblick auf das unterschiedliche Sicherheitsniveau der jeweiligen Phasen des
ECU-Lebenszyklus sind Kontrollfunktionen erforderlich, um einen unberechtigten Übergang zu verhindern.

5.1.1   Secure Boot

5.1.1.1 Was ist Booten?
Booten bezeichnet den meist mehrstufigen Startvorgang eines Rechnersystems. Ein
Bootstrap-Loader soll den Rechner an seinen eigenen Stiefelschlaufen (engl. Bootstraps)
sprichwörtlich aus dem Sumpf ziehen. Die sogenannte *Bootkette* beschreibt die einzelnen Schritte des Bootvorgangs.

Das in Abb. 5.1 dargestellte, sequenzielle Verfahren stellt exemplarisch eine einfache,
aber typische Bootkette dar. Komplexere Abläufe, beispielsweise mit Verzweigungen
oder parallelen Vorgängen, hängen von der Hardware- und Software-Architektur des
jeweiligen Systems ab und werden deshalb hier nicht näher berücksichtigt.

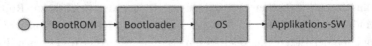

Abb. 5.1 Bootvorgang

Nach dem CPU-Reset werden unmittelbar die für den grundlegenden Start- und Initialisierungsprozess benötigten Befehlssequenzen wie Konfiguration und Initialisierung u. a. von Clock oder Speicherzugriff aus dem sogenannten BootROM geladen und ausgeführt. Die Inhalte des BootROMs werden vom Chip-Hersteller vorgegeben und sind in der Regel nicht veränderbar (ROM = Nur-Lese-Speicher). Der Sprung in den Bootloader – und damit in die vom Programmierer vorgegebene Steuergerätesoftware – ist die letzte Anweisung der Befehlssequenz des BootROMs. Der Bootloader wiederum lädt das Betriebssystem (OS = Operating System) und das Betriebssystem lädt bzw. startet die Applikationssoftware.

5.1.1.2 Wieso ist das Booten relevant für Security?

Der Bootprozess stellt aus der Sicht eines Angreifers ein attraktives Ziel dar, denn basierend auf den oben genannten Bedrohungen für Automotive Systeme lassen sich mehrere Angriffsziele ableiten.

Ein Angreifer könnte die Funktionsweise des Systems manipulieren, indem er bestimmte Programmteile – teilweise oder ganz – verändert und so die Abläufe und Eigenschaften gezielt beeinflusst. Damit könnte er verschiedene Absichten verfolgen: Indem der Angreifer die Zugangskontrolle zu Diagnose- oder Entwicklungsfunktionen umgeht oder sogar deaktiviert könnte er unautorisierten Zugriff (lesend oder ggf. auch schreibend) auf sensible Daten erhalten.

Ein Angreifer könnte außerdem gezielt Fehlfunktionen auslösen und so das Gesamtsystem (Fahrzeug) in einen sicherheitskritischen Zustand bringen, was im Extremfall gefährlich für Insassen oder Verkehrsteilnehmer werden kann. Daneben können Systemkomponenten, z. B. mechatronische Aktuatoren, beschädigt werden, falls Überwachungs- und Sicherheitsfunktionen deaktiviert werden. Beschädigungen oder auch nur erhöhter mechanischer Verschleiß bzw. das beschleunigte Herbeiführen von Alterungseffekten werden über Gewährleistungsansprüche und entsprechenden Verlust der Reputation letztendlich zu finanziellen Schäden seitens der Hersteller führen.

Ein weiteres Ziel von Angreifern ist der Diebstahl schützenswerter Firmengeheimnisse (Intellectual Property), d. h. Know-How in Form von Algorithmen und Daten, die sich im Speicher der jeweiligen Steuergeräte befinden. Ein Angriffsziel wäre hierbei die Extraktion von Programmcode und Daten, unter Umgehen des (hoffentlich) vorhandenen Zugriffsschutzes.

Für einen wie auch immer gearteten Angriff auf den Bootprozess muss ein Angreifer entweder seinen eigenen, manipulierten Programmcode (Schadcode) in die Bootkette einschleusen oder den vorhandenen Programmcode bzw. die vorhandene Bootkette manipulieren. Abhängig von der Art des Angriffs muss dabei nicht unbedingt der komplette Programmcode ausgetauscht werden. Bereits eine minimale Veränderung, etwa die Einführung einer logischen Bedingung, die immer wahr ist, kann zu einer securityrelevanten Gefährdung führen. Darüber hinaus können securityrelevante Manipulationen offensichtlich sein, z. B. veränderte funktionale Abläufe, oder sie können unsichtbar, quasi schlafend sein und ggf. nur unter bestimmten Bedingungen oder durch ein Wecksignal von außen wirksam werden.

Eine weitere Manipulationsmöglichkeit ist das *Downgrade:* Aktuelle Software wird durch ältere, potenziell fehlerhafte oder mit Security-Schwächen behaftete Software ersetzt.

5.1.1.3 Secure Boot – Sicheres Booten: Welche Security-Ziele sollen mit *Secure Boot* erreicht werden?

Das übergeordnete Ziel des *Sicheren Bootens* ist es, die Vertrauenswürdigkeit der ausgeführten Software eines Rechnersystems sicherzustellen. Die in Abschn. 1.1.2 allgemein formulierten Schutzziele werden wie folgt auf das *Sichere Booten* abgebildet, s. [117]:

Integrität: Die Software darf nicht verändert werden.
Authentizität: Die Software muss von einer bekannten (autorisierten) Quelle stammen.
Verbindlichkeit (bzw. Nicht-Abstreitbarkeit, engl. Non-repudiability): Der Softwarehersteller kann die Herkunft seiner Software nicht bestreiten. Dies ist ein Security-Ziel, das überwiegend für rechtliche Aspekte relevant ist und beispielsweise für das Prüfen von Gewährleistungs- und Schadensersatzansprüchen zum Tragen kommt.
Aktualität (engl. Freshness): Veraltete Software darf nicht unbeabsichtigt verwendet werden.

Man beachte an dieser Stelle die Ähnlichkeit zu den Security-Zielen von *Secure Update,* s. Abschn. 5.1.3.

5.1.1.4 Welche weiteren Ziele müssen für *Secure Boot* berücksichtigt werden?

Im Kontext des Automotive Bereichs müssen nicht nur die oben aufgeführten Security-Anforderungen berücksichtigt werden, sondern auch die domänenspezifischen Einschränkungen und Bedingungen, s. Abschn. 1.2.4.

Infolge der anspruchsvollen Betriebs- und Umgebungsbedingungen müssen Fahrzeugkomponenten fehlertolerant und robust ausgelegt sein. Sie sollten erkannte Störungen möglichst tolerieren (und ggf. weitermelden oder loggen) oder innerhalb einer definierten Zeit selbstständig beheben. Elektronische Komponenten müssen darüber hinaus resistent sein gegen typische Störquellen wie mechanische Belastungen und elektromagnetische Strahlung. Vor allem, aber nicht ausschließlich, für sicherheitskritische Systemkomponenten spielen deren Echtzeitfähigkeit und (quasi-) deterministisches Verhalten eine maßgebliche Rolle. Die korrekte Funktionsweise eines verteilten Rechnersystems setzt ein zuverlässiges zeitliches Verhalten voraus, insbesondere hinsichtlich der Abarbeitung der Kommunikationsprotokolle. Dies schließt auch eine garantierte maximale Startup-Zeit ein, also eine begrenzte Zeit bis eine Komponente nach einem Neustart sende- und empfangsbereit ist. Zur Wartung und Fehlerdiagnose sind entsprechende Zugänge und Funktionen erforderlich, die im

Systemdesign berücksichtigt werden sollten. Dies schließt auch die Option ein, die Software inklusive aller Programmdaten aktualisieren zu können (Update). Nicht zuletzt müssen Integrität und Verfügbarkeit der Überwachungs- und Sicherheitsfunktionen des funktionalen Sicherheitskonzepts (Safety) gewährleistet sein.

5.1.1.5 Wie können diese Security-Ziele erreicht werden?

Der Grundgedanke von *Secure Boot* ist es zu verhindern, dass nicht-autorisierte bzw. absichtlich manipulierte Software auf dem Rechnersystem ausgeführt wird. Dahinter verbirgt sich folgendes Konzept: Jedes Glied der Bootkette soll vor seiner Ausführung geprüft werden und nur dann ausgeführt werden, falls die Prüfung erfolgreich war. Ähnlich wie die sog. *Vertrauenskette,* die in [90] erklärt wird und deren Ursprung – der Vertrauensanker – im sog. *Root of Trust* (RoT) liegt, wird die ursprüngliche Bootkette wie folgt angepasst und um folgende Elemente erweitert: ein Root-of-Trust, eine Prüffunktion und eine Entscheidung bzw. Verzweigung des Programmablaufs, s. Abb. 5.2. Der sichere Bootprozess besteht aus mehreren Schritten: Nach dem Reset werden zunächst das BootROM und der Root-of-Trust (RoT) ausgeführt. Abhängig vom Prüfergebnis hält der RoT den Bootvorgang an (STOP) oder führt die Bootkette mit Bootloader, OS und der Applikationssoftware aus.

Der *Root-of-Trust* muss unbedingt stets als erstes ausgeführt werden (erstes Glied in der Bootkette), damit der Einstieg in die Vertrauenskette garantiert ist und nicht unterbrochen oder übersprungen werden kann. Als erstes Glied in der Kette, besteht allerdings keine Möglichkeit, den RoT vor dessen Ausführung zu prüfen. Der RoT muss also implizit authentisch und vertrauenswürdig sein (Secure-by-Design). Wäre der RoT auf irgendeine Weise manipulierbar oder wäre dessen Integrität nicht sichergestellt, so könnte dem gesamten *Secure Boot* – Prozess nicht vertraut werden.

Der RoT beinhaltet das Prüfverfahren, inklusive dem dafür erforderlichen kryptographischen Material, sowie die Vergleichsfunktion mit Verzweigung – zumindest für das folgende Glied in der Bootkette (s. Varianten).

Ein kryptographisches Verfahren stellt als Prüfmechanismus die oben definierten Security-Ziele sicher. Von den in [117] gegenübergestellten Verfahren eignen sich zwei aus folgenden Gründen für *Secure Boot* besonders:

Zum einen decken *Message Authentication Codes* (MACs) die beiden wichtigsten Schutzziele, Integrität und Authentizität, ab und können sowohl mithilfe von Hardware-Beschleunigern als auch in Software vergleichsweise effizient berechnet werden.

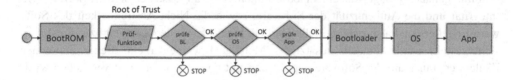

Abb. 5.2 Sicherer Bootvorgang

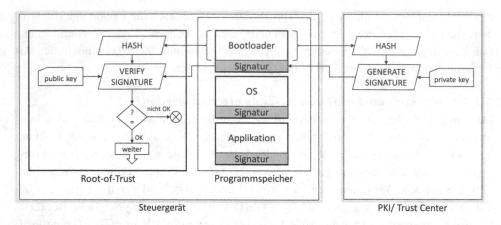

Abb. 5.3 Sicherer Bootvorgang mit Signaturprüfung

Zum anderen umfassen *Digitale Signaturen* zusätzlich zu Integrität und Authentizität auch das Security-Ziel Nicht-Abstreitbarkeit und bringen aufgrund der zugrunde liegenden asymmetrischen Verfahren verschiedene Vorteile bzgl. der Schlüsselverwaltung mit sich. Als entscheidenden Nachteil ist hier allerdings der signifikant höhere Rechenaufwand zur Prüfung digitaler Signaturen zu nennen, insbesondere falls keine entsprechende Hardware-Unterstützung für diese Algorithmen zur Verfügung steht.

In Abb. 5.3 wird das Schema zur Prüfung der digitalen Signatur dargestellt. Der RoT berechnet mittels der implementierten Prüffunktion und des öffentlichen Schlüssels (public key) nacheinander die Signaturen des Bootloaders bzw. des Betriebssystems (OS) und der Applikation. Signaturverfahren wie RSA oder ECC haben den Vorteil, dass im Steuergerät nur der öffentliche Schlüssel zur Prüfung der Signatur verfügbar sein muss – ein ECU-spezifisches Geheimnis wie bei der Verwendung von MACs ist nicht erforderlich. Der öffentliche Schlüssel bildet mit dem privaten Schlüssel des Software-Erstellers ein Schlüsselpaar. Der private Schlüssel wird vertraulich in entsprechend abgesicherten Schlüsselservern (PKI/Trust Center) gespeichert. Jedes zu prüfende Glied der Bootkette wird vom Software-Ersteller mit einer Signatur versehen, welche nur mithilfe des privaten Schlüssels berechnet werden kann. Diese zusammen mit dem Programmcode im Steuergerät gespeicherte Signatur wird mit der tatsächlichen, berechneten Signatur vom RoT verglichen. Bei Gleichheit ist sichergestellt, dass das geprüfte Objekt zum einen unverändert und zum anderen von einer bekannten Quelle stammt, genauer gesagt von einem bestimmten Software-Ersteller signiert wurde. Die Integrität und die Authentizität der Software, sowie die Nicht-Abstreitbarkeit des Software-Erstellers sind also sichergestellt. Darüber hinaus kann die Aktualität bzw. Freshness sichergestellt werden, indem zusätzliche Metadaten wie etwa ein streng monotoner Zählerwert innerhalb der Software geprüft und mit einem Referenzwert verglichen wird. Selbstverständlich müssen diese Metadaten auch Teil des signaturgeschützten Bereichs sein und der Referenzwert des Zählerwerts muss manipulationssicher abgelegt werden.

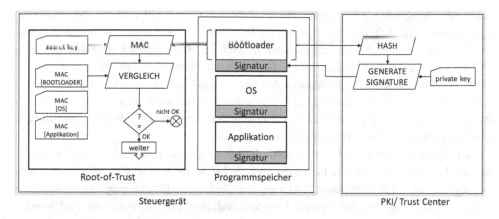

Abb. 5.4 Sicherer Bootvorgang mit MAC-Prüfung

Bei Ungleichheit wäre der *Secure Boot*-Prozess an dieser Stelle fehlgeschlagen. Die Vertrauenskette ist nicht gegeben und es erfolgt eine definierte Fehlerreaktion. Dieses Prüfverfahren unterscheidet sich im Prinzip nicht von den Security-Mechanismen, die im Rahmen des Security-Bausteins *Secure Update,* s. Abschn. 5.1.3, angewendet werden.

Abb. 5.4 zeigt das Schema zur Prüfung der Integrität und Authentizität anhand des MACs. Der RoT berechnet dabei nacheinander den MAC jedes einzelnen Bootkettenglieds und vergleicht sie mit einem zuvor gespeicherten Referenzwert. Die vom BSI, s. [13], empfohlenen MAC-Verfahren, HMAC und CMAC benötigen für die Berechnung einen geheimen Schlüssel, s. Abschn. 1.1.3 Dieser sollte zum Schutz dessen Vertraulichkeit im sicheren Bereich des Steuergeräts (z. B. HSM) erzeugt und abgelegt werden.

Hinweise zur praktischen Umsetzung

- Ein typisches, sich wiederholendes Problem bei symmetrischen Verfahren ist, dass im Grunde ECU-individuelle Schlüssel verwendet werden sollten, u. a. um einen skalierbaren Angriff zu erschweren. Gleichzeitig kann auf der Server-/OEM-Seite oftmals keine Infrastruktur zur Verwaltung von Millionen geheimer Schlüssel bereitgestellt werden.
- Als zusätzliche Schutzmaßnahme sollte jeder geheime Schlüssel nur für einen Referenzwert verwendet werden, d. h. bei jedem Update eines Bootkettenglieds sollte auch ein neuer, geheimer Schlüssel erzeugt und diesem Element zur Referenzwertberechnung exklusiv zugewiesen werden.

Im Gegensatz zum Prüfverfahren, das auf digitalen Signaturen basiert, werden hier die Referenzwerte nicht vom Software-Ersteller, also von außen mitgeliefert, sondern müssen initial bzw. nach jedem Update der logischen Software-Blöcke vom RoT neu berechnet werden. Eine externe Erzeugung der Referenzwerte ist nicht möglich, weil die hierfür benötigten geheimen Schlüssel nicht exportiert werden dürfen bzw. können. Zudem kann der RoT nur dann für die Authentizität der geprüften Blöcke garantieren, wenn die geheimen Schlüssel den sicheren Bereich des RoTs niemals verlassen.

Unter diesen Umständen kann der RoT jedoch nur für die Authentizität des Referenzwerts garantieren. Um die gewünschte Authentizität auf das eigentliche Prüfobjekt, also den Flashdaten der Bootkettenglicder, auszudehnen, muss die Erzeugung der MAC-Referenzwerte an eine unmittelbar zuvor erfolgreich durchgeführte Signaturprüfung der Flashdaten im Programmspeicher gekoppelt werden.

Ein hybrides Verfahren, das sowohl digitale Signaturen als auch MACs in die *Secure Boot*-Prüfung einbezieht, löst dieses Problem. In diesem Fall wird zum einen die digitale Signatur nach jeder Änderung der jeweiligen Bootkettenglieder, also nach einem Lösch- und (Re-)Programmiervorgang, validiert und im positiven Fall werden die entsprechenden MAC-Referenzwerte neu berechnet, gespeichert und die alten verworfen. Wichtig ist hier eine unmittelbare Anbindung an die Secure-Update-Funktion: Nur nach einer unmittelbar zuvor erfolgreich geprüften Signatur eines Bootkettengliedes darf der zugehörige MAC-Referenzwert aktualisiert werden. Könnte die Neuberechnung und Aktualisierung zu einem beliebigen Zeitpunkt angestoßen werden wäre dies ein Schwachpunkt, um nicht-authentischen Code für die Secure-Boot-Prüfung gültig zu machen. Zum anderen werden die MACs, wie oben beschrieben, bei jedem Bootvorgang anhand der zuvor berechneten Referenzwerte geprüft.

Somit erfolgt eine Zusammenführung der Eigenschaften beider Verfahren. Anhand der digitalen Signaturen werden die Authentizität der Software und die Nicht-Abstreitbarkeit des Software-Erstellers einmalig nach einem Flash-Update geprüft. Und anhand der MACs erfolgt eine schnelle Integritätsprüfung und (implizite) Authentizitätsprüfung bei jedem Bootvorgang.

5.1.1.6 Alternative *Secure Boot*-Sequenzen

In Abb. 5.5 sind zusätzlich zur bereits eingeführten Standard-Bootsequenz, vgl. Abb. 5.2, weitere Varianten dargestellt. In der gestaffelten Bootsequenz übergibt der RoT bereits nach der (erfolgreichen) Prüfung des ersten Gliedes die Kontrolle an seinen Nachfolger. Jedes Glied der Bootkette ist dafür selbst verantwortlich, seinen Nachfolger vor dessen Ausführung zu prüfen und gegebenenfalls auf einen Fehler zu reagieren. Die nebenläufige Bootsequenz ist insbesondere für die Trennung und parallele Ausführung von RoT-Funktionen und der Standard-Bootkette sinnvoll. *Secure Boot*-Prüfungen und das Laden und Ausführen der Standard-Bootkette lassen sich durch das Aufteilen auf mehrere Prozessorkerne gleichzeitig ausführen, was letztendlich die Startup-Zeit verkürzt.

Eine zusätzliche, wenngleich aus der Reihe fallende Variante stellt das sogenannte *Authenticated Boot* dar, s. Abb. 5.6. Das BootROM startet den RoT und die Standard-Bootkette gleichzeitig. Während der RoT seine Prüfungen im Hintergrund durchführt, führt der Hauptprozessor die Standard-Bootkette aus. Eine Unterbrechung der Standard-Bootkette ist nicht vorgesehen. Der Secure-Boot-Status kann vom Hauptprozessor, z. B. von der Applikation, abgerufen werden und beispielsweise für Diagnosezwecke oder für

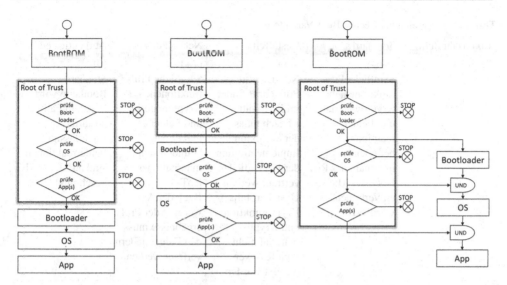

Abb. 5.5 Alternative Secure Boot-Verfahren: Standard (links), gestaffelt (mittig) und nebenläufig (rechts)

Abb. 5.6 Authenticated Boot

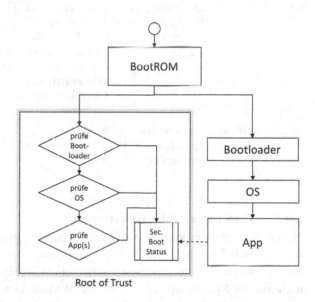

Fehlerreaktionen verwendet werden. Da die Applikation, bzw. die gesamte Standard-Bootkette möglicherweise kompromittiert ist, kann jedoch nur der RoT eine zuverlässige Fehlerreaktion erwirken. Dieses Verfahren wurde vom *Measured Boot*-Verfahren der Trusted Computing Group (TCG) [103] entlehnt.

In Tab. 5.1 werden die oben vorgestellten Varianten hinsichtlich ihres Security-Levels und weiterer Eigenschaften verglichen.

Tab. 5.1 Vergleich der Secure-Boot-Varianten

Eigenschaften	Standard	Gestaffelt	Nebenläufig	Authenticated
Security	(+++) Sämtliche Prüf-funktionen, Kryptomaterial und Fehler-reaktionen befinden sich innerhalb des RoT Höchstes Maß an Vertrauens-würdigkeit	(++) Nur der erste Prüfschritt findet im RoT statt. Danach muss der korrekten Implementierung der Folgeglieder vertraut werden Unsicher, falls Kryptofunktion und Krypto-material nicht vom RoT ver-wendet werden	(++) Sämtliche Prüf-funktionen, Kryptomaterial und Fehler-reaktionen befinden sich innerhalb des RoT Bzgl. der Aus-wertung der Prüf-ergebnisse muss den Folgegliedern vertraut werden	(0) Standard-Bootkette wird in jedem Fall gestartet Zuverlässige Fehlerreaktionen sind auf den RoT beschränkt
Startup-Zeit	(− − −) Der Start der Bootkette wird so lange verzögert bis alle Prüfungen durchgeführt wurden	(− −) Das letzte Glied der Bootkette wird nicht früher gestartet als beim Standard-Verfahren, aber die vorherigen Glieder (BL und OS) sind früher verfügbar	(+) Bootloader und OS werden parallel geladen und ausgeführt. Aufteilung auf mehrere Prozessoren	(+++) Keine Ver-zögerung
Weitere Vorteile/ Nachteile	Keine Anpassung von BL, OS, APP erforderlich	BL und OS müssen angepasst werden	–	–

5.1.1.7 Alternative Fehlerreaktionen

Neben dem oben propagierten Systemstopp, der zwangsläufige Folge der bisher ver-folgten Null-Toleranz-Strategie ist, sind nach einer fehlgeschlagenen Prüfung der Referenzwerte noch weitere System- bzw. Fehlerreaktionen denkbar, s. Tab. 5.2. Alter-nativen zum Systemstopp reduzieren die Wirksamkeit des Securitykonzepts zugunsten einer höheren Verfügbarkeit von System- und Diagnosefunktionen.

5.1.1.8 Was kann Secure Boot nicht leisten?

Secure Boot bietet keinen Schutz vor Fehlern, bzw. Security-Schwächen, die in der (authentischen) Software bereits vorhanden ist. Schutz vor Security-Schwächen im Code bieten organisatorische Maßnahmen wie Secure Coding Guidelines, Statische Code-prüfungen und Security-Tests.

Tab. 5.2 Secure Boot-Fehlerreaktionen

Reaktionen	Bemerkungen
Systemstopp/Reset (Null-Toleranz-Strategie)	Starke Einschränkung der Verfügbarkeit zugunsten maximaler Sicherheit
Der RoT (HSM) verweigert den Zugriff auf bestimmte Funktionen oder Schlüssel[1]	Höhere Verfügbarkeit von Systemfunktionen, Diagnose und Fehlersuche möglich
Entriegelung des Flash-Schreibschutzes verbieten	Speicherinhalte können nur nach einem fehlerfreien Secure Boot-Vorgang, also von einer authentischen Software, gelöscht und beschrieben werden
Notfunktion ('limp mode') ausführen	Gewährleistung der funktionalen Sicherheit, ggf. mit mechanischen und funktionalen Einschränkungen
„Passiver Modus"[2]: Resultate der Secure Boot-Prüfungen, abspeichern und der Hauptanwendung zur Verfügung stellen, beispielsweise als Datenquelle für ein IDS	De-facto bietet dieses Verfahren keine Sicherheit. Nur in Kombination mit weiteren Reaktionen zu empfehlen
Fehlerspeichereintrag bzw. Fehlerbotschaft senden	Normale Fehlerbehandlung (Error-Handler)

5.1.2 Integritätsprüfung zur Laufzeit

5.1.2.1 Definition

Die *Integritätsprüfung zur Laufzeit* ist eine Securityfunktion zur Erkennung von Manipulationen an Software (Code und Daten). Ihr wichtigster Zweck ist, eine Lücke in der Absicherung der Software-Authentizität und -Integrität zu schließen, denn die anderen beiden Securityfunktionen, *Secure Programming* und *Secure Boot*, können ihre Prüfungen nicht permanent ausführen:

Secure Programming prüft die Software-Integrität und -Authentizität nur einmalig nach dem Programmiervorgang. Das Zeitfenster für einen möglichen Angriff beginnt demnach mit dem Abschluss des Programmiervorgangs bis zum nächsten Programmiervorgang. Für ein Fahrzeug im Feld, das keine Over-the-Air-Updates empfängt, ist dieses Zeitfenster quasi unendlich, da im Extremfall nach der Fahrzeugproduktion nie wieder ein Software-Update stattfindet.

---

[1] Beispielsweise könnte der blockierte Zugriff auf die (geheimen) SecOC-Schlüssel dazu führen, dass das Steuergerät keine authentisierten Botschaften mehr absenden kann. Das potenziell kompromittierte Steuergerät könnte zwar grundsätzlich mit den anderen Busteilnehmern kommunizieren, aufgrund des blockierten Schlüsselspeichers jedoch keine securityrelevanten Botschaften mehr versenden. Andere Busteilnehmer sind in der Lage, derartige Situation zu erkennen und ggf. zu reagieren.

[2] Authenticated Boot: Auswertung und Reaktion der SecureBoot-Prüfung erfolgt erst beim nächsten Booten. So wäre eine Fehlersuche und -behebung möglich.

Secure Boot prüft die Software-Integrität und -Authentizität bei jedem Bootvorgang. Das Zeitfenster für einen möglichen Angriff beginnt demnach ab dem Bootvorgang, erstreckt sich über die Betriebszeit (engl. uptime) der ECU bis zum Abschalten bzw. zum nächsten Bootvorgang.

Die *Integritätsprüfung zur Laufzeit* (engl. runtime manipulation detection oder RTMD) führt zyklisch nach erfolgreichem Secure Boot die Prüfung der Software durch und verkleinert dadurch das Zeitfenster für einen Angriff. Die Länge des Zeitfensters ist abhängig von der RTMD-Zyklusdauer. Passend dazu liefert die TCG [102] eine Unterteilung in *pre-boot integrity, boot integrity* und *runtime integrity*.

Sowohl RTMD als auch Intrusion Detection Systeme führen ihre Prüfungen regelmäßig zur Laufzeit durch. IDS ist RTMD jedoch übergeordnet, da sie die Secure Boot- und RTMD-Ergebnisse als eine von vielen Eingangsgrößen heranziehen. Außerdem überwachen NIDS schwerpunktmäßig die Kommunikation, externe Signale und RAM-/Register-Größen, wohingegen RTMD die Software-Integrität und -Authentizität sicherstellt.

5.1.2.2 Welche Security-Ziele sollen mit RTMD erreicht werden?

Das folgende, konstruierte Angriffsszenario soll die vorhandene Lücke aufzeigen und den Zweck von RTMD verdeutlichen:

Nach dem erfolgreichen *Sicheren Bootvorgang,* d. h. Software und Daten sind nicht manipuliert, nutzt der Angreifer eine vorhandene Schwachstelle im (authentischen) Code aus, etwa durch einen Buffer- oder Stack Overflow. Er erhält, zumindest temporär, die Kontrolle über den Programmfluss und damit über den Mikrocontroller der ECU, indem er seinen eigenen Code in den RAM des Mikrocontrollers nachlädt. Weitere Angriffsvektoren sind denkbar, werden hier aber nicht weiter ausgeführt.

Weil sich die Manipulation des Angreifers auf die Inhalte des flüchtigen Speichers (RAM) bezieht, behält der Angreifer nur bis zum nächsten Reboot die Kontrolle. Ein Reset bzw. Neustart würde den Angriff beenden, weil der Flashinhalt (noch) nicht kompromittiert wurde und weil der flüchtige Speicher beim Bootvorgang zurückgesetzt wird und damit die Manipulation rückgängig gemacht wird.

Der Angreifer möchte demzufolge den temporären Angriff in einen persistenten Angriff umwandeln. Die persistente Eigenschaft bedeutet, dass auch über einen Reboot hinweg die Manipulation erhalten bleibt und der Angreifer seinen Angriff fortsetzen bzw. die Kontrolle weiterhin behalten kann. Um dies zu erreichen muss der Angreifer auch den Flashinhalt ändern. Technisch ist dies beispielsweise durch das (Nach-)Laden eines Flashtreibers möglich.

Der Zweck von RTMD ist, vor diesem Angriff zu schützen. Die zyklische Integritätsprüfung stellt sicher, dass die (Flash-)Integrität nicht nur einmalig beim Bootvorgang geprüft wird und danach möglicherweise mehrere Stunden oder Tage nicht mehr. Vielmehr stellt RTMD sicher, dass die Integrität auch regelmäßig, während der gesamten *Uptime* geprüft wird und das Zeitfenster für einen derartigen Angriff auf die Zyklusdauer von RTMD reduziert wird.

Beispielwert für einen RTMD-Background-Task Der gesamte Flashspeicher wird alle 30 s vollständig geprüft, d. h. das max. Zeitfenster für eine nicht erkannte Manipulation im Flashspeicher beträgt höchstens 30 s.

5.1.2.3 Wie können diese Security-Ziele erreicht werden?

Eine mögliche Lösung besteht in der zyklischen Wiederholung der Flash-Integritäts-prüfungen zur Laufzeit. Dabei verwendet die RTMD-Prüffunktion die Referenztabelle mit den (MAC-)Referenzwerten, die auch von Secure Boot herangezogen werden. Der Vorteil bei der Verwendung eines symmetrischen Verfahrens wie etwa AES zur Berechnung der MAC-Referenzwerte ist die hohe Performanz. So wird dafür gesorgt, dass die RTMD-Zyklusdauer möglichst kurz ist. In der Regel prüft RTMD dieselben logischen Blöcke wie Secure Boot. Diese Prüffunktion wird üblicherweise im Hintergrund ausgeführt, also mit niedriger Priorität, damit keine wichtigeren Systemfunktionen beeinträchtigt werden. Es sollte sichergestellt werden, dass diese Prüffunktion automatisch nach dem abgeschlossenen Secure-Boot-Vorgang zyklisch aufgerufen wird, sodass dessen Ausführung nicht verhindert werden kann.

In Abb. 5.7 sind in zwei Szenarien verschiedene Integritätsprüfungen dargestellt: Vor dem eigentlichen Bootvorgang, d. h. im Zustand *Pre-Boot,* wird die Software-Integrität zum ersten Mal im Rahmen der *sicheren Reprogrammierung* (Secure Update) geprüft. Bei jedem Hochfahren bzw. Bootvorgang wird durch den sicheren Bootvorgang *(Secure Boot)* erneut die Software-Integrität geprüft. Ohne Integritätsprüfung zur Laufzeit (s. Bild, Teil a) erstreckt sich das Zeitfenster für einen nicht-erkennbaren Angriff bis zum Herunterfahren der ECU (Downtime). Mit Integritätsprüfung zur Laufzeit (s. Bild, Teil b) beträgt das entsprechende Zeitfenster nur so lange wie die Zykluszeit der Integritäts-prüfung. Die zyklische Software-Integritätsprüfung zur Laufzeit schließt die vorhandene Lücke also nicht, aber sie verkleinert sie wesentlich.

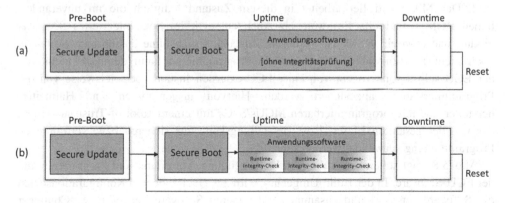

Abb. 5.7 Manipulationserkennung zur Laufzeit

5.1.3 Sichere Reprogrammierung

▶ Anstelle des Begriffs *Sichere Reprogrammierung* werden oftmals *Sicheres Update, Sicheres Flashen* oder auch nur *Sicheres Programmieren* verwendet. Die englischsprachigen Begriffe hierfür sind Secure Update, Secure Flashing und Secure (Re-) Programming.

5.1.3.1 Definition Steuergeräte-Programmierung

Die Steuergeräte-Programmierung ist eine Funktionalität zum Löschen und Beschreiben des nichtflüchtigen Speichers einer ECU mit Software. Dies bezieht sich insbesondere auf den ausführbaren Maschinencode sowie auf Konfigurationseinstellungen und Anwendungsdaten, kurzum: auf alle Speicherinhalte, die die Funktionsweise oder das Verhalten der ECU beeinflussen können.

Dieses Kapitel beschränkt sich auf die Programmierung Flash-basierter Mikrocontroller bzw. SoCs mit internem NOR-Flashspeicher, von dem der Programmcode direkt ausgeführt werden kann. Rechnerarchitekturen, die die häufig wesentlich größeren NAND-Flash-basierten Massenspeicher mit Filesystem verwenden, besitzen zum Teil andere Mechanismen zum Aktualisieren der Software, die hier nicht erörtert werden, s. Hintergrundinformation zu NAND- und NOR-Speicher.

Zunächst muss zwischen zwei verschiedenen Programmiervorgängen unterschieden werden, dem initialen Flashen, auch *Urprogrammierung* genannt und der Aktualisierung einer vorhandenen Programmierung, der sog. *Umprogrammierung* oder *Reprogrammierung*.

Beide Vorgänge finden unter verschiedenen Randbedingungen statt:

Die *Urprogrammierung* findet typischerweise innerhalb der Produktionsumgebung mittels Nadeladapter und Debug-Schnittstelle statt. Für gewöhnlich ist der Speicher zunächst komplett unbeschrieben, also leer, weshalb auf dem Steuergerät auch keinerlei Securityfunktionen zur Prüfung der zu programmierenden Software vorhanden sind. Der Mikrocontroller arbeitet in diesem Zustand lediglich die im unveränderlichen ROM befindliche Firmware ab. Auch ein evtl. im SoC integriertes Securitymodul, wie etwa ein HSM, ist in diesem Zustand, sprich ohne ausführbare Software, noch nicht funktionsfähig. Dieses initiale Programmieren kann demnach nicht von der ECU selbst, sondern nur von einer ECU-externen Instanz, beispielsweise von der Programmierstation, abgesichert werden. Hiervon ausgenommen sind Halbleiterhersteller, die ihre programmierbaren MCUs/SoCs mit einem Root-of-Trust ausstatten, der von der gesamten Liefer- bzw. Herstellungskette zur sicheren bzw. vertraulichen Programmierung verwendet werden kann.

Abb. 5.8 zeigt schematisch die Abfolge Erzeugung, Verteilung und Programmierung der ECU-Software. In der Build-Umgebung wird aus Quellcode und Konfigurationsdaten die Software generiert und zusammen mit anderen Software-Images bzw. -Container in einem Repository gespeichert. Von hier aus werden die benötigten Komponenten abgerufen und entweder von einem Diagnosetester bzw. Programmiergerät (Flashtool)

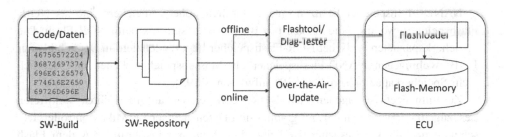

Abb. 5.8 Reprogrammierung eines Steuergeräts

oder über eine Online-Verbindung, s. Abschn. 5.5.4, in den Flashspeicher der ECU
programmiert.

Hintergrund

NAND- und NOR-Speicher
Speichertechnologie spielt für die Fahrzeugelektronik eine wichtige Rolle, da hohe
Anforderungen an deren Zuverlässigkeit, Lebensdauer und letztendlich den Kosten-
faktor gestellt werden.

Flashspeicher oder auch Flash-EEPROM sind nichtflüchtige Speicher (engl. non-
volatile memory, NVM) und werden anhand ihrer zugrunde liegenden Architektur
unterschieden.

Die Speicherzellen von *NOR-Flashspeicher* werden aus NOR-Gattern aufgebaut,
die wiederum sowohl über Bit- als auch über Wortleitungen adressierbar sind. Dies
bedeutet, dass jede Speicherzelle direkt adressierbar und somit lesbar ist, was einen
wahlfreien Zugriff beim Lesen des Speicherinhalts ermöglicht.

Die Speicherzellen des *NAND-Flashspeichers* sind dagegen nur mit Wortleitungen
verbunden, d. h. blockweise zusammengeschaltet, wodurch das Lesen nur blockweise
möglich ist.

Aufgrund des direkten Zugriffs ist die Lesegeschwindigkeit beim NOR-Flash
höher als beim NAND-Flash – zumindest bei zufälligen, nicht zusammenhängenden
Speicherzugriffen. Beim Lesen größerer, zusammenhängender Speicherbereiche kann
der NAND-Speicher den Nachteil kompensieren.

Das Löschen ist bei beiden Architekturen nur blockweise möglich. Beim NOR-
Flash ist die Größe der zu löschenden Blöcke allerdings größer als beim NAND-Flash
und jede Zelle muss vor dem Löschen mit ‚0‘ beschrieben werden, was den Löschvor-
gang beim NOR-Flash insgesamt langsamer macht als beim NAND-Flash.

Ein gemeinsamer Nachteil ist die deutlich geringere Schreibgeschwindigkeit verglichen mit der Lesegeschwindigkeit.

Die Zuverlässigkeit des NOR-Flashs ist bauartbedingt generell höher als beim
NAND-Flash, d. h. defekte Blöcke und Bitkipper (engl. bit flips) sind seltener.

Die Dauer der Datenerhaltung (engl. data retention) beträgt bei NOR-Speichern
typischerweise deutlich mehr als 10 Jahre, bei NAND-Speichern weniger als 10 Jahre.

NAND-Flashspeicher besitzen eine wesentlich höhere Speicherdichte als NOR-Flashspeicher, wodurch die Kosten pro Bit geringer sind als beim NOR-Flash. Die Speicherkapazitäten typischer NOR-Flashspeicher liegt tendenziell im Bereich kleiner 1 GB, wohingegen NAND-Flashspeicher als Massenspeicher dienen und deutlich mehr Speicherkapazität (größer 1 GB) aufweisen, s. [93].

Zusammengefasst eigenen sich NOR-Flashspeicher aufgrund ihres wahlfreien Lesezugriffs hervorragend als Programm- und Datenspeicher für Mikrocontroller. Der schnelle und direkte Lesezugriff erlaubt eine Programmausführung aus dem Flash (execute-in-place), d. h. ein Kopieren des Programms in den Arbeitsspeicher (RAM) ist nicht unbedingt erforderlich. Ihre Anwendung im Automobilbereich hat sich bereits seit vielen Jahren bewährt.

NAND-Flashspeicher eignen sich dagegen als Massenspeicher, was im Automobil-bereich zukünftig insbesondere im AD-/ADAS-Bereich an Bedeutung gewinnt, da hier größere Datenmengen anfallen werden. ◄

Für die *Umprogrammierung* gelten wiederum andere Bedingungen: Die Umpro-grammierung findet in den meisten Fällen im Feld, d. h. bei einem Serienfahrzeug beim Endkunden statt. Die ECU ist – im Gegensatz zur Programmierung in der Produktions-umgebung – physisch nicht immer leicht zugänglich, weil einerseits der Einbauort mancher ECUs im Fahrzeug schwer zu erreichen ist und weil andererseits die Gehäuse der meisten ECUs wasserdicht versiegelt sind. Darüber hinaus sind idealerweise sämt-liche physischen und logischen Schnittstellen der ECU abgesichert, abgeschaltet oder komplett entfernt. Daraus folgt, dass die Umprogrammierung praktisch nicht auf die-selbe Weise erfolgen kann, wie die Urprogrammierung.

Das übliche Medium zur Reprogrammierung ist der *Diagnosezugang* bzw. die *Flashbootloader*-Funktionen. Im Folgenden liegt der Fokus auf den von ISO standardisierten Abläufen der UDS Reprogramming Sequence, s. [62], sowie auf deren Absicherung.

Die Umprogrammierung schafft damit die Möglichkeit, auf sichere Art und Weise die Funktionalität des jeweiligen bestehenden Systems anzupassen, zu erweitern und zu ver-bessern, sowie eventuelle Fehler zu korrigieren.

5.1.3.2 Wieso ist die ECU-Reprogrammierung relevant für Security?

Welchen Schaden bzw. welche Ziele kann ein Angreifer im Falle einer unzureichenden oder fehlenden Absicherung der Programmierfunktion erreichen?

In Tab. 5.3 werden Schutzziele und mögliche Auswirkungen bei Verletzung der Schutzziele aufgeführt.

Ziele

Aufgrund der oben genannten Bedrohungen durch Modifikation oder Missbrauch sollen alle Schnittstellen und Funktionen, die Flashinhalte verändern können, ausreichend kryptographisch abgesichert werden. Die Software darf nach deren Erstellung (Build) und Freigabe in der Kette (s. Abb. 5.8) bis zur Programmierung in den Flashspeicher nicht mehr verändert werden. Die Software im Flash, genauer gesagt die Software, die

Tab. 5.3 Schutzziele für eine sichere Reprogrammierung

Schutzziele	Mögliche Auswirkungen bei Verletzung der Schutzziele
Integrität und Verfügbarkeit	Manipulierter bzw. fehlerhafter Programmcode oder -daten können zur Einschränkung oder Verlust der betroffenen Funktionalität führen. Mögliche Folgen reichen von einfachen Funktionsstörungen über das Liegenbleiben des Fahrzeugs bis hin zur Beeinträchtigung der funktionalen Sicherheit des Fahrzeugs.
Freshness (Aktualität)	Die Software oder die Daten sind auf einem älteren, bzw. veralteten Stand. Fehler und Security-Schwachstellen, die in neueren Versionen bereits korrigiert wurden, können durch ein Reprogrammieren älterer Software-Stände wieder eingeführt werden, was die Sicherheit und Verfügbarkeit des Systems gefährdet.
Authentizität	Die Software ist zwar bezüglich ihrer Funktionalität fehlerfrei, aber nicht original, d. h. nicht vom OEM stammend. Insbesondere die Anwendungsdaten wie Parameter, Kennlinien oder Seriennummern sind wahrscheinliche Angriffsziele. Beispiele: – Motor-Tuning durch Manipulation bestimmter Parameter in den Applikationsdaten – Erzeugen von Duplikaten, indem authentische Software von einem originalen Steuergerät auf ein nicht-autorisiertes Plagiat von Produktfälschern kopiert wird. Ggf. mit angepasster Seriennummer, o. Ä.
Vertraulichkeit	Die Vertraulichkeit der Software ist gefährdet, falls die Software vom Speicher des Steuergeräts extrahiert bzw. heruntergeladen werden kann oder falls unverschlüsselte Softwarepakete beim Updatevorgang abgegriffen werden können. Mögliche Folgen sind der Diebstahl geistigen Eigentums und in Folge gegebenenfalls auch die Beeinträchtigung der Wettbewerbsfähigkeit.
Nicht-Abstreitbarkeit	Zur Klärung eventueller Haftungs- und Gewährleistungsfragen werden beispielsweise nach Unfällen entsprechende Untersuchungen vorgenommen. Dabei gilt es, die Urheberschaft der ECU-Software rechtssicher zu beweisen bzw. zu bestreiten, falls eine Manipulation vorliegt.

sich nach dem Programmiervorgang im Flashspeicher befindet – und nicht die gepackte Software im Flashcontainer, soll echt (Authentizität) und unverändert (Integrität) sein. Die Authentizität ist gewährleistet, falls kryptographisch sichergestellt wird, dass der Ursprung der Software eine vom OEM autorisierte Quelle oder der OEM selbst ist. Die Integrität ist implizit gewährleistet, falls die Software authentisch ist.

Falls die Software über einen unsicheren, nicht-vertrauenswürdigen Kanal an das Steuergerät übertragen werden soll, wie etwa beim OTA-Update, muss außerdem die Vertraulichkeit gewährleistet werden. Diese Maßnahme soll den Diebstahl geistigen Eigentums, Re-Engineering und unberechtigtes Kopieren der Software verhindern.

Ein weiteres Ziel bezieht sich auf die relativ lange Produktlebensdauer eines Fahrzeugs und der vermuteten hohen Zahl von Software-Updates innerhalb dieses Zeitraums. Unter den Software-Updates werden sich mutmaßlich Security-relevante Updates zum Beheben von Fehlern und Sicherheitslücken befinden. Aus diesem Grund muss dafür gesorgt werden, dass ein Angreifer mithilfe eines älteren Update-Pakets keine ältere Software programmieren kann, um absichtlich alte Sicherheitslücken wiedereinzuführen und um sie danach für einen Angriff auszunutzen. Diese Schutzfunktion wird häufig *Rollback- oder Downgrade Protection* genannt.

Bestimmte Eigenschaften der Automotive Domain fordern vom Security-Baustein *Sicheres Programmieren* ein gewisses Maß an Anpassungsfähigkeit. Zum einen steigt aufgrund der langen Produktlebensdauer von Fahrzeugen die Bedrohung durch die sich stets weiterentwickelnden Fähigkeiten und Möglichkeiten der Angreifer. Gleichzeitig besteht die latente Gefahr, dass innerhalb der Produktlebensdauer Sicherheitslücken gefunden werden oder auch ein Teil der Infrastruktur, z. B. die PKI, kompromittiert wird. Mit einem flexiblen System kann auf zukünftige und ungeplante Ereignisse dieser Art reagiert werden, beispielsweise durch eine allgemeine Updatefähigkeit aller Software- und Krypto-Komponenten, sowie durch die Möglichkeit, kryptographische Schlüssel tauschen und zurückrufen zu können.

Zum anderen ist Flexibilität auch innerhalb des ECU-Lebenszyklus und insbesondere für den mehrstufigen ECU-Produktionsprozess gefragt, s. Abschn. 5.1.6. Die Anforderungen mehrerer verschiedener Stakeholder mit teilweise unterschiedlichen Anwendungsfällen und verteilt auf verschiedene Phasen des Lebenszyklus erschwert eine einheitliche und einfache Lösung. Es herrscht oftmals ein Konflikt zwischen Vertrauen und Kontrolle. Auf der einen Seite vertraut der OEM darauf, dass seine Lieferanten sämtliche Schnittstellen, Funktionen und Daten sorgfältig und sicher implementiert und verwaltet. Im anderen Fall behält er die alleinige Schlüsselhoheit und ohne seine Autorisierung kann und darf niemand auf seine Komponenten zugreifen. Eine mögliche Kompromisslösung – das *Multi-Signee/Trustee-Konzept* – wird weiter unten ausgeführt.

Desweiteren besteht die Möglichkeit, abhängig von der Phase des ECU-Lebenszyklus unterschiedliche Schlüssel bzw. Zertifikat-Bäume zu verwenden. Beispiel: In der Entwicklungsphase, der Post-/Produktionsphase und der Analysephase werden jew. voneinander getrennte Schlüssel verwendet, um Risiken zu minimieren. So können in der Entwicklungsphase die Schlüssel an einen größeren Personenkreis verteilt werden, ggf. auch mit mehr Befugnissen, um die Entwicklungstätigkeiten ohne Einschränkungen durchzuführen. In der Postproduktionsphase wird wiederum die Zugriffs- und Rechtevergabe streng und restriktiv gehandhabt. Durch den Schlüsseltausch wird das Risiko beherrschbar.

UDS-Programmierung
UDS spezifiziert zusätzlich zur Diagnosefunktionalität auch alle Services und Prozesse, die zur Reprogrammierung einer ECU erforderlich sind. In ISO 14229-1 ist unter „Non-volatile server memory programming process" die Grundstruktur der Reprogrammierungsabfolge definiert. Diese wird in zwei Phasen unterteilt, s. Abb. 5.9.

Die Phase 1 dient der Übertragung und Reprogrammierung von Programmcode und -daten. Die optionale Phase 2 kann zum Ausführen von Aufgaben genutzt werden, die nach dem Löschen oder Reprogrammieren von Programm und Daten ggf. erforderlich werden – etwa das Anstoßen von Einlernprozessen.

Abb. 5.9 UDS-
Reprogramming Sequence

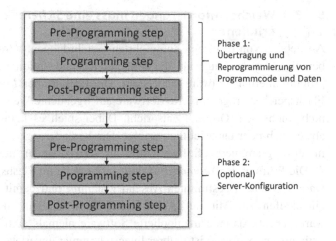

Beide Phasen sind wiederum jeweils in drei Schritte (steps) unterteilt:

- Der *Pre-Programming Step* fasst alle vorbereitenden Maßnahmen zusammen, beispielsweise die Identifikation der ECU, die Abstimmung der Kommunikationsparameter und die Prüfung eventueller Vorbedingungen wie Fahrzeugstillstand und Restkapazität der Fahrzeugbatterie, etwa mit der Routine *Check Programming Pre-Conditions*.
- Nachdem die vorbereitenden Aktivitäten abgeschlossen wurden, findet im Programming Step die Übertragung und Programmierung statt. Zunächst wird die *Programming-Session* geöffnet und die Authentisierung und Berechtigung des Testers werden geprüft (Security Access/Authentication). Im Anschluss findet die eigentliche Übertragung (Download) und die Reprogrammierung (Flashen) statt – ggf. mit vorherigem Löschen der betroffenen Speicherbereiche. Mithilfe der Routine *Check Memory* kann das fehlerfreie Übertragen und Schreiben in den Speicher überprüft werden. Mithilfe der Routine *Validate Application* kann zusätzlich überprüft werden, ob alle logischen Programm- und Datenblöcke vollständig programmiert wurden und sowohl zueinander als auch zur Hardware kompatibel sind. Darüber hinaus werden alle programmierten Speicherinhalte hinsichtlich ihrer Authentizität geprüft (Signaturprüfung), s. Abschn. 5.1.3.
- Das Wiederholen dieser Programmiersequenz ermöglicht das Programmieren mehrerer physikalisch oder logisch voneinander getrennten Blöcke – mit anschließender Prüfung der Konsistenz der Gesamtapplikation.
- Im *Post-Programming Step* sind alle abschließenden Maßnahmen definiert, etwa das Verlassen der Programming-Session oder das Beenden per ECU-Reset.
- Aus der Security-Perspektive sind zwei Schritte besonders wichtig: die *Tester-Authentifizierung und -Autorisierung* (Security Access/Authentication), s. Abschn. 5.2.1, sowie die *Authentitätsprüfung* der Software (Validate Application/Check Reprogramming Dependencies), s. Abschn. 5.1.3.

5.1.3.3 Welche Anforderungen muss eine *Sichere Reprogrammierung* erfüllen?

Ausgehend von den oben aufgeführten Gefährdungen, wird ein Security-Mechanismus benötigt, der die Integrität, die Authentizität und optional auch die Vertraulichkeit der programmierten Software sicherstellt. Die Prüfung der *Integrität* stellt fest, ob die im Flashspeicher programmierte Software auf irgendeine Weise verändert wurde und damit nicht mehr dem Original entspricht. Dabei spielt es keine Rolle ob die Veränderung absichtlich oder unabsichtlich erfolgt. Die Veränderung eines einzelnen, beliebigen Bits in der programmierten Software muss als Verletzung der Integrität erkannt werden.

Die Prüfung der *Authentizität* stellt fest, ob die im Flashspeicher programmierte Software von einem bestimmten Absender stammt und damit als „echt" bzw. authentisch einzustufen ist. Mit der Authentizität wird implizit auch die Integrität der Software geprüft, da eine manipulierte Software niemals authentisch sein kann, bzw. eine authentische Software ist in ihrer Integrität immer unverletzt.

An dieser Stelle wird nochmals hervorgehoben, dass die jeweiligen Prüfungen auf die programmierten Inhalte im Flashspeicher angewendet werden. Gegen die Prüfung der Update-/Flash-Container, die ggf. auch noch komprimiert sind, sowie der (zwischen-gespeicherten) Software im RAM ist nichts einzuwenden, aber die entscheidende Authentizitätsprüfung muss für die Software im Flash durchgeführt werden.

Problematisch hierbei ist, dass über den Programmiervorgang ein potenziell manipuliertes, korruptes oder fehlerhaftes Daten-/Codeelement in den Flashspeicher des Steuergeräts geschrieben und erst danach geprüft wird. Aufgrund der häufig zu geringen Größe des RAM-Speichers ist dies einerseits nicht auf anderem Wege machbar. Anderer-seits sichert die Integration von Prüffunktionen und das konsequente Beachten der ent-sprechenden Prüfergebnisse dieses Risiko ab. Wichtig ist, dass die reprogrammierten Inhalte, d. h. die logischen Softwareblöcke, erst dann genutzt, genauer gesagt geladen oder ausgeführt werden dürfen, nachdem deren Validierung positiv war. Bei einem negativen Prüfergebnis sollte ein robustes *Fail-safe-Konzept* greifen. In diesen Fällen wird nach dem Booten des Steuergeräts üblicherweise im Flashbootloader verharrt, von wo aus eine neue Programming-Session und die Reprogrammierung der ECU-Software mög-lich ist. Weitere mögliche Reaktionen bei einem negativen Ergebnis sind Einträge in einer Logdatei zur späteren (ggf. forensischen) Analyse oder die Weiterleitung der relevanten Informationen dieses Ereignisses an ein *Intrusion Detection System,* s. Abschn. 5.3.3.

Der Flashbootloader sollte die einzige Schnittstelle mit Funktionen zum Löschen und Beschreiben des Flashspeichers sein. Keine anderen Software-Komponenten dürfen einen Flashtreiber, bzw. Flashfunktionen, besitzen, bzw. darauf zugreifen. Der Flashtreiber sollte normalerweise komprimiert im Speicher liegen und nur während der Benutzung temporär im RAM entpackt werden, damit dessen Funktionen nicht unabsichtlich oder böswillig verwendet werden können.

Der Security-Baustein *Sicheres Programmieren* ist nur einer von vielen im Gesamt-konzept. Dabei ist das sichere Programmieren eng mit dem Baustein *Authentifizierter Diagnosezugang* gekoppelt, da die Ausführung der Programmierfunktionen im Flashbootloader ohne vorherige Prüfung der Autorisierung nicht möglich ist. Darüber

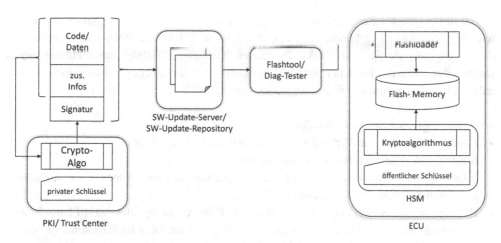

Abb. 5.10 Sichere Reprogrammierung

hinaus sind *Sicheres Programmieren* und *Secure Boot* eng miteinander verknüpft, weil die Aktualisierung der Referenzwerte für den sicheren Bootvorgang an die Prüfungen der Software-Authentizität während des Programmiervorgangs gebunden sein sollte, s. Abschn. 5.1.1. Außerdem verfolgen *Sicheres Programmieren* und *Secure Boot* dieselben Ziele: das Sicherstellen der Software-Authentizität.

5.1.3.4 Welche Lösungen existieren für die *Sichere Reprogrammierung?*

Kernstück des oben angeforderten Prüfmechanismus ist ein kryptographisches Verfahren: die *digitale Signatur,* s. Abschn. 1.1.3.

Durch die Prüfung der digitalen Signatur können sowohl Integrität als auch Authentizität und Nicht-Abstreitbarkeit des Software-Updates sichergestellt werden. In Abb. 5.10 ist ein vereinfachtes Konzept von der Erstellung bis zur Prüfung der digitalen Signatur eines Software-Updates dargestellt. Ein kryptographischer Algorithmus berechnet mittels eines privaten Schlüssels die digitale Signatur der Software (Code/ Daten), sowie einiger zusätzlichen Informationen. Software und Zusatzinformationen werden zusammen mit deren Signatur als Update-Paket in einem Repository abgelegt. Das Flash-/Diagnose-Tool (Diagnosetester) kommuniziert mit dem Flashloader der ECU und überträgt das Update-Paket an die ECU. Der Flashloader schreibt das Paket in den Flashspeicher und stößt danach die Prüffunktion im Hardware Security Modul bzw. in der sicheren Umgebung an. Das HSM prüft die digitale Signatur des zuvor im Flash reprogrammierten Bereichs (logische Blöcke) mittels des zum privaten Schlüssel der PKI gehörenden öffentlichen Schlüssels. Das hierfür benötigte Schlüsselpaar wird zuvor in einer PKI, s. *Schlüsselverwaltung* (Abschn. 5.5.2) erzeugt und der öffentliche Schlüssel wird entweder in einer vertrauenswürdigen Umgebung oder mit einem sicheren Verfahren in das HSM der ECU importiert, wo er manipulationssicher und vertraulich gespeichert wird. Die Signaturerzeugung kann dabei unabhängig von der Produktionsumgebung erfolgen, d. h. für die Produktionsprozesse entsteht kein Mehraufwand.

Als kryptographischer Algorithmus stehen verschiedene digitale Signaturverfahren, wie etwa PKCS#1 zu Verfügung, s. [81] und s. Abschn. 1.1.3. *Code/Daten* repräsentieren die zu signierende Software, inkl. Parameter-/Konfigurationsdaten, und können aus einem oder mehreren logischen Blöcken bestehen. Die zusätzlichen Informationen enthalten Meta-Daten zum jeweiligen logischen Software-Block:

- *ID* des logischen Software-Blocks.
- *Rollback-Counter* zum Verhindern eines unerlaubten Downgrades.
- *Binding*-Informationen für den Kopierschutz.
- Informationen zur *Kompatibilität* des logischen Software-Blocks zu anderen logischen Software-Blöcken oder der Hardware.
- ID des *Signaturerstellers,* eine eindeutige Kennzeichnung des Zertifikats bzw. privaten Schlüssels, mit dem die Signatur erzeugt wurde. Dies ist insbesondere sinnvoll, sobald mehrere öffentliche Schlüssel zur Signaturprüfung vorhanden sind.

Der Diagnosetester (Flash-/Diagnose-Tool) kommuniziert per UDS mit dem Flashbootloader der ECU. Über UDS wird auch das Update-Paket (z. B. als ODX-Container) an die ECU übertragen und vom Flashtreiber in den Speicher geschrieben. Das HSM, bzw. eine vertrauenswürdige Umgebung (s. Abschn. 5.1.4), beinhaltet neben dem Schlüsselmaterial auch die für die Signaturprüfung erforderlichen kryptographischen Funktionen. Es berechnet nach entsprechender Anfrage die digitale Signatur über einen logischen Software-Block im Flashspeicher und liefert ein positives bzw. negatives Ergebnis zurück, das als sog. Application-*Valid-Flag* bzw. -*Invalid-Flag* abgespeichert wird.

Von diesem einfachen Schema ausgehend existieren verschiedene Erweiterungen hin zu komplexeren Konzepten:

- Statt einfachen, asymmetrischen Schlüsselpaaren können umfangreiche Zertifikatsbäume (PKI) eingebunden werden. Ein aufwändigeres Zertifikats- bzw. Schlüsselmanagement wäre daraufhin die Folge, jedoch ist dieses Konzept flexibler und näher an der Realität als die Verwendung fester Schlüsselpaare.
- Statt eines *Single-Signee/Trustee-Konzepts,* d. h. eines Verfahrens, in dem nur eine Partei die absolute Schlüsselhoheit besitzt und Signaturen erzeugen und verifizieren kann, könnte ein Mehrfach-Signaturkonzept angewandt werden. Bei einem *Multiple Signee/Trustee-Konzept* erstellen mehrere Parteien, z. B. OEM, Tier-1 und Halbleiterhersteller, jeweils für einen logischen Software-Block eine eigene Signatur. Jede Partei kann dann ihre eigene Signatur prüfen und muss den anderen Parteien nicht vertrauen. Die Schlüsselhoheit kann somit für einzelne oder alle Software-Blöcke geteilt werden.
- Statt eines einzelnen logischen Software-Blocks sind es in der Regel mehrere Software-Blöcke, die umprogrammiert werden können. Zur einfacheren Verwaltung werden dann häufig Referenztabellen angelegt, s. Abb. 5.11, in denen sämtliche erforderliche Informationen über die Software-Blöcke aufgelistet werden.

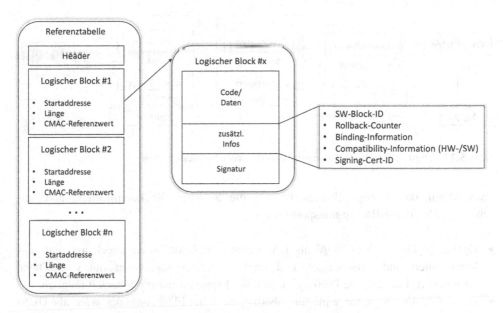

Abb. 5.11 Referenztabelle für die Verwaltung logischer Softwareblöcke

Weil die vollständige Überprüfung aller Signaturen bei jedem ECU-Neustart bzw. Reset die Zeit zum Hochfahren signifikant verzögern würde, wird beim Hochfahren in der Regel auf die bereits erwähnten Application-*Valid-Flags* zurückgegriffen. Diese markieren für jeden logischen Software-Block, ob dessen Signatur – zumindest einmalig nach dessen Programmierung – gültig war. Kommt nun Secure Boot (s. Abschn. 5.1.1) ins Spiel, wird für jeden logischen Software-Block der CMAC-Referenzwert gespeichert (s. Abb. 5.11) und bei jedem Hochfahren bzw. Reset der ECU erneut geprüft. Dies macht das klassische Appplication-Valid-Flag wieder überflüssig.

Schutzziel Vertraulichkeit: Verschlüsselung
Komprimierung und Verschlüsselung sind in der Regel jeweils optional. In Kombination ist die Reihenfolge zuerst Komprimierung, danach Verschlüsselung ratsam – aufgrund der nicht effektiven Komprimierungsrate von verschlüsselten Daten. Die Arbeitsweise von Komprimierungsalgorithmen basiert auf der Ausnutzung vorhandener Redundanzen und Muster in den Daten. Eine gute Verschlüsselung hingegen reduziert Redundanzen und Muster auf ein Minimum, s. Abschn. 1.1.3.

Die Signatur soll über die Flashdaten (Daten, wie sie später im Flash gespeichert werden) berechnet werden – nicht über komprimierte oder verschlüsselte Daten. Wie könnte der Signierer verifizieren, dass er die richtigen Daten signiert, wenn sie komprimiert oder verschlüsselt, also in beiden Fällen nicht lesbar sind? Außerdem soll die Signatur auch die Integrität quasi von Ende-zu-Ende, also von der Software-Erstellung bis zum Flashspeicher sichergestellt werden. Die komprimierten oder verschlüsselten Daten werden final jedoch nicht im Flash gespeichert. In Abb. 5.12 werden

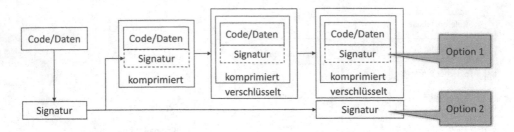

Abb. 5.12 Digitale Signatur für komprimierte und verschlüsselte Daten

zwei Möglichkeiten gegenübergestellt, wie die Signatur für komprimierte und verschlüsselte Software-Blöcke transportiert wird.

- Option 1: Die Signatur wird als Erweiterung an Code/Daten angehängt, ggf. mit
  komprimiert und verschlüsselt und final im Flash zusammen mit Code/Daten
  gespeichert. Eine erneute Prüfung ist nach der Programmierung jederzeit möglich.
- Option 2: Die Signatur wird nur übertragen – im Flashcontainer oder als UDS-
  Parameter innerhalb der Programmiersequenz. Spätestens nach Beendigung der
  Programmier-/Diagnosesession ist die Signatur nicht mehr vorhanden und eine
  erneute Prüfung ist nicht mehr möglich.

5.1.3.5 Welche Abhängigkeiten bestehen zu anderen Security-Bausteinen?

Sicheres Programmieren ist abhängig von mehreren anderen Security-Bausteinen:

- *Authentifizierter Diagnosezugang:* Überprüfung der Berechtigungen für die
  Programming-Session.
- *Secure Boot:* Aktualisierung der CMAC-Referenzwerte nach einem Software-Update.
- *Debug- und Entwicklungsschnittstellen* müssen verschlossen sein und dürfen keinen
  alternativen Weg zum Programmieren zur Verfügung stellen.
- *Log und IDS:* Meldung fehlgeschlagener Signaturprüfungen als mögliche Angriffs-
  versuche.
- *Production Site Security und Key Management:* Schlüssel erzeugen und sicher in das
  HSM transportieren.

5.1.4 Sichere und vertrauenswürdige Laufzeitumgebung

▶ **Definition** *Laufzeitumgebung* (engl. execution environment EE oder auch realtime
execution environment RTE): Die Laufzeitzeitumgebung ist eine Plattform zur Ausführung
von Anwendungen und beschreibt den dafür erforderlichen Kontext sowie Rahmenbedingungen und stellt Ressourcen wie Hardware- und Software-Infrastruktur bereit.

Für die Begriffe *sichere Laufzeitumgebung* (engl. secure execution environment oder SEE) und *vertrauenswürdige Laufzeitumgebung* (engl. trusted execution environment oder TEE) existieren zum Teil unterschiedliche Definitionen, s. [97].

In diesem Kapitel wird zunächst erläutert, wieso insbesondere die Laufzeitumgebungen von ECUs im Fahrzeugbereich Security-relevant sind. Außerdem werden verschiedene existierende Konzepte für SEE und TEE vor- und gegenübergestellt. Schließlich wird ein möglichst vollständiges Bild aller verfügbaren, technischen Lösungen zum Schaffen sicherer Umgebungen und zum Schutz von und vor der enthaltenen Software ausgearbeitet.

5.1.4.1   Wieso und wozu werden SEEs/TEEs benötigt?

Wieso werden sichere und vertrauenswürdige Ausführungsumgebungen benötigt? Bzw. wieso müssen (bestimmte) Ausführungsumgebungen sicher sein? Um diese Fragen zu beantworten, wird zunächst auf mögliche Schwachstellen von EEs hingewiesen und anschließend auf die relevanten Stärken der Angreifer aufmerksam gemacht.

Einerseits steigt mit den Multi-Core-/ bzw. Multi-Prozessor-Architekturen moderner ECUs und insbesondere HPCs die Hardware-Komplexität. Andererseits steigt damit einhergehend auch die Software-Komplexität für diese Rechnersysteme– u. a. bedingt durch Softwareprojekte mit mehreren Millionen Codezeilen und der Integration von Drittanbieterkomponenten. Beide Faktoren führen zur berechtigten Annahme, dass es in diesen Rechnersystemen Schwachstellen geben wird, die früher oder später bekannt werden und von Angreifern missbraucht werden können.

Auf der anderen Seite stehen die wachsenden Stärken der Angreifer. Ihre Fähigkeiten und Kenntnisse nehmen mit der Zeit zu. Umfangreiche und detaillierte Anleitungen für das *Car Hacking* sind im Internet und in einschlägigen Gruppen der Social Media frei verfügbar und werden zum Teil sogar von akademischer Seite propagiert. Das technische Equipment wird leistungsfähiger und günstiger. Die für *Seitenkanalangriffe* (engl. side channel attack, SCA) erforderliche Ausstattung war bis vor einigen Jahren beispielsweise noch zu aufwendig und zu teuer, weshalb SCA insgesamt als eher unwahrscheinliche Angriffsmethode eingestuft wurde.

Unter Berücksichtigung der oben aufgeführten intrinsischen Schwächen komplexer Rechnersysteme und den gleichzeitig wachsenden Fähigkeiten der Angreifer sieht das Angreifermodell trotz evtl. vorhandener Schutzmaßnahmen einen Angriff auf die Ausführung von Applikation sowie auf deren Ausführungsumgebung vor.

5.1.4.2   Wie können Ausführungsumgebungen geschützt werden?

Lösungsansatz
Der Lösungsansatz zur Absicherung von Ausführungsumgebungen besteht aus zwei Schritten: *Isolation* und *Trennung*. Zunächst wird eine sichere, isolierte Umgebung für schützenswerte und vertrauenswürdige Software (Code und Daten) geschaffen. Im

zweiten Schritt wird die sichere, vertrauenswürdige Software vom Rest, d. h. der möglicherweise unsicheren Software mittels Verlagerung in den sicheren, isolierten Bereich getrennt. Ziel der Trennung bzw. Separierung ist eine Verkleinerung der Angriffsoberfläche und eine Reduzierung der Machbarkeit eines Angriffs, weil eventuelle Schwachstellen im unsicheren Bereich keine Auswirkungen mehr auf Teile des sicheren Bereichs haben sollten. Ziel der sicheren Umgebung ist es außerdem, dessen enthaltenen Teile hinsichtlich Vertraulichkeit, Integrität und Verfügbarkeit vor Angriffen von außen zu schützen. Hierbei besteht die grundsätzliche Annahme, dass die in der sicheren Umgebung befindliche Software implizit vertrauenswürdig ist und hinreichend oder sogar vollständig formal getestet wurde.

Anforderungen und Merkmale

Das Schaffen einer sicheren Umgebung durch Isolation und Abtrennung erfolgt in zwei Dimensionen. Die *räumliche bzw. physische Trennung* (engl. spatial isolation) soll die Speicherbereiche, Register und zum Teil sogar Peripherie oder die CPU vom nicht-vertrauenswürdigen Bereich isolieren, beispielsweise mittels Speicherschutzmechanismen wie MPU. Die *zeitliche Trennung* (engl. temporal isolation) soll für eine robuste, performante, aber nicht kompromittierbare Aufteilung aller aufzuteilenden Ressourcen, insbesondere der Rechenzeit des (gemeinsamen) Prozessors, sorgen. Im so geschaffenen, abgetrennten Bereich werden der enthaltene Code und die Daten hinsichtlich Echtheit, Vertraulichkeit und Integrität vor Angriffen von außen geschützt, sowohl statisch, d. h. solange sie beispielsweise unberührt im Flashspeicher liegen oder die ECU abgeschaltet ist, als auch dynamisch, d. h. zur Laufzeit und während die Daten verarbeitet werden. Die Isolationsmechanismen müssen sicher sein, d. h. es darf keine Möglichkeiten zum Umgehen oder Aushebeln geben. Die Art und Weise der Trennung muss prüfbar und nachvollziehbar sein.

Nachdem oben erläutert wurde, wie die Trennung erfolgen kann, wird nachfolgend die Frage geklärt werden, was genau voneinander getrennt werden soll. Welche Software-Bestandteile sollen in die sichere Umgebung verlagert werden? Und: Gibt es nur eine sichere Umgebung innerhalb eines Systems?

Ein vergleichbares Vorgehen wie bei der E/E-Architektur kann auch für das Schaffen sicherer Umgebungen angewandt werden: der Entwurf von Domänen mit dem Zusammenfassen von Softwareeinheiten mit gleichartiger Funktion, Kritikalität oder Schutzbedarf. Wichtiges von weniger Wichtigem und Kritisches von weniger Kritischem zu trennen lautet hier das vorrangige Ziel. Die zugehörige Software (Code und Daten) wird in den getrennten Bereich verschoben und damit von den nicht Security-kritischen Teilen isoliert. Es können allerdings auch nicht Security-kritische Teile isoliert werden – zur Erhöhung der Angriffs- und Ausfallsicherheit.

Was ist *Security-kritisch?* Kryptographische Algorithmen und sämtliche Funktionen, die Operationen mit kryptographischem Material wie Schlüssel enthalten sind Security-kritisch. Dazu zählen u. a. Ver- und Entschlüsselung, Signaturerzeugung und

-verifizierung, Schlüsselerzeugung oder -ableitung. Kryptographische Schlüssel, insbesondere die geheimen Schlüssel, dürfen den geschützten Bereich nie verlassen. Daraus folgt, dass das Operieren mit dem Schlüsselmaterial ausschließlich innerhalb des geschützten Bereichs stattfinden darf.

Darüber hinaus können *vertrauenswürdige Anwendungen* (engl. Trusted Applications) ebenfalls in die Secure Domain verlegt werden. Wichtigste Kriterien für die Vertrauenswürdigkeit sind eine ausreichende Testtiefe sowie ausführliche Reviews.

Existierende Konzepte für SEEs/TEEs
Die Autoren von „Trusted Execution Environment: What It is, and What It is Not", s. [97], haben verschiedene Definitionen für *SEE* und *TEE* untersucht um anschließend eine übersichtliche Beschreibung des Konzepts *TEE* darzustellen. Der Industrieverband *Global Platform* liefert zudem mit seiner Spezifikation für eine TEE-Systemarchitektur eine wichtige Referenz, vgl. *Hintergrundinformationen zu Global Platform TEE*. Von einem Konzept bis zu einer für die Automobilindustrie tauglichen, konkreten Lösung ist es jedoch noch ein weiter Weg. Der Begriff *SEE* wird unter anderem zwar in [116] aufgegriffen jedoch existiert auch hierfür keine allgemeingültige Definition. Zusammengefasst lässt sich sagen, dass keine einheitliche, durchgängige Definition bzgl. des Begriffs *sichere Ausführungsumgebung* existiert. Deshalb werden im folgenden Abschnitt basierend auf den oben genannten Quellen ein entsprechendes technisches Konzept modelliert und geeignete Merkmale definiert.

Hintergrund

Global Platform TEE
Was ist TEE?
Eine *Trusted Execution Environment* (TEE) ist eine Laufzeitumgebung, die ausschließlich vertrauenswürdige Komponenten enthält und die Integrität und Vertraulichkeit ihres Codes, ihrer Daten sowie ihres dynamischen Zustands zur Laufzeit sicherstellt.

Voraussetzung ist eine nicht-kompromittierbare Hardware-Plattform, die dazu fähig ist, ihre Ressourcen in vertrauenswürdige und nicht-vertrauenswürdige Bereiche aufzuteilen, wodurch (mindestens) zwei voneinander isolierte Laufzeitumgebungen entstehen: die vertrauenswürdige Laufzeitumgebung (TEE) und die normale, nicht vertrauenswürdige Laufzeitumgebung, die aufgrund ihres umfangreicheren Funktionsumfangs auch *Rich Execution Environment* (REE) genannt wird.

Eine TEE bietet somit innerhalb eines Systems voneinander getrennte Bereiche für die isolierte und sichere Ausführung von Software an. Die Trennung geht dabei über die typischen Fähigkeiten eines Hypervisors hinaus, sodass neben Speicher und Prozessor(en) alle weiteren HW-Ressourcen wie etwa Peripheriegeräte aufgeteilt werden können, s. [122].

Standardisierung: GP TEE

Der Industrieverband *Global Platform* (GP) veröffentlichte bereits 2010 die erste Spezifikation für eine TEE und legte damit dem Grundstein für weitere Entwicklungen. Mittlerweile schaffte GP einen branchenübergreifenden Industriestandard für TEEs. Die Spezifikationen beschreiben die TEE-Systemarchitektur, mehrere API-Spezifikationen, das *TEE-Management-Framework,* sowie das *TEE-PP* – das Protection Profile für den Nachweis der CC-Konformität.

Hardware-Technologien

Trotz des Industriestandards existieren unterschiedliche Interpretationen und Sichtweisen in Industrie und Forschung, die mehr oder weniger vom GP TEE Standard abweichen. Beschreibt eine TEE nur Software und nicht Hardware? Muss eine TEE aktualisierbar, programmierbar und konfigurierbar sein, oder nicht?

Verschiedene Hardware-Hersteller stellen Technologien bereit, um auf ihrer Plattform eine TEE zu ermöglichen und zu unterstützen. Dazu zählen *TPM, Secure Element, SmartCard,* Intel *Security Extension,* ARM *TrustZone,* AMD *Secure Encrypted Virtualization* (SEV), und viele weitere.

Diese Technologien haben gemeinsam, dass sie auf eine bestimmte Art und Weise einen sicheren Bereich zur Ausführung vertrauenswürdiger Funktionen zur Verfügung stellen, abgetrennt vom restlichen System.

Die sich unterscheidenden Merkmale sind vielfältig:

- Implementierung auf externen (TPM, SE, SmartCard) oder internen (Evita HSM) Coprozessoren
- Implementierung auf dem Hauptprozessor (ARM TZ, Intel Security Extension) für ein optimales Maß an Ressourcen, Performanz und Flexibilität.
- Hardware-/Software-Architektur und Schnittstellen zum normalen Bereich bzw. Anbindung an das Gastgebersystem: SEs und SmartCards stellen ihre Dienste als externe Hardwarebausteine über eine dedizierte Schnittstelle zur Verfügung, wohingegen eine ARM TZ als zweite Partition innerhalb desselben Gastgebersystems zu sehen ist. TPMs sind darüber hinaus nicht einmal frei programmierbar, sondern besitzen i. d. R. einen vorgegebenen Funktionsumfang.
- Wie gut und wie strikt sind die Isolationsmechanismen? Ist die TEE manipulationssicher?
- Besteht die Möglichkeit, mehrere Partitionen zu erstellen?
- Für welche Anwendungsgebiete wurde die jeweilige Lösung entwickelt?

Die Hardware-Technologie bestimmt einerseits die Isolationsmechanismen und damit auch die Anbindung an das Gastgebersystem. Andererseits bestimmt sie damit auch die Security-Eigenschaften der TEE. Die *ARM TrustZone* ist bei Embedded Systemen die am weitesten verbreitete Technologie, die innerhalb eines Gastgebersystems die Realisierung eines zweiten, sicheren Bereichs für eine TEE ermöglicht.

Lösungen

- *Trusty TEE:* Trusty TEE basiert auf der Technologie der ARM TrustZone und ist Bestandteil des Android Open Source Projekts (AOSP).
- *OP-TEE:* Das Open Portable TEE wurde ursprünglich von ST-Ericsson und danach von STMicroelectronics und Linaro entwickelt. OP-TEE unterstützt zahlreiche ARM-Plattformen, basiert ebenfalls auf der Technologie der ARM TrustZone und unterstützt größtenteils die APIs von GP-TEE.
- *Open TEE:* Open-TEE ist eine Entwicklung *des Intel Collaborative Research Institute for Secure Computing* und erfüllt die GP-Spezifikationen.
- *Trustonic TEE:* Die Trustonic TEE ist eine kommerzielle Lösung, die ebenfalls auf der Technologie der ARM TrustZone basiert und überwiegend die GP-Spezifikationen erfüllt. ◄

Ausarbeitung des Lösungsansatzes sichere Ausführungsumgebung
Ein gemeinsamer Lösungsansatz basierend auf den oben referenzierten SEE- und TEE-Definitionen beinhaltet einerseits die Anforderung, die sichere Umgebung bezüglich der üblichen Schutzziele, s. Abschn. 1.1.2, vor Angriffen von außen zu schützen. Andererseits soll die sichere Umgebung gegenüber dem unsicheren Rest eine übergeordnete Rolle spielen. Dieses sog. *Normal-World/Secure-World-Prinzip* lässt für Anwendungen der *Secure World*, d. h. der sicheren Umgebung, den Zugriff auf Ressourcen des Gesamtsystems zur Ausführung bestimmter Securityfunktionen zu. Dieser Vollzugriff auf den gesamten Speicher ist beispielsweise für die Secure Boot-Prüffunktion erforderlich.

Anhand der denkbaren Bedrohungen und Anwendungsfälle lassen sich die wichtigsten Voraussetzungen, die für eine sichere Umgebung zwingend umzusetzen sind, ableiten:

- Die Isolation(-smechanismen) der sicheren Umgebung muss für deren Integrität, Authentizität und Vertraulichkeit garantieren, d. h. die Security-kritischen bzw. vertrauenswürdigen Anwendungen und Daten können ohne Zugriff oder Beeinflussung von außen ausgeführt werden.
- Speichern und Operieren mit kryptographischem Material (Schlüssel) finden innerhalb der sicheren Umgebung und damit ohne Möglichkeit des Zugriffs von außen statt. Dies setzt einen für die sichere Umgebung exklusiven Speicherbereich voraus, der zudem vor Seitenkanal-Angriffen geschützt ist.

Darüber hinaus werden von einer sicheren Ausführungsumgebung zusätzliche, unterstützende Merkmale und Funktionen gefordert:

- Einen *sicheren Speicherplatz* zur Ablage von Zertifikaten, Konfigurationen, Logdateien, etc. Diese sollte ebenfalls vor Zugriffen von außen schützen, muss aber seine Inhalte nicht verschlüsseln.
- *Secure bzw. Authenticated Boot:* Aus der sicheren Ausführungsumgebung kann auf den Speicher des unsicheren Bereichs zugegriffen werden und im Falle von Secure

Boot kann der Bootprozess des unsicheren Bereichs (Host) vom sicheren Bereich aus kontrolliert werden. Im Falle von Authenticated Boot muss die sichere Umgebung ein *Remote Attestation Protocol* anbieten/unterstützen, vgl. [103].

- *Zufallszahlengenerator* mit einer ausreichend guten Entropiequelle, s. [13], als Basis für verschiedene kryptographische Funktionen.
- *Monotone Zähler,* u. a. für Freshnessvalue.
- *Eindeutige IDs* der Chips in Form von Seriennummern oder Schlüsseln. Zum Verhindern von ECU-Cloning und zum Erzeugen/Ableiten von ECU-spezifischen Schlüsseln und Zertifikaten.
- *Updatefähigkeit,* Programmierbarkeit und Möglichkeiten für Key-/Zertifikat-Provisioning/-Injection.
- *Ausführungsumgebung* für eigene Applikationen, die im sicheren Bereich gespeichert und ausgeführt werden können.

Multi-TEE-Architektur
Zusätzlich zur Security-Domäne können weitere sichere, isolierte Bereiche eingerichtet werden, z. B. für Safety-Funktionen oder ADAS-Funktionen.

5.1.4.3 Welche Off-The-Shelf-Lösungen existieren für den Schutz von Ausführungsumgebungen?
Die verschiedenen existierenden Lösungen für Hardware-Securitymodule werden in drei Kategorien eingeteilt:

- dedizierte Hardware-Security-Module.
- CPUs mit Hardware-unterstützte Trennung der Software oder auch *Separation Kernel.*
- CPUs mit Hardware-unterstützte *Virtualisierung.*

5.1.4.3.1 dedizierte Hardware-Security-Module
Der Zweck dedizierter *Hardware-Securitymodule* ist das Schaffen einer vertrauenswürdigen Instanz innerhalb der ECU oder sogar innerhalb einer CPU. Wesentliche Merkmale eines HSMs sind sein *sicherer Schlüsselspeicher* und die *sichere Ausführung* kryptographischer Algorithmen, vgl. [116].

Gegen eine reine Software-Implementierung und damit für eine zumindest teilweise Hardware-gestützte Lösung des SEE-/TEE-Konzepts sprechen folgende Gründe:

- Hardware-Schutzmaßnahmen wie etwa Fuses und OTP-Speicher sind in der Regel wesentlich schwerer zu umgehen als vergleichbare Software-Maßnahmen und sind daher als vertrauenswürdiger einzustufen.
- Rechenaufwändige kryptographische Verfahren können mit Hardware-Implementierungen, u. a. mit speziellen Kryptobeschleunigern, eine höhere Performanz aufweisen als reine Implementierung in Software.
- Das Vertrauen in Hardware-Lösungen ist aufgrund der besseren Prüfmöglichkeit, Nachvollziehbarkeit und auch Unveränderlichkeit tendenziell höher als in Software-Lösungen.

Eine Teilaufgabe des EVITA-Projekts [116] bestand darin, einen möglichen Entwurf für Hardware-Securitymodule zur Absicherung der Fahrzeugarchitektur zu erarbeiten. Hier für wurden unterschiedliche existierende Lösungen hinsichtlich verschiedener Parameter mit den EVITA-HSM-Vorschlägen verglichen. S. [116, Tab. 5]. Es folgt eine detaillierte Beschreibung der verschiedenen Lösungen.

HIS SHE

Die *Secure Hardware Extension* (SHE) wurde 2009 von der *Herstellerinitiative Software* (HIS) als Security-Erweiterung mit dem vorrangigen Ziel, kryptographische Schlüssel vor Software-Angriffen zu schützen, spezifiziert. Das sog. SHE-Modul definiert eine sichere Umgebung innerhalb eines Mikrocontrollers, bestehend aus drei Komponenten:

- eine *Steuereinheit,* als einzige Schnittstelle zwischen der sicheren Umgebung und der CPU des Mikrocontrollers. Sie beinhaltet lediglich die von HIS definierten Schnittstellen und stellt damit einerseits der Applikationssoftware verschiedene kryptographische Funktionen zur Verfügung. Andererseits isoliert die Steuer-einheit die sichere Umgebung, insbesondere die kryptographischen Schlüssel vom Rest des Mikrocontrollers und verhindert somit einen direkten Zugriff von außen, genauer gesagt von der CPU. Selbst eine kompromittierte CPU könnte nur die SHE-Schnittstellen aufrufen und hätte keine Möglichkeit, Geheimnisse wie Schlüssel aus der sicheren Umgebung zu extrahieren.
- ein AES-128-*Kryptomodul* mit Ver-/Entschlüsselungsfunktion, CMAC-Berechnung und -Verifikation, und einer Einweg-Komprimierungsfunktion (Miyaguchi-Preneel).
- ein *Speichermodul* für persistente (ROM) und nicht-persistente (RAM) Daten – insbesondere für AES-Schlüssel und MAC-Werte.

Ein Vorteil des SHE-Moduls ist sein klar definierter Funktionsumfang, der als *Finite State Machine* effizient in Hardware, etwa in einem FPGA, implementierbar ist. Auf diese Weise können Manipulationen der Software kategorisch ausgeschlossen werden.

EVITA-HSM

Zur Absicherung der fahrzeuginternen elektronischen Komponenten und deren Kommunikation (Bussysteme) wurden im Rahmen des *EVITA-Projekts* mögliche Lösungen für Hardware-basierte Security Module gesucht. Dabei wurden unterschied-liche neue und vorhandene Lösungsansätze miteinander verglichen, u. a. hinsichtlich ökonomischer Aspekte, Ressourcenbedarf, off-chip vs. on-chip, fest-programmiert vs. frei-programmierbar, etc.

EVITA kam zum Ergebnis, dass die Kombination „on-chip+programmierbar" in Bezug auf die Sicherheit die beste Lösung darstellt, weil die Kommunikation zwischen (on-chip)-HSM und CPU schwieriger abzuhören und zu manipulieren ist als bei einem off-chip-HSM, der etwa über eine SPI-Verbindung mit der CPU kommuniziert. In Bezug auf die Kosten ist eine on-chip-Lösung ebenfalls vorteilhaft, weil kein zusätzlicher Raum und keine zusätzlichen Leiterbahnen auf der Platine der ECU benötigt werden. Software-Fehler

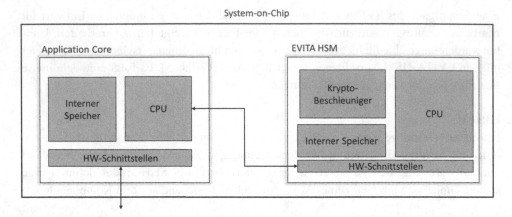

Abb. 5.13 SoC mit HSM

oder -Schwachstellen können theoretisch über die gesamte Produktlebensdauer hinweg durch eine Reprogrammierung der HSM-Software korrigiert werden. Diese Flexibilität ist gegenüber Modulen mit unveränderlicher Soft- bzw. Firmware ebenfalls ein Vorteil.

EVITA definiert drei HSM-Varianten mit jeweils maßgeschneiderten Funktions-umfängen und Ressourcen für bestimmte Anwendungsfälle innerhalb der E/E-Architektur:

- *Evita Full:* zur Absicherung der V2X-Kommunikation, hoch performant und zeitkritisch, zur Telematikeinheit bzw. Connectivity-Einheit mit V2X-Funktionalität zugeordnet.
- *Evita Medium:* zur Absicherung der fahrzeuginternen Buskommunikation – allen Busteilnehmern (quasi allen ECUs) zugeordnet –
- *Evita light:* zur Absicherung der Kommunikation mit Sensoren und Aktuatoren, Kosten- und Ressourcen-sparend, Funktionsumfang und Konfiguration statisch

Abb. 5.13 zeigt ein vereinfachtes Blockdiagramm eines SoC mit HSM, bestehend aus dem normalen Applikationskern mit CPU, Speicher und Hardware-Schnittstellen, sowie dem *EVITA*-HSM-Kern, bestehend aus einer separaten CPU, separatem Speicher und einem Hardware-Beschleuniger für bestimmte kryptographische Algorithmen. Über die Hardware-Schnittstelle kann die Haupt-CPU mit dem HSM kommunizieren. Ein direkter Zugriff, beispielsweise auf den HSM-internen Speicher ist von außerhalb der HSM-Grenzen nicht möglich.

Dieses Blockdiagramm gilt prinzipiell für alle drei Evita-HSM-Varianten. Wesentliche Unterschiede gibt es hinsichtlich der CPU: Für die *Full-Variante* wird verglichen mit der *Medium-Variante* eine leistungsstärkere CPU empfohlen. Die *Light-Variante* kommt gänz-lich ohne CPU aus und stellt letztendlich nur einen sicheren Speicher für Schlüssel und Secure-Boot-Referenzwerte dar. Ein weiterer Unterschied besteht hinsichtlich der Unter-stützung kryptographischer Verfahren. Für die Absicherung der V2X-Kommunikation ist eine performante Ausführung der ECC-Algorithmen erforderlich. Hierfür wird für die *Full-Variante* ein entsprechender Hardware-Beschleuniger empfohlen.

Die *EVITA*-Empfehlungen für die drei HSM-Varianten geben lediglich die Leitplanken für die Hardware-Spezifikationen vor. Der genaue funktionale Umfang des HSMs, sowie weitere Eigenschaften wie Performanz werden auch durch die Software bestimmt und sind somit abhängig vom jeweiligen HSM-Software-Lieferanten.

TPM

Ein *TPM* ist ein von der TCG spezifiziertes Modul, das bislang typischerweise als Vertrauensanker im PC-Umfeld, also im Bereich der IT-Security eingesetzt wird. Es kann sowohl als dediziertes Hardware-Modul als auch in einer virtualisierten Umgebung (s. *Virtualisierung*) implementiert werden. Die Hardware-Architektur von TPMs ähnelt der von *EVITA*-HSMs. Der *TPM Software Stack* (TSS) wurde für verschiedene Plattformen, u. a. PCs, Embedded, Virtualisierung und mobile Endgeräte entwickelt.

Als separate Hardware-Bausteine werden TPMs von den Halbleiterherstellern oftmals inklusive einer *EAL4+-Zertifizierung* angeboten, was gegenüber den Standard-Automotive-HSMs ein Alleinstellungsmerkmal darstellt. Der große Funktionsumfang des TPM-Moduls wurde im sogenannten *Automotive Thin Profile* der TPM 2.0 Spezifikation [104] zugunsten des Ressourcenbedarfs an die Anforderungen des Automotive-Bereichs reduziert und angepasst. Außerdem wurden die Anforderungen der Automobilbranche, u. a. Temperaturfestigkeit, Vibrations- und Stoßfestigkeit, Ressourcenbeschränkung und Updatebarkeit berücksichtigt.

Obwohl TPMs funktional den *EVITA*-HSMs ebenbürtig sind, bestehen folgende Nachteile, die zumindest teilweise die geringe Verbreitung von TPMs in den aktuellen Fahrzeugplattformen erklären können:

- Es entstehen hohe Kosten, falls TPMs als off-chip-Lösung verwendet werden.
- Unter den OEMs gibt es keine gemeinsame Marschrichtung in Bezug auf Auswahl und Anwendung von Hardware-Securitymodulen. Selbst *EVITA* definiert nur eine grobe Klassifikation – mit großem Spielraum hinsichtlich der Verwendung und Integration. Die führte dazu, dass die aktuellen Automotive SoCs mit *EVITA*-HSMs und Software mit teilweise höchst unterschiedlichen Anforderungen der OEMs und deshalb kostspielig entwickelt wurden und aktuell erst richtig Fuß fassen. Ein Umstieg auf eine TPM-Lösung scheint schon allein aus kommerziellen Gründen erst in den kommenden Fahrzeuggenerationen denkbar.

Sicherheitselement (engl. Secure Element)

Ein *Secure Element* ist eine manipulationssichere Hardware-Plattform zur Speicherung und Ausführung von Anwendungen mit hohem Schutzbedarf. Die typische Hardware-Architektur besteht aus einer Single-Chip-Plattform mit Speicher, Kryptobeschleuniger und Hardware-Schnittstellen zur Übertragung von Daten und Befehlen. SEs existieren in unterschiedlichen Bauformen wie etwa Smartcards, SIM-Cards oder *embedded SE*. Ihre Software wird funktional an bestimmte Anwendungsgebiete angepasst und optimiert, beispielsweise für Bankkarten oder für Mobiltelefone.

Automotive SE sind auf dem Markt für verschiedene Anwendungsgebiete verfügbar, u. a. für die Absicherung der V2X-Kommunikation oder für den sicheren Aufbau von TLS-Tunneln zwischen Fahrzeug und Backend-Servern.

Wie oben bereits erwähnt wurde gibt es in Bezug auf die Integration und Anwendung von Hardware-Securitymodulen keine einheitliche, OEM-übergreifende Lösung oder ein einheitliches Vorgehen. Die existierenden Lösungen konkurrieren miteinander, da nicht nur technologische, sondern auch kommerzielle Interessen unterschiedlicher Stakeholder dahinterstehen.

Die *EVITA*-HSM-Definitionen sind keine klaren Spezifikationen, sondern nur Leitplanken. Detaillierte (und aufwändige) Abstimmungen zwischen Hardware-/Software-Lieferanten und OEMs sind demnach erforderlich. Ein HSM besteht letztendlich aus Hardware und Software, weshalb die genauen Funktionsumfänge stark voneinander abweichen können. Somit muss für jeden Anwendungsfall eine geeignete Lösung gefunden werden.

Seit der Veröffentlichung der ersten Spezifikationen für SHE-Module oder HSMs fanden einige Veränderungen statt. Zum einen schritt die Entwicklung vernetzter Fahrzeuge, die mit V2X-Infrastruktur und Backend über externe Kommunikationskanäle Daten austauschen, voran. Zum anderen stiegen für die Entwicklung autonom fahrender Fahrzeuge die Anforderungen an die E/E-Architektur. Leistungsstarke Domänen-controller bzw. Zentralrechner sowie Automotive Ethernet-Backbones führen heute – auch bezogen auf Security – zu höheren Anforderungen.

Aktuell sind allerdings die SHE-Module, *EVITA*-HSMs und tlw. TPM 2.0 als dedizierte Hardware-Securitymodule die wichtigsten Vertreter für den Einsatz im Fahrzeug. Zusätzlich kommen Vertreter weiterer Technologien ins Spiel: Microcontroller mit *Separation Kernel* und *Hardware-unterstützte Virtualisierung,* s. folgender Abschnitt.

Auf dieser Grundlage sind der heutige und der zukünftige Schutzbedarf zu bewerten und in die Auswahlkriterien geeigneter SEE/TEE-Lösungen einzufließen. Neue Anwendungsfälle, z. B. externe Kommunikationsverbindungen, erfordern neue Security-Lösungen, z. B. TPM für DTLS-Kommunikation oder eSIM für zellulare Kommunikation oder SE für V2X-Kommunikation. Außerdem kommen ggf. (neue) Anforderungen hinsichtlich (CC/EAL)-Zertifizierung für die Zulassung vernetzter und autonomer Fahrzeuge hinzu.

5.1.4.3.2 Hardware-unterstützte Trennung der Software: *Separation-Kernel*

Idee: Trennung der Software in zwei Bereiche, *normal* und *secure,* die auf derselben Hardware-Plattform ausgeführt werden. Beide *Welten* teilen sich zunächst sämtliche physische Ressourcen wie Speicher, CPU, Peripherie, s. Abb. 5.14 Teil a. Die Hardware-Plattform unterstützt bzw. erzwingt die Trennung, indem sie sicherstellt, dass die *Normal World* in keiner Weise die *Secure World* kompromittieren kann oder auf Daten und innere Zustände zugreifen kann. Die Ausführung beider Welten erfolgt pseudo-parallel durch einen Kontext-Switch, der von der Hardware erzwungen wird.

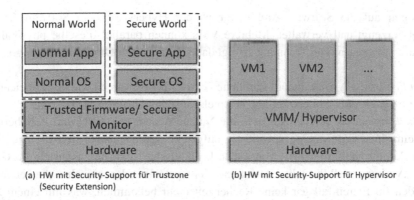

(a) HW mit Security-Support für Trustzone
(Security Extension)

(b) HW mit Security-Support für Hypervisor

Abb. 5.14 Gegenüberstellung von Trustzone und Hypervisor

Die *Secure World* kann beliebig programmiert werden und kann beispielsweise Security-kritische und vertrauenswürdige Funktionen und Daten beinhalten – also beispielsweise eine Basis für eine TEE bieten.

In Teil a der Abb. 5.14 wird eine Hardware mit Security-Support für Trustzone *(Security Extension)* einer Hardware mit Security-Support für einen *Hypervisor* (Teil b) gegenübergestellt.

Die bekanntesten Beispiele für sog. *Separation Kernel* bzw. CPU *Security Extensions* auf dem Markt sind die *ARM TrustZone (ARM TZ)* sowie die *Intel Trusted Execution Technology (TXT)*.

Diese Technologie besitzt allerdings auch Schwächen. Die Trennung zwischen beiden Welten ist nicht physischer Art – wie etwa bei einem dedizierten Hardware Security Modul. *Normal World* und *Secure World* teilen sich die Hardware-Ressourcen. Diese Eigenschaft ermöglicht verschiedene Angriffsmethoden auf die Secure World, wie etwa den Cache-Attack [71].

5.1.4.3.3 Hardware-gestützte Virtualisierung

Was ist Virtualisierung? Der Begriff *Virtualisierung* beschreibt eine Technologie zum Erzeugen, Verwalten und Betreiben von Simulationen echter Hardware-Ressourcen. Bezogen auf Automotive oder Embedded Security kann Virtualisierung bei den eingangs definierten Schritten *Trennen und Isolieren* zum Erzeugen sicherer und vertrauenswürdiger Ausführungsumgebungen unterstützen.

Eine übergeordnete, überwachende Instanz, der sog. *Hypervisor*, erzeugt virtuelle Versionen, d. h. Nachbildungen realer Hardware-Ressourcen für Ausführungsumgebungen (CPU, Speicher, Peripherie, Bussysteme, etc.) und schafft somit *Virtuelle Maschinen* (VM). Der Hypervisor ist sinnbildlich der Gastgeber (engl. host) für eine oder mehrere VMs oder *Gastsysteme*. Jede VM besitzt jeweils eine eigene Nachbildung von Prozessor(en), Speicher, Netzwerk, etc. und können jeweils eigene Betriebssysteme und Applikationen beinhalten.

Bezogen auf die Software-Architektur ist der Hypervisor eine Software-Schicht, die VMs erzeugt und verwaltet. Mehrere VMs können parallel dieselbe physikalische Hardware verwenden. Die Trennung erfolgt dabei in mehreren Dimensionen:

- *räumlich bzw. physisch,* indem sämtliche Hardware-Ressourcen wie etwa Speicher für die einzelnen VMs isoliert werden, beispielsweise mittels einer MMU.
- *zeitlich,* indem die Rechenzeit bzw. die Nutzungsdauer von CPU und Peripherie für die einzelnen Gastsysteme zuverlässig aufgeteilt werden. Dabei darf die Aufteilung nicht kompromittierbar bzw. von außen beeinflussbar sein, da ansonsten die Gefahr des „Verhungerns" besteht. Betroffene Gastsysteme oder einzelne Anwendungen würden im Extremfall gar keine Rechenzeit mehr bekommen, was mit einem DoS-Angriff vergleichbar ist.
- *horizontal:* Die VMs kennen ihren Host bzw. die reale Hardware nicht und können auch nicht (beliebig) darauf zugreifen.
- *vertikal:* Die VMs wissen nichts von weiteren VMs und können auch nicht auf deren Ressourcen zugreifen.

Der Nutzen für Security besteht in der Möglichkeit mithilfe von Hardware-gestützter Virtualisierung *sichere und vertrauenswürdige Ausführungsumgebungen* zu schaffen. Im Gegensatz zur TrustZone-/ bzw. Trusted Execution Technologie können mittels Virtualisierung auf einer Rechnereinheit nicht nur eine sichere Umgebung erstellt werden, sondern mehrere. So könnten verschiedene Safety- oder Security-relevanten Domänen voneinander isoliert werden.

Im Embedded Bereich und insbesondere im Automotive-Bereich sind derartige Virtualisierungslösungen noch wenig verbreitet. Grund ist zum einen die systematische Ressourcenknappheit bzw. Ressourcen-Kosten-Effizienz und zum anderen das vorsichtige und zögerliche Abwägen zwischen den etablierten deterministischen und echtzeitfähigen Systemen gegenüber neuartigen, komplexen und teilweise virtuellen Systemen.

Anforderungen an den Hypervisor Fehler im Hypervisor wie etwa eine unvollständige, lückenhafte Isolierung zwischen VMs, können ggf. für Angriffe ausgenutzt werden. Damit die Korrektheit in Entwurf und Implementierung des Hypervisors nachweisbar und validierbar ist, muss sein Quellcode möglichst klein, einfach und verständlich sein.

Der Hypervisor erzwingt anhand definierter Regeln (Security Policy) die oben aufgeführte zeitliche und räumliche Trennung. Hierfür kontrolliert er die Speicheraufteilung, um illegale Speicherzugriffe zu verhindern. Außerdem kontrolliert er das sog. *Scheduling,* um die Nutzung der CPU-Rechenzeit (Zeitpunkt und Dauer) unter den einzelnen Anwendungen aufzuteilen. Bei den Übergängen zwischen der Ausführung einer VM und der Ausführung einer anderen VM sorgt der Hypervisor mittels eines sicheren *Context-Switchings,* dass keine gegenseitige Beeinflussung oder sogar

Übergriffe möglich sind. Der Austausch von Daten oder auch das Aufrufen von Schnitt-stellen zwischen VMs erfolgt stets indirekt über den Hypervisor.

Anforderungen an die Hardware-Unterstützung Wieso wird für die Virtualisierung überhaupt eine Hardware-Unterstützung benötigt?

Grundsätzlich ist Virtualisierung auch ohne besondere *Hardware-Unterstützung* mög-lich etwa beim sog. *Hypervisor-Typ II*, der als Software-Anwendung selbst keine direkte Verknüpfung zur Hardware des Rechnersystems besitzt. Die Hardware-Unterstützung bringt allerdings einige Vorteile mit sich. Zum einen genießen Implementierungen in Hardware im Allgemeinen ein höheres Maß an *Vertrauen,* weil Manipulationen nicht oder nur schwer machbar sind. Ein weiterer Vorteil ist die höhere *Performanz* von Hardware-Implementierungen. Mit der Verlagerung von Funktionen in Hardware kann die Software entsprechend verschlankt werden. Aus oben genannten Gründen ist ein ein-facher, testbarer, verifizierbarer Hypervisor als Vertrauensanker erstrebenswert.

Die verschiedenen Halbleiterhersteller bieten z. T. verschiedene Mechanismen zur Hardware-seitigen Unterstützung von Hypervisoren an. So wurde in der ARMv7-Architektur u. a. der sog. *Hypervisor-Modus* (kurz: HYP-Mode), ein neuer *Privilege-Level* für Hypervisoren in der *Normal World*, hinzugefügt. Hypervisoren werden dadurch höher privilegiert und können die weniger privilegierten VMs unterbrechen und ggf. beenden. Außerdem können, unterstützt von der Hardware, Speicherbereiche und Peripheriekomponenten der sicheren Ausführungsumgebung zugeordnet und damit vom normalen Bereich getrennt werden, s. [5, 110]. Andere Halbleiterhersteller bieten vergleichbare Mechanismen an.

Security-Schwächen Angriffe auf den Hypervisor sind grundsätzlich besonders attraktiv, weil er potenziell Kontrolle und Zugriff auf alle VMs besitzt. Aufgrund der mächtigen Rolle des Hypervisors (er kontrolliert Speicherzugriffe, Ressourcen, etc.) muss die korrekte Funktionsweise des Hypervisors sichergestellt werden. Verschiedene Forschungsergebnisse weisen allerdings darauf hin, dass auch die *Isolationsmechanis-men* von Hypervisoren Lücken aufweisen können. In einer Studie untersuchten Jithin und Chandran [64] die Isolationsmechanismen von VMs und wiesen auf existierende Schwachstellen hin. Sie nannten unter anderem existierende Angriffsmethoden wie etwa *Malware-Angriffe* und *Covert Channel Attacks.* Letztgenannte Angriffsmethode basiert auf „verborgenen" (engl. covert) Kanäle zwischen VMs, über die Informationen unerlaubt und vom Hypervisor unerkannt ausgetauscht werden können.

Anwendungen Ein zentraler Anwendungsfall für die Virtualisierung ist die Erzeugung voneinander unabhängiger, isolierter (Ausführungs-)Umgebungen, die sich nicht gegen-seitig beeinflussen können. Die Auswirkungen von möglicherweise vorhandenen Security-Schwächen bleiben auf den betroffenen Bereich beschränkt und können die definierten Grenzen nicht überschreiten. Umgebungen können somit auch nicht-vertrauenswürdige (engl. untrusted) Software beinhalten, beispielsweise Software-Komponenten von

Drittanbietern, die unzureichend getestet wurde oder zu komplex ist, s. *Hintergrund-*
informationen zu Sandboxing und Containerizing.

Hintergrund

Sandboxing und Containerizing
Sowohl *Containerisation* als auch *Sandboxing* sind Methoden zur Isolierung von
nicht-vertrauenswürdigen Anwendungen.

Container Bei der sog. Containerisierung wird nicht die Hardware virtualisiert, wie
etwa bei einem Hypervisor, der Virtuelle Maschinen bereitstellt. Vielmehr arbeiten
Container auf Betriebssystemebene und stellen voneinander isolierte, logische
Umgebungen (User-Spaces) zur Ausführung von Anwendungen zur Verfügung.
   In Bezug auf Security haben Container den Vorteil, dass ihre enthaltenen Anwendun-
gen in getrennten Umgebungen ausgeführt werden und Anwendungen in anderen
Containern nicht sehen können. Für jeden Container können Ressourcen und Privilegien
individuell definiert werden. Alle Container teilen sich jedoch denselben Kernel,
wohingegen ein Hypervisor jeder Virtuellen Maschine einen eigenen Kernel bereitstellt.
Die Trennungsmechanismen eines Hypervisors greifen demnach tiefer in das System ein.

Sandbox Eine Sandbox ist eine Umgebung, in der Anwendungen gefahrlos ausgeführt und untersucht werden können. Die Ressourcen können für die enthaltene
Anwendung eingeschränkt werden. Für das Gastgebersystem besteht theoretisch kein
Risiko durch eine Beeinflussung oder Störung. Schaden, den eine Anwendung verursachen könnte, bleibt auf die Sandbox beschränkt. ◄

Neben diesem sog. *Sandboxing* können mittels Virtualisierung weitere Architekturziele
wie etwa die Isolierung von Peripherietreiber umgesetzt werden.
   Da virtuelle Umgebungen per Software definiert werden, können sie auch per Software-
Update hinzugefügt, verändert oder entfernt werden. Diese Dynamik ermöglicht auch
eine Optimierung des Funktionsumfangs. Die Robustheit virtueller Umgebungen kann
u. a. durch das Entfernen überflüssiger, ungenutzter oder ungetesteter Funktionen erhöht
werden. Die Wahrscheinlichkeit für enthaltene Schwächen sinkt dadurch ebenso wie die
Wahrscheinlichkeit für zufällige Störungen, die von fehlerhafter Software ausgehen.
   Die Ausführung mehrerer VMs, d. h. mehrere Anwendungsdomänen innerhalb einer
Hardware-Umgebung, kann sinnvoll sein, falls beispielsweise verschiedene Betriebs-
systeme gleichzeitig zum Einsatz kommen sollen, beispielsweise eine Echtzeit-
Umgebung mit einem *Classic-Autosar*-Stack und eine *POSIX*-basierte Umgebung mit
Adaptive-Autosar-Stack.
   Eine spezielle Ausprägung von Security-VMs sind TEEs nach der Spezifikation von
Global Platform. Eine TEE stellt typischerweise den anderen VMs, insbesondere der
eigentlichen Anwendungs-Software über eine definierte Schnittstelle Kryptofunktionen
zur Verfügung. Die Kommunikation bzw. der Datenaustausch zwischen Anwendung und

TEE erfolgt über die vom Hypervisor bereitgestellte Interprozess-Kommunikation, da ein direkter Austausch nicht möglich ist.

5.1.4.4 Exemplarische Anwendung in der Fahrzeugarchitektur

Ziel ist es, für das *Securitykonzept* des gesamten Fahrzeugs eine optimale Kombination aus allen verfügbaren Hardware-Security-Bausteinen und Software-Lösungen wie Virtualisierung zu finden. Dabei müssen verschiedene Gesichtspunkte berücksichtigt werden, u. a. Funktionsumfang, Kosten, Zertifizierung, Kundenakzeptanz, Performanz, Wiederverwendbarkeit, Wartbarkeit (LTS, Krypto-Agilität). Ziel ist es nicht eine Zentral-Lösung, quasi als eierlegende Wollmilchsau, zu schaffen, sondern gemäß des *Defence-in-Depth*-Ansatzes eine mehrschichtige Lösung zu definieren. Das im Abb. 5.15 dargestellte Referenzmodell dient zur Orientierung und ist nicht als Musterlösung für alle Anwendungsfälle zu verstehen.

In diesem Referenzmodell, s. Abb. 5.15, sind die in *EVITA*, s. [116], definierten Szenarien für den Einsatz der drei HSM-Varianten (s. oben) berücksichtigt:

- *Evita full* zur Ausführung und Absicherung der V2X-Kommunikation in der Connectivity-/Telematikeinheit.
- *Evita medium* zur Absicherung der Buskommunikation in den jeweiligen Domänen (Powertrain, Chassis, etc.), s. Abschn. 5.3.4 (Secure In-Vehicle Communication).

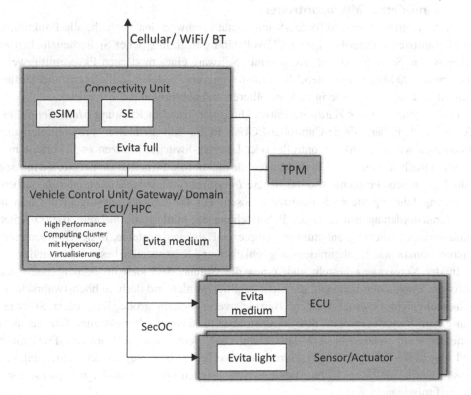

Abb. 5.15 Anwendungsszenarien für HSMs

- *Evita light* als Sonderlösung für sehr leistungsschwache Komponenten wie Sensoren
  und Aktuatoren.

Für die V2X-Kommunikation kommt ergänzend ein *Secure Element* hinzu, das als hoch-
spezialisierte und CC-zertifizierte Komponente die sichere Ablage der privaten Schlüssel
und der damit verbundenen Signierung der ausgehenden V2X-Botschaften übernehmen
kann, s. Abschn. 5.4.2. Die *eSIM* dient als Hardware-Securitymodul für die zellulare
Kommunikation und hängt letztendlich von der Auswahl des Netzanbieters ab. Das
automotive TPM kann unter anderem als ein zusätzlicher, hochsicherer Vertrauensanker
für sensibles Kryptomaterial dienen, z. B. für die TLS-Zertifikate zum Aufbauen der
TLS-Tunnel vom Fahrzeug ins Backend. Die Verwendung von Hardware-unterstützter
Virtualisierungslösungen bietet sich aufgrund des dafür erforderlichen Ressourcen-
bedarfs insbesondere auf sehr leistungsstarken Rechnereinheiten mit ausreichenden
Ressourcen an, beispielsweise auf High-Performance-Computern (HPC) in Gateway-
ECUs oder Domain-Controllern oder Fahrzeug-Zentralrechnern (VCUs).

5.1.5   ECU-Hardening

5.1.5.1 Welche Risiken entstehen für die Security durch die Integration moderner Mikrocontroller?

Die hohe Hardware- und Software-Komplexität erschwert den Versuch, alle Funktionen
und Schnittstellen einer heutigen ECU vollständig bzgl. möglicher Sicherheitslücken zu
beherrschen. So erstreckt sich die gesamte Software eines modernen Pkws mittlerweile
über rund 100 Mio. Codezeilen, die zudem von verschiedenen Zulieferern und Dritten
stammt und deshalb schwierig zu kontrollieren und überprüfen ist.

Hinzu kommt in der Hardware-Entwicklung der Trend in Richtung *Multi-Controller-
ECUs,* statt bisher Single-Controller-ECUs. ECUs mit mehreren programmierbaren
Bausteinen wie SoCs, Mikrocontroller oder Ethernet-Switches besitzen zwar Vorteile hinsichtlich Rechenleistung und Redundanzen für funktionale Sicherheitskonzepte, sie müssen
jedoch auch neue Probleme wie die sichere *Interprozessorkommunikation* oder die sichere
Isolierung fahrzeugexterne Schnittstellen lösen. Für die Entwicklungsingenieure besteht
die Herausforderungen u. a. in der Beherrschung der mittlerweile mehrere 10.000 Seiten
umfassenden Bedienungsanleitungen komplexer Halbleiterbausteine, in denen deren zahlreichen Funktionen, Konfigurationsmöglichkeiten und Schnittstellen beschrieben sind.

In der Konsequenz besteht zum einen die Gefahr, dass sich im Steuergeräte-Code
Software-Funktionen befinden, die nicht benötigt werden und deshalb höchstwahrschein-
lich auch nicht gewartet werden. Beispielsweise werden große Teile einer Software
von einem Vorgängerprojekt übernommen aber für das neue Projekt zum Teil gar nicht
benötigt. Zum anderen besteht die Gefahr, dass nicht benötigte Hardware-Funktionen
und Hardware-Konfigurationen immer noch verfügbar bzw. zugänglich sind, weil ver-
gessen wurde, sie abzuschalten. Beide Schwachstellen können von Angreifern für einen
Angriff missbraucht werden.

5.1.5.2 Angreifermodell

Schwachstellen in der Software entstehen beispielsweise durch ungenutzte und deshalb nicht oder schlecht abgesicherte Software-Schnittstellen. Ein Angreifer könnte hier etwa versuchen, Interrupts auszulösen, um dadurch den internen Ablauf und damit das Systemverhalten zu ändern oder um das System in einen undefinierten Zustand zu bringen. Außerdem können bestimmte Speicherbereiche wie etwa die Puffer eines zugehörigen Kommunikationsstacks überschrieben werden. Die Absichten, die ein Angreifer damit verfolgt, sind zum einen das Lesen bzw. Manipulieren von Daten und zum anderen das Kontrollieren des Programmablaufs. Beispiele für einen sog. *Memory-Corruption-Attack* liefert u. a. Liebchen [73]. Er beschreibt, wie ausgehend von einer *Buffer-Overflow*-Schwachstelle der Angriff eskaliert werden kann, um schließlich mittels *Control-flow-Hijacking* die praktisch vollständige Kontrolle über den Programmablauf und die Daten des Systems erlangt werden kann. Neben dem *Buffer-Overflow*, des wohl am häufigsten ausgenutzten Angriffsvektors, existieren noch weitere Angriffsmethoden.

Nasahl und Timmers [84] demonstrierten in einer Fallstudie die Schwachstellen einer typischen ECU mit Autosar-Software. Mithilfe eines sog. *Fault-Injection-Angriffs* wurde zu einem bestimmten Zeitpunkt im Programmablauf eine Spannungsspitze eingekoppelt, die das Laden eines falschen Wertes in das Register des *Program-Counters* verursachte und im weiteren Verlauf der Programmablauf unter Kontrolle der Angreifer fiel.

Viele Funktionen von Mikrocontrollern können konfiguriert werden, indem entsprechende Einstellungen in *Fuses* gebrannt oder in *OTP-Bereiche* programmiert werden. Häufig können auf diese Weise auch kritische Funktionalitäten und Betriebsmodi deaktiviert werden oder aktiviert bleiben. Dazu zählen unter anderem *Testmodus*, *Debugmodus* und das *Booten von alternativen Quellen* wie etwa externe Speicher oder serielle Schnittstellen. Indem der Angreifer in offene, ungeschützte Konfigurationsbereiche seine eigenen Inhalte schreiben kann, ergeben sich gleich mehrere mögliche Angriffsvektoren. Zum einen kann auf diese Weise die ECU-Konfiguration zugunsten des Angreifers geändert werden, um etwa bestimmte Schnittstellen zu aktivieren oder Funktionen zu aktivieren oder deaktivieren. Zum anderen können Angreifer über diesen Weg ggf. auch eigene Schlüssel in leere, ungenutzte Keyslots, die häufig ebenfalls im Hardware-Konfigurationsbereich liegen, programmieren.

Unter Einsatz von diversen Seitenkanalangriffsmethoden, wie etwa die Manipulation der Spannungspegel oder der Taktgeber, eröffnen sich zahlreiche weitere Angriffsvektoren. Colombier et al. [18] demonstrierten in einem Experiment die Möglichkeit, mittels einer LASER-Bestrahlung einzelne Bits im Speicher eines Mikrocontrollers zu verändern. Dieses Beispiel soll aufzeigen, dass das benötigte Equipment (Hardware und Software) für derartige Angriffe relativ kostengünstig sowie leicht zu beschaffen ist und deshalb grundsätzlich für zukünftige Bedrohungsanalysen mitberücksichtigt werden sollten.

Seitenkanalangriffe sind in ihrer Gesamtheit allerdings ein weites Feld mit vielseitigen Möglichkeiten, die immer auch von den jeweiligen physischen Implementierungen des angegriffenen Systems abhängen, und deshalb hier nicht tiefer ausgeführt werden.

5.1.5.3 Welche Härtungsmaßnahmen werden für ECUs empfohlen?

Der zugrunde liegende Lösungsansatz zielt auf die Umsetzung diverser vorbeugender Maßnahmen ab, um primär die Angriffsoberfläche des Systems zu reduzieren.

Zu den *Software-Härtungsmaßnahmen* zählen:

- Sämtliche Gerätetreiber bzw. Hardwaretreiber, Bibliotheken, Schnittstellen und sogar ganze Softwarefunktionen, die nicht benötigt werden, sollen in der Serienversion der Software entfernt werden. Dazu zählen auch bestimmte Teilfunktionen wie etwa Dienste oder Unterfunktionen eines Diagnoseprotokolls, die nicht benötigt werden. Konkrete Maßnahmen zur Härtung der Kommunikationsschnittstellen sind das Sperren nicht benötigter TCP/IP-Ports, sowie das Abschalten von (Telnet-)Terminals und seriellen Konsolen.
- Treiber und Bibliotheken, die für die Seriensoftware benötigt werden, sollten eine sichere Konfiguration enthalten.
- Implementierung und Aktivierung verschiedener Schutzmechanismen gegen die oben bereits genannten *Memory-Corruption Attacks*.
  - *Code Pointer Integrity:* Diese Maßnahme verhindert die Manipulation des Code Pointers (CP), sodass ein Angreifer den Programmablauf modifizieren kann.
  - *Control Flow Integrity,* s. *Hintergrundinformationen.*
  - *Data Execution Prevention:* Mit dieser Maßnahme wird sichergestellt, dass ein bestimmter Speicherbereich entweder beschreibbar oder ausführbar ist. Damit wird verhindert, dass der Inhalt eines ausführbaren Speicherbereichs von einem Angreifer etwa durch einen *Buffer-Overflow-Angriff* erst verändert und später ausgeführt wird (Code-Injection Angriff). Diese Maßnahme erfordert die entsprechende Unterstützung auf Hardware-Ebene.
  - *Address Space Layout Randomization (ASLR):* ASLR wendet Mechanismen an, um die Adressbereiche von Anwendungen bzw. Prozessen (pseudo-)zufällig zu zerstreuen. Dadurch wird es einem Angreifer extrem schwer gemacht, die jeweiligen Adressbereiche zuzuordnen und geeignete Angriffe wie Stack- oder Buffer-Overflow anzuwenden.

Hintergrund

Control Flow Integrity (CFI)
Was ist CFI?
Control Flow Integrity (CFI) ist eine Schutzfunktion gegen bestimmte Angriffe, die durch Manipulation der Speicher- und Registerinhalte versuchen, die dynamische Systemintegrität zu verletzen. Das Ziel von CFI ist zu verhindern, dass ein Angreifer den Programmablauf manipulieren und in Folge dessen die Kontrolle übernehmen kann.

Angreifermodell
Angreifer nutzen regelmäßig bereits vorhandene Schwachstellen in der Software aus, um über externe Kommunikationsschnittstellen manipulierten Code oder Daten in das

System zu übertragen. Häufig machen sich Angreifer Sicherheitslücken zu Nutze, die verschiedene Overflow-basierte Angriffe wie Buffer-Overflow oder arithmetischer Überlauf bei bestimmten Datentypen missbrauchen. Der im Automotive-/ Embedded Bereich verbreitete Einsatz von mächtigen, aber auch fehlerträchtigen, imperativen Programmiersprachen wie C/C++ ist ein begünstigender Faktor für derartige Schwächen. Ziel des Angriffes ist es, den Programmfluss zur Laufzeit zu beeinflussen und bestenfalls so umzulenken, dass der Angreifer die Kontrolle darüber behält.

Schutzmaßnahme CFI

In einer Forschungsarbeit [1] wurde die Idee von CFI folgendermaßen formuliert: Vor der Ausführung einer Sprunganweisung wie etwa CALL, JUMP, GOTO und RETURN wird geprüft, ob die Zieladresse gültig ist und nicht vom vorgegebenen Programmablauf abweicht. Hierfür wird vorab ein *Kontrollflussgraph* (engl. control flow graph, CFG) der Software ermittelt, indem der zuvor instrumentierte Code analysiert wird und alle Quelladressen, Zieladressen und (erlaubten) Übergänge in einen CFG überführt werden. Dieser CFG wird dann zur Laufzeit als Referenz vor jeder Sprunganweisung überprüft. Unerlaubte Sprünge bzw. unerlaubte Übergänge im CFG werden von der CFI-Funktion erkannt und unterbunden.

Probleme

Die erforderliche Instrumentierung erhöht die Codegröße und die Ausführung der Prüffunktion geht zulasten der Performanz. Zudem steigt bei einer umfangreicheren Software auch die Komplexität des Kontrollflussgraphs.

CFI ist immer noch Gegenstand aktueller Forschungsaktivitäten. So wurde etwa in [19] die Möglichkeit von Hardware-Unterstützung für eine effizientere und sichere CFI-Implementierung untersucht. ◀

Zu den *Hardware-Härtungsmaßnahmen* zählen:

- Die Konfiguration der Hardware stellt ein empfindliches Segment dar und muss zwingend vor Manipulationen geschützt werden. Dies geschieht zum einen, indem eine *sichere Default-Konfiguration (Secure Default)* definiert und angewendet wird. Ausgehend von diesen Einstellungen können projektspezifische Anpassungen wie etwa das Aktivieren von Schnittstellen und Funktionalitäten vorgenommen werden. Die Grundeinstellungen sorgen auch dafür, dass keine Bereiche undefiniert und deshalb möglicherweise in einem unsicheren Zustand betrieben werden. Der Auslieferungszustand von Halbleitern ist selten für die Sicherheit optimiert, sondern vielmehr für die maximale Verfügbarkeit und Anwendbarkeit. Außerdem müssen, abhängig von deren jeweiligen physischen Ausprägung, die Hardware-Konfigurationsbereiche nach dem Beschreiben verriegelt bzw. vor unbefugtem Beschreiben geschützt werden.
- Darüber hinaus existieren zahlreiche Wege, es den Angreifern möglichst schwer zu machen, die Hardware für Angriffe vorzubereiten. Diese *Obfuskationsmethoden*

bieten allerdings keinen langfristigen und zuverlässigen Schutz und erst recht keine kryptographische Sicherheit und sind deshalb nur als Zusatzmaßnahmen einzustufen.

– physischer Schutz durch verklebtes und vergossenes (Harzguss) ECU-Gehäuse.
– zufällige Verteilung von PINs auf der Platine.
– bestimmte PINs nicht mit PCB kontaktieren.
– Markierung von ICs/Mikrocontroller entfernen.

5.1.6   Sicheres ECU-Lifecycle-Management

5.1.6.1 Definition

Cyber-Angriffe im Automotive-Bereich sind nicht auf Fahrzeuge im Feld, beim End-kunden, beschränkt. Die Security-Schutzziele sind in sämtlichen Phasen des *Produkt-lebenszyklus,* s. Kap. 4, von Bedeutung – sowohl für ein Fahrzeug als Gesamtsystem, als auch für dessen Komponenten. Insbesondere Security-relevante, elektronische und programmierbare Komponenten wie ECUs müssen durchgängig und nachvollziehbar abgesichert sein, um jeden Manipulationsversuch ausschließen zu können.

Das Ziel eines sicheren ECU-Lifecycle-Managements ist ein kontrollierter Ablauf des Entwicklungs- und Herstellungsprozesses in der gesamten Zulieferkette. Darüber hinaus sollen sämtliche Übergänge zwischen den einzelnen Lebenszyklusphasen abgesichert werden.

Abb. 5.16 zeigt exemplarisch den Lebenszyklus einer ECU im Kontext des gesamten Produktlebenszyklus:

- Für die *Entwicklungsphase* – inklusive Erprobung und Vorserie – sowie für die Serien-entwicklung wird der Herstellungsprozess der gesamten Zulieferkette berücksichtigt: von den Teilelieferanten über Komponenten- bzw. Systemlieferanten bis zum OEM.
- Nach der finalen *Produktion* beim OEM erfolgt die Auslieferung „ins Feld" an den Kunden.
- Auch über diese *Post-Produktionsphase* hinaus wird der Security-Status des Fahr-zeugs und dessen Komponenten kontrolliert und abgesichert:
  – Zugriffe von (autorisierten) Werkstätten, Aftermarket-Anbietern oder Kundendiensten
  – Fehleranalyse/Gewährleistungsanalyse
  – Außerbetriebnahme/Verschrottung

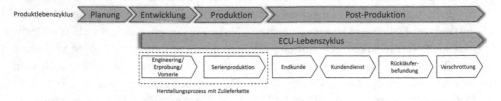

Abb. 5.16 Sicherer ECU-Lebenszyklus

Für die technische Umsetzung dieser Ziele werden den Stakeholdern in den jeweiligen Phasen des ECU-Lebenszyklus bestimmte Funktionen und Zugänge freigegeben bzw. verweigert. Beispielsweise muss ein ECU-Hersteller in der Lage sein, während des Herstellungsprozesses das Steuergerät zu programmieren und zu konfigurieren. In einer späteren Phase des Lebenszyklus darf ein ECU-Hersteller allerdings nicht mehr in der Lage sein, die von ihm hergestellten ECUs zu verändern bzw. auf dessen enthaltenen Daten zuzugreifen – zumindest nicht ohne eine ausdrückliche Autorisierung des OEMs.

Die Herausforderung hierbei ist es, die Anforderungen dieses Modells auf die konkreten Begebenheiten und Randbedingungen eines Fahrzeugs und dessen Lebenszyklus zu übertragen. Dazu werden zunächst für alle relevanten Lifecyclephasen die jeweiligen Anwendungsfälle sowie die entsprechenden Anwender identifiziert. In Übereinstimmung mit dem *Least Privilege Prinzips*, s. Abschn. 2.4, werden für jeden Anwendungsfall bzw. für jede Anwenderrolle die dafür notwendigen Berechtigungen bzw. Schlüssel bestimmt.

5.1.6.2 Wieso ist das ECU-Lifecycle-Management relevant für Security?

Zu Beginn des ECU-Lebenszyklus, in der Entwicklungsphase, herrscht ein sehr niedriges Schutzniveau. Einer der ersten Schritte ist die Herstellung von Halbleiterkomponenten wie Speicherbausteine und Microcontroller bzw. SoCs. Fabrikneue programmierbare Bausteine besitzen zunächst noch keine aktiven Schutzfunktionen. Kryptographisches Material wie Schlüssel oder Hashwerte von Schlüsseln müssen erst noch eingebracht werden. Dieser aus Security-Perspektive äußerst sensible Herstellungsschritt stellt hohe Anforderungen an eine *vertrauenswürdige Produktionsumgebung*, s. Abschn. 5.5.1, sowie an die Logistik. Verschiedene Angriffe sind durchführbar, wenn programmierbare Komponenten in der Lieferkette abgegriffen werden, noch bevor deren Security-Funktionen aktiviert wurden. Insbesondere die Speicherschutzfunktionen verhindern, dass Geheimnisse wie Schlüssel und Passwörter extrahiert oder ausgetauscht werden. Außerdem könnte ein Angreifer seinen manipulierten Code (in ungenutzten Speicherbereiche) programmieren.

Mit dem Durchlaufen der Zulieferkette wird schrittweise kryptographisches Material eingebracht, Schutzfunktionen aktiviert und Schnittstellen verriegelt. Die Debug-Schnittstelle (JTAG) wird beispielsweise vom Halbleiterhersteller und ECU-Hersteller für Test- und Programmierzwecke verwendet und vor der Auslieferung an den OEM verriegelt, s. Abschn. 5.2.2.

Nach der Produktion und Auslieferung an den Endkunden befindet sich das Fahrzeug in seinem bestimmungsgemäßen, normalen Betriebszustand. Alle technischen Security-Bausteine und -Funktionen sind für die Absicherung des Fahrzeugs und dessen Infrastruktur in diesem *Normalzustand* ausgelegt. In dieser Phase des Lebenszyklus sind die Security-Schutzmaßnahmen aktiv, die meisten Beschränkungen sind aktiv und das Gesamtsystem weist das höchste Schutzniveau auf. In diesem Zustand wird ein Angreifer versuchen, durch einen nicht-autorisierten Übergang in eine Lifecycle-Phase mit geringerem Schutzniveau mehr freigeschaltete Funktionen und Zugriffsmöglichkeiten und

deshalb mehr Manipulationsmöglichkeiten zu erlangen. Gelingt es dem Angreifer beispielsweise, das Schutzprofil der Produktionsphase zu (re-)aktivieren, hätte er möglicherweise uneingeschränkten Zugriff auf die Flashroutinen zum Reprogrammieren der ECU.

Für Kundendienst- und Werkstattzugriffe kann – autorisiert vom OEM – das Schutzniveau zugunsten einer höheren Verfügbarkeit von Entwicklungs-, Wartungs- und Ana-
lysefunktionen temporär abgesenkt werden. Beispiel: Vom autorisierten Kundendienst
soll eine Funktionsstörung des Fahrzeugs untersucht werden. Mittels eines Testgeräts
kann das Fachpersonal dann auf spezielle Messfunktionen zugreifen und bestimmte
Speichergrößen auslesen, die für normale OBD-Diagnosetester nicht zugänglich sind.

Ein noch niedrigeres Schutzniveau wird erreicht, falls eine ECU zur *Fehler-* oder
Gewährleistungsanalyse untersucht werden soll. Hierfür können die im Normalbetrieb ver-
riegelten Entwicklungs- und Debugschnittstellen freigeschaltet werden, wodurch umfangreiche Möglichkeiten zum Lesen und Schreiben interner Speicherbereiche bestehen.

Die vollständige Auflösung der Security-Integrität geschieht in der letzten Phase des
ECU-Lebenszyklus. Im Rahmen der *Außerbetriebnahme* bzw. *Verschrottung* einer ECU
wird sichergestellt, dass sensible Daten wie kryptographische Schlüssel und personenbezogene Daten sicher und nicht-wiederherstellbar von den Speichern der ECU gelöscht
werden. Eine erneute Verwendung als Ersatzkomponente in einem Fahrzeug soll
systematisch verhindert werden.

5.1.6.3 Wie wird die Absicherung des ECU-Lifecycle-Managements technisch umgesetzt?

Eine Möglichkeit, ein sicheres und flexibles *ECU-Lifecycle-Management* umzusetzen, ist
die Verwendung *digitaler Zertifikate*. Dieses Konzept sieht vor, dass mittels der eigens
hierfür generierten Zertifikate sowohl das Security-Profil der jeweiligen Lifecycle-Phase
als auch die Übergänge zwischen den Lifecycle-Phasen konfiguriert und kontrolliert
werden können.

Das Security-Profil definiert zunächst sämtliche freigegebenen bzw. gesperrten
Dienste, Funktionen und Schnittstellen der ECU. Diese Privilegien und Beschränkungen
sind in den Nutzdaten der Zertifikate hinterlegt. Hierzu gehören u. a. die Ver- bzw. Entriegelung der Debug- und Entwicklungsschnittstellen sowie die Security-Kontroll-
mechanismen für den Zugang zur ECU, s. Abschn. 5.2, und sämtliche Funktionen zur
Absicherung der ECU-Integrität. Darüber hinaus können zusätzliche Daten in den Zertifikaten eingebettet werden, um bestimmte Security-Funktionalitäten abhängig von der
aktuellen Lifecycle-Phase zu konfigurieren.

Eine Schlüsselverwaltung sorgt dafür, dass die potenziell unsicheren, weil breit
gestreute und unsicher verwahrte, Entwicklungsschlüssel mit dem Verlassen der Entwicklungsphase ungültig gemacht werden, etwa durch *Rückruf* (revokation) und *Update*.
In der Verschrottungsphase erteilt die Schlüsselverwaltung den Befehl zum sicheren
Löschen sämtlicher (geheimer) Schlüssel.

Zu *Fehleranalyse* werden gegebenenfalls mechanische und Software-technische
Arbeitsschritte ausgeführt, die die Gewährleistung für dieses Gerät beenden. (Meta-)
Informationen über den Eintritt in die Fehleranalysephase können zur späteren,

zweifelsfreien Klärung eventueller Gewährleistungsansprüche in einem manipulationssicheren Speicherbereich geschrieben werden *(Secure Log)*.

Mit dem Übergang in die Verschrottungsphase bzw. die *Außerbetriebnahme* muss das sichere Löschen sämtlicher personenbezogener Daten aus den Speichern der ECU durchgeführt werden.

Zertifikatsstruktur Für das ECU-Lifecycle-Management gibt es noch keinen Standard, außerdem setzen die OEMs dieses Feature aktuell sehr unterschiedlich um. Folgende, *proprietäre Zertifikatsstruktur* soll als Referenz dienen.

- Die *ID* beinhaltet eine eindeutige Identifikation des Zertifikats und die Lifecycle-Phase, für die das Zertifikat erstellt wurde. Letzte Information könnte auch zum Aktivieren evtl. vordefinierter Rechte in der ECU herangezogen werden.
- Die *Payload* beinhaltet zum einen die oben aufgeführten Privilegien und Beschränkungen zur Definition des aktuellen Security-Profils. Zum anderen können Zertifikate hinsichtlich ihrer Gültigkeit beschränkt werden. Beispielsweise kann, indem geeignete Informationen hinterlegt und geprüft werden, ein Zertifikat nur für ein individuelles Steuergerät oder für eine ganze Serie gültig sein. In zusätzlichen Nutzdaten können optional versch. *Trigger* zum Auslösen bestimmter Security-Funktionen in ein Zertifikat eingebettet werden.
- Die *Signatur* wird, unterstützt von einer PKI, im Backend berechnet. So werden einerseits die Kontrolle und Übersicht über alle erzeugten und verteilten Zertifikate sichergestellt. Andererseits steigt der Aufwand für das Zertifikatsmanagement stark an, falls ECU-individuelle Zertifikate ausgerollt werden sollen. Die ECU verifiziert anhand des zuvor eingebrachten, zugehörigen öffentlichen Schlüssels bzw. Zertifikats, z. B. des OEM-Root-Zertifikat, die Signatur des Lifecycle-Zertifikats. Somit werden Integrität und Authentizität des Zertifikats sichergestellt. Mithilfe zusätzlicher Informationen wie *Anti-Rollback-Counter* oder einer (sicheren) *Zeit-/Datumsinformation* kann außerdem die Aktualität des Zertifikats sichergestellt werden.

Abb. 5.17 zeigt im oberen Teil einen Graphen mit mehreren *Lifecycle-Phasen,* sowie die möglichen bzw. erlaubten *Übergänge* zwischen den einzelnen Phasen. Außerdem ist die Zuordnung zu den jeweiligen Zertifikaten (unterer Teil der Abb.), sowie das Root-Zertifikat, mit dem die Signaturen geprüft werden, abgebildet. Dieses beispielhafte Modell beschränkt sich auf vier Lifecycle-Phasen: *Produktion, Feld, Aftersales* und *Fehleranalyse.* In der Realität sind entsprechende Graphen oftmals wesentlich komplexer.

Der ECU-Lifecycle kann theoretisch in beliebig viele Phasen aufgeteilt werden. Beispielsweise kann durch eine sinnvolle Aufteilung der Produktionsphase der Herstellungsprozess entsprechend der Lieferkette dargestellt werden. Somit werden eventuelle Risiken auf die jeweiligen Zulieferer beschränkt. Beispiel: Der Tier-1 erhält mittels eines entsprechenden Zertifikats die erforderlichen Berechtigungen für seine Arbeitsschritte. In der folgenden Lifecycle-Phase verliert dieses Zertifikat seine Gültigkeit wieder und die verknüpften Berechtigungen werden wieder entzogen.

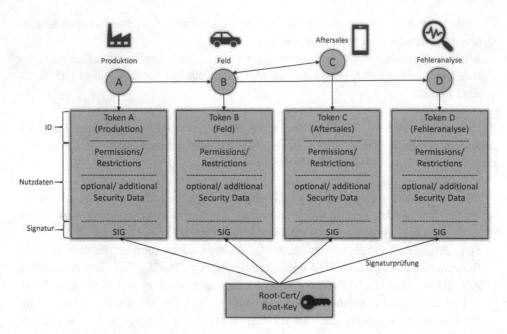

Abb. 5.17 Lifecycle-Phasen und Übergänge

Indem die Authentizität (und ggf. auch die Aktualität) eines neu in die ECU eingebrachten Zertifikats überprüft wird, werden die einzelnen Übergänge zwischen
den Lifecycle-Phasen abgesichert. Häufig sind die erlaubten Übergänge und deren
Richtungen fest vorgegeben, z. B. von *Entwicklung* über *Feld* nach *Fehleranalyse,*
quasi als Einbahnstraße. Derart feste Strukturen sind jedoch oftmals zu einfach und
werden den Anforderungen in der Realität nicht gerecht. Besser und nachhaltiger ist
ein *flexibles Konzept,* das einerseits technisch alle Übergänge ermöglicht, aber mittels
geeigneter Prüfmechanismen nur die explizit autorisierten Übergänge erlaubt. Die hierfür benötigten Informationen können einfach im Zertifikat eingebettet werden. Dieses
flexible Konzept ermöglicht auch die kurzfristige und nachträgliche Umsetzung von
Spezialfällen oder Kundenanforderungen.

Anwendungsfälle, die sich mit diesem Konzept umsetzen lassen
Abb. 5.18 stellt die Security-Maßnahmen für die einzelne Phasen des ECU-Lebenszyklus dar.

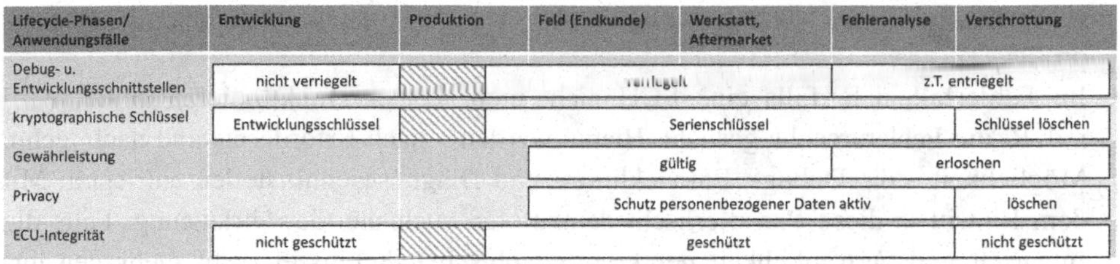

Lifecycle-Phasen/ Anwendungsfälle	Entwicklung	Produktion	Feld (Endkunde)	Werkstatt, Aftermarket	Fehleranalyse	Verschrottung
Debug- u. Entwicklungsschnittstellen	nicht verriegelt		verriegelt			z.T. entriegelt
kryptographische Schlüssel	Entwicklungsschlüssel		Serienschlüssel			Schlüssel löschen
Gewährleistung			gültig			erloschen
Privacy			Schutz personenbezogener Daten aktiv			löschen
ECU-Integrität	nicht geschützt		geschützt			nicht geschützt

Abb. 5.18 Security-Maßnahmen innerhalb verschiedener Phasen des ECU-Lebenszyklus

- In der Entwicklungsphase findet die Komponenten- und Systementwicklung statt. Tier-n und OEM benötigen uneingeschränkten Zugriff auf alle Hardware- und Software-Bestandteile. Zu diesem Zweck werden Security-Maßnahmen in dieser Phase abgeschaltet oder es werden oftmals großzügige Zugriffsrechte an Benutzer verteilt. Security ist in dieser Phase weniger wichtig als Verfügbarkeit und Handhabbarkcit.

- Für die Serienphase beim Endkunden (Feld) ist im Gegenzug maximale Sicherheit erforderlich und das Least-Privilege-Prinzip ist zwingend anzuwenden. Eine strikte Trennung in Form eines Zeitpunkts in der Entwicklungs-/Produktionsphase oder in Form eines bestimmten Hardware-Musterstands ist oftmals schwierig umzusetzen, weshalb eine gewisse Übergangsphase existieren kann – s. schraffiertes Feld in der Grafik. Die klare Empfehlung lautet, dass der komplette Schlüssel bzw. Zertifikatsbäume (inkl. Root) beim Verlassen der Entwicklungsphase ausgetauscht werden sollte.

- In der *Produktionsphase* liegt der Schwerpunkt auf der Herstellung und Fertigung der Komponenten sowie des Gesamtsystems durch Tier-n und OEM. Im End-of Line Prozcss werden die Komponenten programmiert und in Betrieb genommen und getestet. Schrittweise werden innerhalb der Zulieferkette Schlüssel eingebracht und die Debug- und Entwicklungsschnittstellen verriegelt. Ebenso werden die ECU-Integritätsfunktionen so früh wie technisch möglich, jedoch spätestens vor dem Verlassen der Produktion aktiviert. Als Beispiel wird folgende technische Abhängigkeit erläutert. Bei ECUs, die einen Mikrocontroller mit einem eingebctteten HSM besitzen, müssen zuerst die Software programmiert, das HSM aktiviert und die kryptographischen Schlüssel erzeugt bzw. eingebracht werden, bevor bestimmte Security-Bausteine wie *Secure Boot* aktiviert werden können.

- In der Post-Produktionsphase (Feld), d. h. im Normalbetrieb beim Endkunden sind alle Security-Funktionen aktiviert. Unter anderem mittels OTA-Update wird in dieser Phase der Long-Term-Support (LTS) sichergestellt.

- Um in Werkstattaufenthalten die Fehlersuche, die Diagnose, das Austauschen defekter Komponenten und das Einlernen neuer Komponenten zu ermöglichen, benötigen autorisierte Kundendienstmitarbeiter und Werkstätten die dafür notwendigen Zugriffsrechte. Dasselbe gilt für die Nutzung bestimmter *Aftermarket-Dienste*. Dies ist nicht immer mit einem Übergang der ECU-Lebenzyklusphase gleichzusetzen, dennoch erfolgt mittels eines autorisierten Zugriffs eine kurzfristige Änderung des Schutzprofils.

- Im Fehlerfall, d. h. falls eine ECU nicht mehr korrekt funktionieren sollte, wird i. d. R. die Fehlerursache gesucht. Hierzu werden – nach Erfordernis und nach techn. Möglichkeit – die Debug-, Entwicklungs- und Diagnoseschnittstellen entriegelt. Mit dem Eintritt in diese Phase erlischt demzufolge auch die Gewährleistung. Falls die Integrität und Vertraulichkeit der kryptographischen Schlüssel nicht mehr gewährleistet werden kann, werden diese zuvor automatisch und sicher gelöscht.
- In der letzten Lebensphase einer ECU erfolgt im Rahmen des End-of-Life-Prozesses die Außerbetriebnahme. Dabei werden sämtliche Schlüssel gelöscht. Die Integrität der ECU wird aufgelöst.

5.2 ECU-Access

Die Integrität der ECU als Rechenplattform kann nur geschützt werden, falls auch sämtliche logischen und physischen Zugänge zur ECU kontrolliert und verriegelt sind.

5.2.1 Authentifizierter Diagnosezugang – Authenticated Diagnostic Access

5.2.1.1 Was ist ein Diagnosezugang?

Zur Diagnose von Fahrzeugen bzw. dessen Komponenten können sog. *Diagnosetester* die ECUs u. a. über die OBD-Buchse kontaktieren und mit ihnen Daten austauschen. Ein Diagnosetester ist ein Rechnersystem, der eine Diagnoseanwendung unter Beachtung eines *Diagnoseprotokolls* ausführt und über eine physische Verbindung, etwa über den CAN-Bus, mit der ECU kommuniziert. Die Fahrzeugdiagnose wird beispielsweise von Servicetechnikern genutzt, um ECUs zu reprogrammieren oder den Fehlerspeicher auszulesen.

Client–Server-Prinzip Das Kommunikationsmodell sieht zwei verschiedene Rollen vor: Der Diagnosetester agiert als Diagnoseclient und sendet Anfragen an die ECU, welche als Diagnoseserver die Anfragen bearbeitet und beantwortet. Der Diagnosetester kann somit die Ausführung verschiedener Diagnosedienste in der ECU anstoßen und erhält nach deren Beendigung die entsprechenden Ergebnisse.

In der Automobilindustrie ist das *UDS*-Protokoll *(Unified Diagnostic Services)* das gängige Diagnoseprotokoll. UDS ist in ISO 14229 spezifiziert.

Im UDS-Diagnoseprotokoll sind die folgenden Funktionsgruppen spezifiziert:

- Diagnostic and communications management.
- Data transmission.

- Stored data transmission.
- Input/output control.
- Remote activation of routine.
- Upload/download.

Jede Funktionsgruppe enthält wiederum einzelne *Diagnosedienste,* die vom Tester gezielt angefordert werden können. Nicht alle Dienste sind zu jedem Zeitpunkt verfügbar bzw. für den Tester freigeschaltet. Die sogenannte *Diagnosesitzung* (engl. diagnostic session) bestimmt, welche Services freigeschaltet und damit für den Tester verfügbar sind und welche nicht. Das UDS-Diagnoseprotokoll erlaubt die Implementierung verschiedener Diagnosesitzungen: *Default*-Session, *Programming*-Session und *Extended-Diagnostic*-Session.

- *Default*-Session: In dieser Session befindet sich die ECU normalerweise, z. B. nach dem Einschalten der ECU. In der Default-Session sind zum einen die gesetzlich vorgeschriebenen OBD-Dienste zur Analyse abgasrelevanter Fahrzeugdaten verfügbar, s. [61]. Zum anderen können in der Default-Session allgemeine, unkritische Informationen über das Fahrzeug und dessen aktuellen Zustand ausgelesen werden.
- In der *Programming*-Session kann die ECU beispielsweise reprogrammiert werden.
- Die *Extended-Diagnostic*-Session erlaubt das Ausführen zusätzlicher, auch sicherheitsrelevanter Diagnosedienste.

Ein Übergang von der Default-Session in eine *Non-Default*-Session ist nur nach einer erfolgreichen *Authentifizierung* erlaubt. Hierfür ist in UDS der Service 0×27 „Security Access" vorgesehen, welcher ein Challenge-Response-Schema implementiert, s. unten. Die konkreten Funktionen zur Authentifizierung werden allerdings nicht näher spezifiziert und sind somit dem einzelnen OEM bzw. Tier-1 überlassen.

Einschränkung In diesem Abschnitt wird der Fokus auf die Absicherung des Zugangs zu (UDS-)Diagnosediensten gelegt. Schutzmaßnahmen für die Diagnosekommunikation werden hier nicht thematisiert.

5.2.1.2 Wieso ist der Diagnosezugang relevant für Security?

UDS besitzt Diagnosedienste, die als Grundlage für einen Angriff auf die ECU ausgenutzt werden können. Beispiele für kritische bzw. schützenswerte Diagnosedienste sind u. a. *Data Transmission* und *Upload/Download* – beides sind Funktionsgruppen zum Lesen und Schreiben von Datenblöcken bzw. zur Flashprogrammierung.

Bei unbeschränktem Zugriff auf alle Diagnosedienste ständen einem Angreifer verschiedene Funktionen zum Ausspähen und Manipulieren der gesamten ECU-Software und Daten zur Verfügung.

Welche Funktionen und welche Daten sind schützenswert?

Im Grunde kann ein allgemeines Schutzziel formuliert werden, das die Software-Integrität und -Authentizität der gesamten ECU fordert. Eine detaillierte Betrachtung der Security-Assets erfolgt im Rahmen einer TARA. Für den Security-Baustein *Authentifizierter Diagnosezugang* sollte allerdings auch beachtet werden, dass mit Diagnosediensten für gewöhnlich auf Daten und Funktionen zugegriffen werden kann, die relevant für Privacy, OBD-II oder die funktionale Sicherheit sind.

5.2.1.3 Welche Risiken und Bedrohungen existieren für den Diagnosezugang?

Der Diagnosezugang stellt für Angreifer aus mehreren Gründen ein attraktives Angriffsziel dar. Zum einen ist die Diagnoseschnittstelle über die *OBD-II*-Buchse leicht erreichbar und mithilfe von Aftermarket-Geräten sowie WiFi-Adaptern sogar von einem entfernten Standort zugänglich, s. Abschn. 5.5.5. Der Zugang zu einem CAN-Bus kann u. a. auch durch Herausziehen bzw. Öffnen eines Ultraschallsensors oder der Seitenspiegelkamera erreicht werden. Das gewaltsame Aufbrechen der Fahrzeugtüre ist nicht immer erforderlich.

Ein weiterer Grund für den niederschwelligen Zugang zur Diagnoseschnittstelle ist das öffentlich verfügbare Wissen über die verwendeten Protokolle und z. T. auch über OEM-spezifische Implementierungen, sowie die leicht verfügbaren, preisgünstigen Werkzeuge zur Nachahmung einer Diagnosetester-Kommunikation.

Beispiele für Ziele und Absichten von Angreifern im Kontext der Diagnosekommunikation, vgl. [121]:

* Kilometerzähler (der Fahrzeughalter hat hierfür ein Motiv!).
* Feature-Aktivierung.
* EDR (crash-data).
* Intellectual Property (Software-Funktionen, Algorithmen, Parameter/Kalibrierdaten).

Schwächen/Angriffe UDS besitzt mit dem Service *Security Access* (*Authentication* wird weiter unten besprochen) bereits einen Mechanismus für die Zugangskontrolle, s. oben. Allerdings ist hier nur der Challenge-Response-Mechanismus spezifiziert – das dahinter liegende Verschlüsselungsverfahren ist nicht spezifiziert und wird demzufolge von jedem OEM und Tier-1 auf potenziell andere Art und Weise gelöst. In älteren Fahrzeugen wurden häufig kryptographisch schwache Verfahren eingesetzt und zudem noch mit sehr kurzen Schlüsseln. Van den Herrewegen und Garcia [107] haben durch Reverse Engineering derartige Schwachstellen in Fahrzeugen verschiedener OEMs gefunden und erfolgreich gebrochen. Miller und Valasek [79], konnten das *Seed&Key*-Verfahren eines Toyotas brechen, weil der geheime Schlüssel im Klartext im Flashspeicher gespeichert war und der Flashinhalt über einen weiteren Angriff extrahiert werden konnte.

Bis heute sind leider immer noch symmetrische kryptographische Verfahren für die Verschlüsselung des Seeds im Einsatz, z. B. AES-128, was nicht mehr dem Stand der

Technik entspricht. Zwar gilt eine AES-Verschlüsselung mit 128-Bit Schlüssellänge aktuell als praktisch nicht brechbar, dennoch haben symmetrische Verfahren an sich für diesen Anwendungsfall einen entscheidenden Nachteil: ECU-spezifische Schlüssel wären aufgrund der großen Zahl nur mit großem Aufwand zu verwalten, weshalb in der Regel für die gesamte Fahrzeugflotte, oder zumindest für eine größere Serie, immer derselbe Schlüssel verwendet wird. Dies ermöglicht einen skalierbaren Angriff, d. h. falls der geheime Schlüssel einer einzigen ECU kompromittiert wird, gegebenenfalls auch mit verhältnismäßig viel Aufwand, so kann dieser Schlüssel für alle anderen ECUs bzw. Fahrzeuge, die denselben Schlüssel verwenden, missbraucht werden. Aufgrund der symmetrischen Eigenschaft ist es auch ausreichend, die Schlüssel zu extrahieren, die sich in einem möglicherweise schlechter geschützten Diagnosetester befinden.

In [88] wurden verschiedene erfolgreiche Seitenkanalangriffe durch *Fault-Injection* auf das UDS-Protokoll demonstriert. Die Autoren bemerkten, dass bereits das bloße Vorhandensein eines Diagnosezugangs eine Securityschwäche darstellt – sofern das Diagnoseprotokoll unzureichend gegen derartige Angriffe geschützt ist.

5.2.1.4 Welche Security-Ziele sollen mit dem *Authentifizierten Diagnosezugang* erreicht werden?

Basierend auf den oben aufgeführten Eigenschaften und Schwächen des Diagnoseprotokolls lassen sich folgende Schutzziele und Anforderungen an die Gegenmaßnahmen ableiten.

Das übergeordnete Ziel ist es, den Zugang zu den Diagnosediensten zu kontrollieren und zu beschränken. Um die Frage „Welcher Tester darf welche Diagnosedienste nutzen?" beantworten zu können muss die ECU zu Beginn der Diagnosesitzung die folgenden Prüfungen durchführen:

- Die *Authentifizierung* des Testers stellt sicher, dass die Diagnose-Anfragen von einer vertrauenswürdigen Quelle stammen. Die ECU darf Diagnose-/Service-Requests nur von einem (ihr) bekannten Tester akzeptieren.
- Mit der *Autorisierung* des Testers können seine Rechte festgestellt werden, d. h. welche Diagnosedienste er nutzen darf.

Implizite oder explizite Autorisierung Beide Schritte, *Autorisierung* und *Authentifizierung,* können miteinander kombiniert werden. Ein Tester kann einer bestimmten vordefinierten Rolle zugeordnet werden und die ECU aktiviert mit der erfolgreichen Authentifizierung des Testers die hinterlegten, Rollen-spezifischen Diagnoserechte. Somit kann mit der Authentifizierung implizit auch eine Autorisierung erfolgen. Ansonsten kann die Autorisierung auch als separater Schritt ausgeführt werden – mit dem Vorteil, dass die Tester nicht an vorgegebene Rollen gebunden sind, sondern die Rechtevergabe flexibel gestaltet werden kann.

Gemäß des *Least Privilege Prinzips* dürfen dem Tester stets nur so wenige Rechte wie nötig eingeräumt werden:

- Bis zur erfolgreichen Authentifizierung und Autorisierung darf die ECU nur den Zugriff auf die unkritischen, bzw. OBD-relevanten Dienste erlauben, s. [61]. Ohne eine erfolgreiche Authentifizierung des Testers, darf die ECU keine Security-kritischen Diagnosedienste ausführen oder schützenswerte Daten ändern oder preisgeben.
- Die *Defaultrechte* sollen immer dann wirksam sein, wenn gerade keine erfolgreich authentifizierte und autorisierte Diagnosesitzung läuft, d. h. insbesondere nach dem Einschalten und nach einem Diagnose-Timeout.

Gegenseitige Authentifizierung Soll zusätzlich zur Authentizität des Testers auch die Authentizität der ECU sichergestellt werden, spricht man von *gegenseitiger Authentifizierung* (engl. mutual authentication). Aus Security-Sicht ist dieses Vorgehen grundsätzlich wünschenswert und für bestimmte Anwendungsfälle, wie etwa *Remote-Diagnose* sogar verpflichtend, da hiermit der Diagnosetester sicherstellen kann, mit einer echten ECU zu kommunizieren. Da bei der Remote-Diagnose der Diagnosetester nicht über eine Kabelverbindung, also physisch unmittelbar mit dem Fahrzeug kommuniziert, sondern potenziell über das Internet von einem beliebigen Standort, kann der Benutzer mithilfe der *ECU-Authentifizierung* sowohl die Echtheit der ECU als auch die Aktualität der Diagnosekommunikation, inkl. Diagnosedaten, sicherstellen.

5.2.1.5 Welche Lösungen existieren für den Authentifizierten Diagnosezugang?

Die UDS-Spezifikation ISO 14229 [62], sieht die folgenden Möglichkeiten zur Authentifizierung vor:

- Service 0×27: Security Access.
- Service 0×29: Authentication.

Der Service *Security Access* schafft den Rahmen für ein *Challenge-Response-Verfahren:* Die ECU sendet nach Aufforderung eine Zufallszahl *Seed* an den Tester. Sowohl im Tester als auch in der ECU wird der *Seed* anhand eines nicht näher spezifizierten Verfahrens in den sog. *Key* überführt, welche der Tester wieder an die ECU zurückschickt. Stimmen beide Werte überein, wurde der Tester erfolgreich authentifiziert. Die Datengrößen von Seed und Key sowie der Algorithmus zur Berechnung des Keys wird in ISO14229 nicht spezifiziert. In der Vergangenheit wurden leider häufig zu kurze Längen für Seed und Key, sowie kryptographisch unsichere Algorithmen verwendet, s. oben. Als Verbesserung zu proprietären Algorithmen ist hier die Verwendung einer standardisierten AES-128-Verschlüsselung zu empfehlen. Diese gilt als praktisch nicht brechbar und reduziert das Angriffsrisiko auf die bekannten Nachteile des Einsatzes von

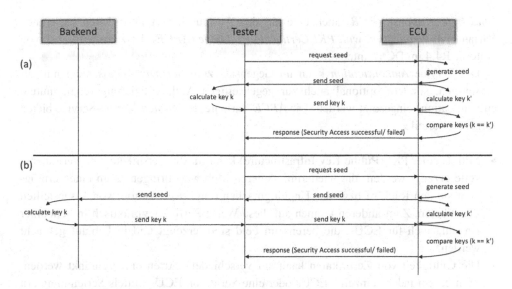

Abb. 5.19 Security Access-Protokoll

symmetrischen Krypto-Verfahren: Komplexität der Schlüsselverteilung und sichere Verteilung, Ablage und Verwendung der Schlüssel.

Abb. 5.19 zeigt das Schema des Security-Access-Protokolls. Teil a: Der Diagnosetester initiiert den Security Access mit *request seed*. Daraufhin erzeugt die ECU den *Seed*, idealerweise eine kryptographisch sichere Zufallszahl und sendet sie an den Tester. Sowohl der Tester als auch die ECU berechnen aus dem *Seed* den *Key* indem sie die AES-128-Verschlüsselungsfunktion zusammen mit dem gemeinsamen Geheimnis – den AES-Schlüssel – anwenden. Der so erzeugte *Key* wird vom Tester an die ECU gesendet, die wiederum beide *Keys* (k vom Tester und k' von der ECU) miteinander vergleicht. Bei Übereinstimmung war die Authentifizierung erfolgreich, was die ECU dem Tester durch eine entsprechende positive Antwort signalisiert.

Teil b des Bildes stellt im Prinzip das gleiche Seed&Key-Verfahren wie im oberen Teil dar, mit dem Unterschied, dass der geheime Schlüssel und damit auch die Berechnung des *Keys* k vom Diagnosetester in das OEM-Backend verlagert wurde. Der Tester benötigt für jeden SecurityAccess einen Zugriff auf das Backend und reicht den so erzeugten *Key* k an die ECU weiter. Für die ECU ist diese Modifikation transparent, also nicht sichtbar. Vorteile dieser Variante: Im Backend kann der Zugriff auf den geheimen Schlüssel kontrolliert werden. Der geheime Schlüssel muss nicht mehr an die Diagnosetester verteilt werden. Bei einem Angriff auf den/die Diagnosetester können keine geheimen Schlüssel mehr extrahiert werden. Ein Nachteil besteht hier durch die erforderliche Online-Verbindung vom Tester zum Backend.

Der Service *Authentication* wurde in der dritten Auflage von ISO 14229-1:2020 eingeführt und spezifiziert neben einer Challenge-Response-Variante *Authentication with*

Challenge-Response (ACR) auch eine auf den Austausch von Zertifikaten basierende Variante: *Authentication with PKI Certificate Exchange (APCE)*. Letztere wird auch von Autosar R4.4 im DCM unterstützt.

Der Service *Authentication* kann im Gegensatz zum *Security Access* nicht nur zur einseitigen, sondern optional auch zur gegenseitigen Authentifizierung (engl. mutual authentication) eingesetzt werden. Die *APCE*-Variante des *Authentication*-Service bieten folgende Vorteile:

- Mittels einer PKI (Public Key Infrastructure) kann für die Zertifikate eine Vertrauenskette erzeugt werden, die wiederum weiteren Mehrwert bringen: Zum einen ermöglicht sie den Rückruf bzw. das Ungültigmachen (engl. Revokation) von ausgestellten Zertifikaten. Zum anderen können auf diese Weise Zertifikate praktisch in beliebiger Anzahl, auch für ECUs, die bereits im Feld sind, erzeugt und in Umlauf gebracht werden.
- Die Gültigkeit von Zertifikaten kann auf verschiedene Arten eingeschränkt werden: Zum einem indem einzelne ECUs oder eine Serie von ECUs mittels Seriennummern an ein Zertifikat gebunden werden. Zum anderen indem mittels einer *Secure Time* die Gültigkeitsdauer beschränkt wird.
- Die Diagnoserechte des Testers (s. *Autorisierung*) lassen sich entweder Rollenbasiert, also durch eine Zuordnung einer bestimmten Rolle, oder mittels einer Rechtematrix, die auch Teil der Zertifikate sein kann, definieren.

Abb. 5.20 zeigt das Schema der APCE-Variante. Im Teil a erfolgt eine einseitige Authentifizierung mit folgendem Ablauf: Der Tester beginnt das Authentifizierungsverfahren, indem er sein eigenes Zertifikat an die ECU sendet. Die Authentizität des Tester-Zertifikats wird von der ECU verifiziert, indem dessen Signatur mithilfe des Zertifikats der *Certificate Authority* (z. B. OEM Backend) geprüft wird. Falls das Tester-Zertifikat gültig ist, erzeugt die ECU im Anschluss den Challenge und sendet ihn an den Tester. Der Tester berechnet mit seinem privaten Schlüssel die Signatur des Challenge und sendet sie als *Key* an die ECU, welche wiederum die Signatur der Challenge anhand des Public Keys des Testers (Tester-Zertifikat) verifiziert. Mit einer erfolgreichen Signaturprüfung des *Keys* wird der Tester erfolgreich authentifiziert.

Im Teil b des Bildes erfolgt eine gegenseitige Authentifizierung. Zunächst muss der Tester den *Tester-Challenge* erzeugen und zusammen mit seinem Zertifikat an die ECU senden. Nach der erfolgreichen Verifizierung des Tester-Zertifikats erzeugt die ECU zuerst die *ECU-Challenge* und berechnet dann den sog. *Proof-of-Ownership (PoO)* für das ECU-Zertifikat, indem die *Tester-Challenge* mit dem privaten Schlüssel der ECU signiert wird. *ECU-Challenge, ECU-Zertifikat* und der zuvor berechnete *PoO* für das ECU-Zertifikat werden danach an den Tester gesendet. Der Tester verifiziert wiederum das ECU-Zertifikat mithilfe der CA und prüft den *PoO* für das ECU-Zertifikat. Die ECU

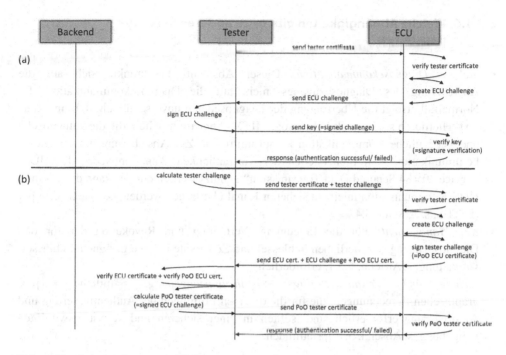

Abb. 5.20 Security Access mit APCE

wurde korrekt authentifiziert falls beide Prüfungen erfolgreich verlaufen. Im Anschluss berechnet der Tester wie bei der einseitigen Authentifizierung im oberen Teil des Bildes den *PoO* für das Tester-Zertifikat, indem die *ECU-Challenge* mit dem privaten Schlüssel des Testers signiert wird. Nach einer erfolgreichen Prüfung der *PoO* für das Tester-Zertifikat wird schließlich auch der Tester erfolgreich gegenüber der ECU authentifiziert.

Optionen mit und ohne Backend Grundsätzlich lassen sich sowohl der SecurityAccess-Service als auch der Authentication-Service mit oder ohne Backend realisieren.

- Die *Offline-Variante,* d. h. ohne Einbeziehen des Backends, hat den Vorteil, dass keine Verbindung vom Tester zum Backend benötigt wird. Um die Sicherheit der geheimen Schlüssel (symmetrische oder private Schlüssel) sicherzustellen können beispielsweise SIM-Karten oder U2F-Token eingesetzt werden.
- Die *Online-Variante,* d. h. mit Einbeziehen des Backends, hat den Vorteil, dass Schlüssel und Zertifikate leichter und schneller zurückgezogen und ausgetauscht werden können. Außerdem kann der Zugriff der Diagnosetester auf das Backend kontrolliert und eingeschränkt werden.

5.2.1.6 Welche Abhängigkeiten gibt es zu anderen Security-Bausteinen?

- *Sichere Diagnosekommunikation:* Dieser Abschnitt beschränkte sich auf die Absicherung des Diagnosezugangs, nicht auf die Diagnosekommunikation. Im Normalfall erfolgt die Übertragung der Diagnosedaten unverschlüsselt, d. h. im Klartext. Hierdurch sind grundsätzlich sog. MITM-Angriffe möglich, die die authentische und vertrauliche Kommunikation kompromittieren. Zur Absicherung der Diagnosekommunikation zum Sicherstellen der Vertraulichkeit, kann entweder der UDS-Service „0×84 Secured Data Transmission" genutzt werden oder es kann die gesamte UDS-Kommunikation in einem sicheren Kanal übertragen werden, beispielsweise per (D)TLS, s. Abschn. 5.4.
- *Key Management:* Für die Erzeugung, Verteilung und Revokation der für den Diagnosezugang erforderlichen Schlüssel und Zertifikate ist eine geeignete Schlüsselverwaltung, s. Abschn. 5.5.1, erforderlich.
- *Sichere und vertrauenswürdige Ausführungsumgebung:* Sämtliche kryptographischen Berechnungen, die für die diversen Prüfungen der Authentifizierung und Autorisierung erforderlich sind, sollten in einer sicheren und vertrauenswürdigen Umgebung, s. Abschn. 5.1.4, stattfinden.

5.2.2 ECU-Schnittstellen

5.2.2.1 Wieso sind ECU-Schnittstellen relevant für Security?

Steuergeräte besitzen unterschiedliche physische und logische Schnittstellen zur Erfüllung diverser Aufgaben. Die physischen Schnittstellen sind zum Teil über den Steuergerätestecker und zum Teil über Bauteile-Pins, Lötpunkte und Stecker auf der Platine der ECU zugänglich. Angreifer müssen zur Durchführung eines Angriffes praktisch immer eine oder mehrere Schnittstellen überwinden. Als Bestandteile von Angriffspfaden sind sie deshalb grundsätzlich als Security-relevant einzustufen und angemessen zu schützen. Daraus lässt sich folgendes Ziel ableiten: Jeder nicht-autorisierte Zugriff über Schnittstellen auf die ECU bzw. deren Komponenten soll vermieden werden.

5.2.2.2 Welche Angriffe auf ECU-Schnittstellen existieren?

Mazloom et al. [76] demonstrierten, wie mittels eines sog. *JTAGulators* die korrekten, benötigten Pins für JTAG und UART ermittelt werden können – trotz *Obfuskationsmethoden* wie fehlender Beschriftung oder zufälliges Verteilen auf der Platine.

Beim sog. *Jeep Hack* überwanden Miller und Valasek [80], eine Reihe von Hürden, um an ihr Ziel zu gelangen. Sie fanden heraus, dass die Head-Unit des Fahrzeugs per USB-Schnittstelle „gejailbreakt" werden konnte, d. h. modifizierte, unauthentische

Firmware konnte auf diesem Gerät installiert und ausgeführt werden. Da keine wirksame Trennung zum *SSH*-Service vorhanden war, konnten die Angreifer nach dem Austauschen der SSH-Zertifikate das Fahrzeug per Funkverbindung kontaktieren. Darüber hinaus war der *D-Bus Message Daemon*, der die Inter-Prozess-Kommunikation unterstützt, über einen offenen TCP-Port per *Telnet* erreichbar, was letztendlich die Ausführung einer Reihe von Diensten ermöglichte. Da der CAN-Controller von der inzwischen kompromittierten Head-Unit aus nur per *SPI* erreichbar war, mussten die Angreifer einen Weg finden, den CAN-Controller mit modifizierter Software zu programmieren. So konnten sie Einfluss auf die CAN-Bus-Kommunikation nehmen. Die Security-Schwäche bestand hierbei sowohl aus der fehlenden Code-Signaturprüfung, was die Reprogrammierung unauthentischer Software auf dem CAN-Controller ermöglichte, sowie aus der fehlenden Absicherung der SPI-Kommunikation.

Foster et al. [46] untersuchten eine Telematikeinheit hinsichtlich möglicher Angriffspunkte und fanden heraus, dass die Schlüssel zur Absicherung von *SSH* ungeschützt im Flashspeicher des Gerätes gespeichert wurden. Ein Vergleich mit weiteren Geräten desselben Herstellers stellte fest, dass die Schlüssel auf allen Geräten identisch waren und offenbar keine Geräte-spezifischen Schlüssel verwendet wurden. Außerdem konnten die Forscher über eine ungesicherte Telnet-/Webserver-Konsole auf verschiedene Geräteinformationen zugreifen.

Shanmugam, s. [100], untersuchte das Angriffspotenzial auf die *Inter-Prozessor-Kommunikation (IPC)*, insbesondere auf die *UART-* und *SPI*-Kommunikation. Bei unzureichender Absicherung der IPC seien demnach grundsätzlich Spähangriffe, MITM-Angriffe, Replay-Angriffe oder Brute-Force-Angriffe möglich.

Beim sogenannten *BMW-Hack 2018* konnte das Keen Security Lab [105] neben anderen Angriffspfaden auch einen erfolgreichen Angriff über eine *USB*-Schnittstelle darstellen. Die ungesicherte USB-Ethernet-Schnittstelle war dabei der Ausgangspunkt für weitere Schritte, u. a. für einen Port-Scan des internen Netzwerks. Über die USB-Schnittstelle konnte die Head-Unit außerdem auch geupdatet werden, womit die Angreifer letztendlich über das erfolgreiche Programmieren unsignierter Updates die Root-Rechte des Systems erlangen konnten.

5.2.2.3 Welche Schnittstellen sind relevant für Security?

Sämtliche Schnittstellen, ob physisch oder logisch, die in irgendeiner Form lesenden oder schreibenden Zugriff auf ECU-interne Assets, insbesondere RAM, ROM und Register, ermöglichen sind Security-relevant. Dabei spielt die räumliche Zugänglichkeit der jeweiligen physischen Schnittstelle für die grundsätzliche Einstufung der Security-Relevanz keine Rolle. Schnittstellen, die nicht über den ECU-Stecker, also nur durch das Öffnen des Gehäuses und ggf. durch das Kontaktieren von Leiterbahnen oder IC-Pins zugänglich sind, können zwar nur mit höherem Aufwand angegriffen werden, dennoch kann sich die Mühe für den Angreifer lohnen. JTAG-Schnittstellen werden beispielsweise nicht auf den ECU-Stecker herausgeführt, aber das Kontaktieren eines ungeschützten JTAG-Ports bedeutet für einen Angreifer den Jackpot.

Beispiele für relevante Schnittstellen sind JTAG, UART, SSH, Telnet, XCP, SPI, usw.

Beispiele für Schnittstellen, die für diese Betrachtung nicht relevant sind, sind analoge und digitale Ein- und Ausgänge, Frequenz Ein- und Ausgänge sowie die Spannungsversorgung.

5.2.2.3.1 Kategorien

Die oben umrissenen Schnittstellen werden in folgende Kategorien eingeteilt:

- Debugschnittstellen.
- Entwicklungs- und Engineering-Schnittstellen.
- Diagnoseschnittstellen.
- System-Schnittstellen.

Debugschnittstellen Hardware-Debugschnittstellen werden in der Entwicklungsphase benötigt und erlauben tiefen Eingriff in die einzelnen Komponenten. Die bekanntesten Vertreter sind *JTAG* und *UART*.

Mit *JTAG*-Debugging ist es beispielsweise möglich, auf den gesamten Speicher und die Chip-Register zuzugreifen, sowie den Programmablauf zu verfolgen und zu verändern. Für Angreifer bedeutet ein unbeschränkter Zugang zur Debug-Schnittstelle quasi die vollständige Kontrolle des Systems, s. [51].

Über die serielle *UART*-Schnittstelle kann in vielen Systemen eine Debug-Konsole angesprochen werden, die vom einfachen Zugriff auf Log-Dateien bis zum Programmieren des Flashspeichers eine beliebige Bandbreite von Funktionen anbieten kann.

Debug-Schnittstellen werden normalerweise nur von einem speziellen, eingeschränkten Benutzerkreis mit entsprechendem Fachwissen und technischer Ausrüstung genutzt. Für den Normalbetrieb in einem Serienprodukt sind Debugschnittstellen nicht empfohlen, sondern nur für Entwicklungsmuster.

Entwicklungs- und Engineering-Schnittstellen Es gibt einen fließenden Übergang von *Entwicklungsschnittstellen* zu sog. *Engineering-Schnittstellen*. Der Unterschied liegt im jeweiligen Anwendungsfall und der entsprechenden Lifecyclephase, s. Abschn. 5.1.6. Der Engineering-Anwendungsfall geht über die Entwicklungsphase hinaus und wird zum Teil auch auf Vorserien- oder Serienkomponenten benötigt, beispielsweise zum Messen und Kalibrieren von Serienfahrzeugen. Die typischen Vertreter dieser Schnittstellen sind XCP, USB, UART, SSH und Telnet.

XCP ist ein Anwendungsprotokoll zum Kalibrieren und Messen und wurde von der *Association for Standardization of Automation and Measuring Systems (ASAM)* standardisiert. Es bietet u. a. die Möglichkeit zum Lesen und Schreiben von Speicherinhalten.

Telnet ist ein Netzwerkprotokoll, das auf TCP aufsetzt und eine Client–Server-Kommunikation aufbaut. Der Telnet-Server bietet dabei eine Login-Konsole an, mit deren Funktionsumfang, ähnlich wie bei einer UART-Konsole, dem Telnet-Client oftmals umfangreiche Befehlsgewalt über das System zur Verfügung gestellt werden.

Das als unsicher eingestufte Telnet-Protokoll wurde weitestgehend von *SSH*, der *Secure Shell* abgelöst. SSH ist wie Telnet ein auf TCP-basierendes Netzwerkprotokoll, allerdings mit kryptographischen Absicherungsmaßnahmen.

Telnet, SSH und UART stellen dem Anwender für gewöhnlich Konsolen mit versch. Funktionen für Entwicklungszwecke zur Verfügung, z. B. für den Speicherzugriff oder zum Lesen von Log-Dateien.

Über die Auswahl alternativer Bootquellen, z. B. per Hardware-Pins, können Bootloader- oder Firmwarekomponenten beispielsweise von externen Quellen geladen werden. Diese Funktion wird normalerweise für Recovery-Zwecke, d. h. zum Wiederherstellen fehlerhafter Software verwendet. Während dieser Anwendungsfall in der Entwicklungsphase durchaus sinnvoll und nützlich sein kein, stellt er für ein Serienprodukt eine kritische Hintertür dar, die unbedingt abgesichert werden muss.

Über die USB-Schnittstelle lässt sich oftmals auf den Flashspeicher der ECU zugreifen: Lesen, Löschen und Reprogrammieren.

Diagnose-Schnittstellen Eine Bewertung und Empfehlung zu Diagnoseschnittstellen ist im Abschnitt Authentifizierter Diagnosezugang zu finden, s. Abschn. 5.2.1.

System-Schnittstellen Systemschnittstellen sind Bestandteile verschiedener Systemfunktionen, z. B. Inter-Prozessor-Kommunikation oder Fahrzeug-Bussysteme, und sind deshalb unerlässlich für die korrekte Funktionalität der ECU.

I^2C und SPI werden etwa zur Kommunikation mit Peripheriekomponenten verwendet.

PCIe und SPI werden bei Multi-Prozessor-Architekturen für die Inter-Prozessorkommunikation eingesetzt.

CAN, LIN, Flexray und Ethernet sind die wichtigsten Bussysteme in Fahrzeugen.

Die Mehrzahl der hier aufgeführten Schnittstellen und Protokolle besitzen keine Standard-Vorkehrungen zum Schutz der Integrität, Authentizität und Vertraulichkeit. Da ein Abschalten oder Verriegeln der Systemschnittstellen nicht infrage kommt, wird eine Absicherung auf höheren Protokollebenen empfohlen. Hierzu zählen die folgenden Maßnahmen:

- existierende Absicherungsmaßnahmen auf höheren Protokollebenen:
  - Network layer: IPSec.
  - Transport layer: TLS.
  - Session layer: (TLS).
  - Application layer: SecOC.
  - SSH: Authentifizierung mit starken, asymmetrischen Verfahren.
- Schließen aller nicht benötigter Ports und Abschalten aller nicht benötigter Dienste und Benutzerkonten.

- Zugangskontrolle mit starken Authentifizierungsverfahren.
  - gegenseitige Authentifizierung.
  - Geräte-spezifische und kryptographisch sichere Schlüssel bzw. Passwörter.
  - Verwendung von Zertifikaten und asymmetrischen Signaturverfahren.

5.2.2.4 Welche Schutzmaßnahmen werden empfohlen?

Debug-, Entwicklungs- und Engineering-Schnittstellen müssen aufgrund ihrer Kritikalität in Serien-Steuergeräten standardmäßig deaktiviert werden. Falls bestimmte Anwendungsfälle, wie etwa eine Gewährleistungsanalyse, ein Re-Aktivieren einer bestimmten Schnittstelle erfordern, muss dies unter Einhaltung der Security-Anforderungen erfolgen.

Abhängig von den technischen Möglichkeiten und vom Anwendungsfall muss für jede Security-relevante Schnittstelle ein Schutzkonzept zur Ver- und ggf. Entriegelung ausgearbeitet werden. Hierzu sollten auch die technischen Möglichkeiten der Hardware und Software-Werkzeugkette zur Anwendung der jew. Schnittstelle einfließen.

In Tab. 5.4 werden mehrere Maßnahmen zur Verriegelung bzw. zum Schutz von Schnittstellen beschrieben.

Für Maßnahmen zum sicheren Entriegeln bzw. Aufschließen geschützter Schnittstellen (engl. Secure Unlock) gelten die folgenden Anforderungen:

- Jeder Entriegelung-/Aufschließvorgang muss vom OEM autorisiert sein.
- Die Gültigkeit von Token, Zertifikate und Schlüssel, die für die Autorisierung der Entriegelung erstellt wurden, müssen auf einzelne ECUs bzw. Fahrzeuge beschränkt sein.
- Weitere Maßnahmen wie etwa das automatische Löschen von Geheimnissen und Privacy-relevanten Daten müssen gegebenenfalls mit dem Entriegelungsvorgang verknüpft werden, s. Abschn. 5.1.6.

5.3   Sichere E/E-Architektur

Die gegenwärtigen Megatrends *Connected Car* und *Automatisiertes/Autonomes Fahren* erfordern einerseits einen höheren Vernetzungsgrad zwischen AD/ADAS- und Infotainment-Funktionen mit fahrzeugexternen Kommunikationspartnern und verursachen andererseits einen Anstieg der Anforderungen an die fahrzeuginterne Kommunikation. Hiervon ist im Wesentlichen der Datenaustausch zwischen den Steuergeräten betroffen, insbesondere in Bezug auf den geforderten Datendurchsatz, der Echtzeitfähigkeit und der Skalierbarkeit bzw. Flexibilität hinsichtlich der Topologie. Die höhere Komplexität in Bezug auf die gesamte E/E-Architektur wird verursacht von einer steigenden Anzahl an Kommunikationsteilnehmern und Datenverbindungen, sowie aufgrund von Funktionen, die eine Domänen-übergreifende Vernetzung beanspruchen.

Abb. 5.21 zeigt ein Referenzmodell für die E/E-Architektur eines Fahrzeugs mit externen Kommunikationsverbindungen und einer heterogenen, internen

Tab. 5.4 Maßnahmen zum Schutz von Schnittstellen

Kategorie	Maßnahme	Kommentar
Hardware-Maßnahme	Fuses/OTP-Konfiguration	„Hardware-Schalter", bevorzugte Maßnahme, da nicht rückgängig zu machen und kann nicht per Software umgangen werden
Hardware-Maßnahme	PINs/Verbindungen der jew. Schnittstelle zur Platine oder zum Stecker entfernen oder ECU-Gehäuse mit einer aushärtenden Masse ausfüllen	Maßnahmen dieser Art sind aus Security-Sicht als *nicht-relevant* einzustufen, da sie Angriffe allenfalls erschweren bzw. hinauszögern aber nicht mit hinreichend hoher Wahrscheinlichkeit effektiv verhindern können
Software-Maßnahme	Software-Schalter/Parameter	Eine bevorzugte Maßnahme, falls die Schnittstelle für bestimmte Zwecke wieder aktivierbar sein soll Hier sind zur Absicherung weitere Maßnahmen erforderlich, u. a. Software-Integritätsmaßnahmen
Software-Maßnahme	Schnittstellen-Treibersoftware entfernen	Falls eine Hardware- oder Software-seitige Abschaltung der Schnittstelle nicht möglich ist, könnte das Entfernen des betroffenen Treibers eine Kompromittierung der Schnittstelle verhindern
Software-Maßnahme	Schnittstellen-Treibersoftware isolieren	Isolations-/Separationsmethoden: MPU, Hypervisor, TEE/SEE, vgl. [89]
Software-Maßnahme	Konsolen, Shells, Terminal, Prompts abschalten	Konsolen nur nach Authentifizierung öffnen
Software-Maßnahme	Log- und Debug-Informationen sperren	Boot-Log-Dateien und Debug-Log-Dateien können ggf. Informationen preisgeben, die für einen Angriff missbraucht werden könnten Ggf. nur nach Authentifizierung zulassen

Fahrzeugkommunikation. Die meisten Fahrzeughersteller besitzen voneinander abweichende Architekturen, in einigen wenigen Eigenschaften wie etwa der zentralen Head-Unit bzw. Gateway und dem Einsatz von CAN-Bussen existieren häufig Übereinstimmungen. Die in diesem Abschnitt thematisierte Absicherung der E/E-Architektur bezieht sich nicht auf die rein elektrischen Fahrzeugkomponenten, sondern ausschließlich auf die elektronischen Komponenten mit Datenverbindungen.

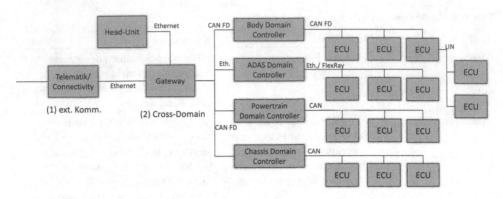

Abb. 5.21   Referenzmodell für die E/E-Architektur

5.3.1   Netzwerksegmentierung und -isolierung

Bestimmte Entwicklungstrends der vergangenen und kommenden Jahre beeinflussen und verändern die E/E-Architektur zum Vorteil von Performanz, Funktionalität und Flexibilität. Hierzu gehört zum einen die Weiterentwicklung der E/E-Architektur von einer zentralen über eine Domain-orientierten hin zu einer zonalen oder Cloud-basierten Architektur (s. Abschn. 1.2.2). Hinzu kommt der Trend bzw. die Notwendigkeit, ein hoch performantes *Ethernet-Backbone* für die *Cross-Domain-Kommunikation* einzusetzen, um einen hohen Datendurchsatz mit möglichst geringer Latenz zwischen den einzelnen Domänen zu ermöglichen. Und schließlich wächst die Zahl der fahrzeugexternen Kommunikationskanäle, die nicht an den Außenschnittstellen enden, sondern oftmals bis zu bestimmten Domain-ECUs tief ins Fahrzeugnetzwerk hineinreichen.

Im Ganzen gesehen führen diese Entwicklungen zu einem Verwischen oder gar Auflösen der physischen Grenzen. Funktionen und Daten können nicht mehr klar einer bestimmten ECU oder einer bestimmten Domäne bzw. einer bestimmten Kommunikationsverbindung zugeordnet werden.

Für die Sicherheit und Zuverlässigkeit der Fahrzeugelektronik und -software führen diese Umformungen zur Problematik, dass aufgrund der fehlenden oder schwachen Trennung der fahrzeuginternen Kommunikation neue Angriffspfade ermöglicht werden. Ein logischer Lösungsvorschlag sieht vor, das *mehrschichtige Verteidigungsverfahren* auch auf das fahrzeuginterne Netzwerk anzuwenden – mit folgendem Ziel:

Durch das Erstellen mehrerer Schichten zwingt man dem Angreifer einen längeren, komplexeren Angriffspfad auf. Mehr Schichten, dazwischen geschützte Durchgänge, die um-/übergangen werden müssen um an das Ziel, die innerste und per Definition kritischste Schicht zu gelangen. Abkürzungen und Seiteneingänge auf dem Weg zur innersten Schicht sollen dabei nicht existieren.

5.3.1.1 Trennung und Segmentierung

Wie kann eine wirksame Segmentierung der E/E-Architektur erreicht werden?
Das Zwiebelschalenprinzip des Schichtenmodells macht es erforderlich, mehrere *Netzwerksegmente* zu erzeugen. Der Netzwerkverkehr soll an den Übergangspunkten zwischen den Netzwerksegmenten kontrolliert (s. Abschn. 5.3.2) und überwacht werden (s. Abschn. 5.3.3).

Die Aufteilung in mehrere Schichten erfordert die folgenden physischen und logischen Anpassungen an der E/E-Architektur. Eine *elektrische Trennung* der ECUs wird erreicht, indem sie an verschiedenen voneinander isolierten Bussysteme angeschlossen werden. Dies kommt der Bildung der heute etablierten Domänen gleich. Eine *logische Trennung* erfolgt durch Filterung der Kommunikation auf bestimmten Protokollebenen, etwa durch die Strukturierung mittels virtueller Netzwerke (VLANs).

Welche Segmentierung ist sinnvoll bzw. wie soll eine effektive Segmentierung erfolgen? Welche ECUs werden zusammengefasst, welche ECUs werden voneinander getrennt?
Eine maßgeschneiderte *Segmentierung* erfordert eine Analyse wahrscheinlicher Angriffsziele, damit die unkritischeren Netzwerksegmente von den kritischeren, bzw. gefährdeteren getrennt werden können. Eine grobe Orientierung kann auch die Analyse realer, bekannt gewordener Angriffe bieten: Reale Angriffe auf Fahrzeuge, s. [80, 86, 105], ähnelten sich in ihren Angriffsmustern. Schwachstellen in Zentraleinheiten und Infotainmenteinheiten wurden bei diesen Angriffen ausgenutzt, um schließlich auf den schlecht oder nicht abgesicherten CAN-Bussen beliebige CAN-Botschaften an die ECUs zu senden. Grundsätzlich sollten schützenswerte Segmente, die etwa *Safety*-relevante Funktionen enthalten, von Segmenten isoliert werden, die entweder weniger vertrauenswürdig sind oder ein höheres Bedrohungspotential aufweisen. Beispiele hierfür sind zum einen die Telematik-/Connectivity-ECU, die aufgrund ihrer Funkschnittstellen stark exponiert ist, und zum anderen die physisch leicht zugänglichen Komponenten wie etwa die Außenspiegel-ECUs, dessen Busleitungen oftmals durch Wegklappen oder Öffnen der Außenspiegel schnell und einfach kontaktiert werden können. Ein weiterer wichtiger Grundsatz ist, *Bypassing* zu verhindern. Daraus folgt einerseits, dass die Telematik-/Connectivity-Einheit die einzige Komponente mit Außenschnittstellen sein sollte und andererseits, dass Inter-Domain-Kommunikation stets nur über das dafür vorgesehene Gateway laufen darf. In der Praxis existieren oftmals weitere Komponenten mit fahrzeuginternen Schnittstellen, beispielsweise *TPMS* (Reifendrucksensor mit Funkverbindung) oder die Infotainmenteinheit mit *Bluetooth*.

Die gängige Praxis ist, die Telematik-/Connectivity-Einheiten von den sicherheitskritischen Steuereinheiten wie Lenkung, Bremse und Antrieb zu trennen. Somit wird das Risiko eines sicherheitsgefährdenden Angriffs reduziert. Die heute bereits übliche Domänen-orientierte Architektur trennt bereits Safety- und Infotainment- bzw. Telematik-Funktionalitäten voneinander.

In Bezug auf den oben genannten Empfehlungen lauten die Vorschläge zur Anpassung der Referenzarchitektur wie folgt:

In einer ersten, äußeren Schicht werden die Außenschnittstellen abgesichert, indem das fahrzeugexterne Netzwerk vom internen Netzwerk isoliert wird. Dabei sollte, wie oben beschrieben, idealerweise nur ein einziger Wireless/Connectivity-Entry-Point in der Fahrzeug-Architektur existieren oder ggf. alle *Eintrittspunkte* streng voneinander getrennt und kontrolliert werden. In der nächsten, weiter innen liegenden Schicht erfolgt die *Entkopplung* der verschiedenen Domains voneinander. Antriebstrang und Fahrwerk (Powertrain, Chassis), Karosserie (Body), Infotainment und ADAS-Domänen existieren heute bereits. Die Entstehung dieser Domains war allerdings weniger aufgrund von Security motiviert, sondern vielmehr zur Verbesserung von Funktionalität, Bandbreiten, Echtzeitfähigkeit, Kosten aber auch Safety-Kritikalität. In der innersten Schicht wird die Domänen-interne Kommunikation abgesichert, s. Abschn. 5.3.4.

Zweck und Aufgaben des Gateways
Einige Fahrzeugfunktionen, insbesondere im Kontext von *Connected Car* und *AD/ADAS,* erfordern den Datenaustausch über Domänengrenzen hinaus, weshalb die physische Trennung bzw. Netzwerksegmentierung zumindest partiell wieder aufgehoben werden muss, um den Datenaustausch zwischen ausgewählten ECUs wieder zu ermöglichen. Für diese Funktion spielt das zentrale Gateway-Steuergerät eine zentrale Rolle. Dessen Hauptaufgabe ist die sichere Kommunikation zwischen ECUs verschiedener Netzwerk-segmente bzw. Domänen zu ermöglichen. D. h. die physische Isolierung zwischen den versch. Bussystemen wird von einer Gateway-Funktion zum Weiterleiten von Nach-richten (engl. „data routing") überbrückt. Hinzu kommt ggf. eine *Protokollübersetzung,* da das heterogene, fahrzeuginterne Netzwerk aus verschiedenen Bussystemen mit unter-schiedlichen Protokollen besteht (CAN, LIN, Flexray, etc.).

Das Attribut „sicher" impliziert hier Mechanismen zum *Blockieren* bzw. *Filtern* bestimmter Netzwerkverbindungen oder Nachrichten. Ohne derartige Beschränkungen und Kontrollen könnte ansonsten jede ECU mit jeder beliebigen anderen ECU im Fahrzeug kommunizieren – auch über das Gateway hinweg. Ein geeigneter Filter-mechanismus kann von einer Firewall bereitgestellt und zur Absicherung der *Cross-Domain-Kommunikation* genutzt werden, s. Abschn. 5.3.2. Prinzipiell werden hierdurch der eingehende und ausgehende Netzwerkverkehr basierend auf zuvor festgelegte Regeln (Policy) gefiltert, also gesperrt oder durchgelassen.

Das Gateway nimmt eine zentrale Position in der E/E-Architektur ein und besitzt aus Sicht der Security eine ebenso zentrale Rolle. Es ist deshalb prädestiniert für die Über-nahme weiterer Aufgaben – gegebenenfalls auch kombiniert mit weiteren Funktionen einer leistungsstarken Zentraleinheit.

- Der *OTA-/Update-Manager* nimmt Update-Pakete entgegen, entpackt sie bei Bedarf und leitet die Teilpakete fahrzeugintern an die einzelnen Komponenten weiter. In der entgegengesetzten Richtung sammelt er die Rückmeldungen ein und leitet sie an den

OTA-Server weiter. Er übernimmt einen Teil der sog. *Update-Orchestrierung,* dem fahrzeuginternen Update-Management.

- Als *Diagnose-Master* kann das Gateway die Rolle des fahrzeuginternen Diagnose-testers übernehmen und die Status- und Fehlermeldungen aller Komponenten anfordern und an das Backend weiterleiten. Als Diagnose-Master besitzt das Gateway die erforderlichen Berechtigungen für den Aufbau der Diagnosesitzungen.
- Für das fahrzeuginterne *Schlüsselmanagement* eignet sich das Gateway als Knoten-punkt zum Erzeugen und Verteilen von Schlüssel-Updates, z. B. für SecOC-Schlüssel oder zum Anstoßen und Steuern einer Key-Agreement-Prozedur, s. Abschn. 5.3.4.
- *IDS:* Aufgrund der zentralen Rolle ist das Gateway in der Lage, sämtliche Kommunikationswege hinsichtlich potenzieller Einbruchs- und Manipulationsver-suche zu überwachen, etwa mittels *(Deep) Packet Inspection,* s. Abschn. 5.3.3.

Anforderungen an das Gateway
Aufgrund seiner zentralen Position innerhalb der E/E-Architektur ist das Gateway ein attraktives und lohnendes Angriffsziel. Außerdem werden vom Gateway Safety-relevante Daten verarbeitet, weshalb ein besonderes Augenmerk auf die Sicherstellung der Daten-integrität gelegt werden muss.

Infolgedessen müssen umfangreiche Maßnahmen zum Schutz der Integrität und Authentizität der Gateway-Software sowie der Konfigurationsdaten für Routing- und Firewall-Regeln getroffen werden. Sämtliche Security-relevanten Funktionen sollten im Gateway durch eine sichere und vertrauenswürdige Umgebung *(SEE/TEE)* geschützt werden.

Neben funktionalen Anforderungen wie der Unterstützung IP-basierter als auch nicht IP-basierter Kommunikationsprotokolle werden an das Gateway auch hohe Anforderungen hinsichtlich der Performance (Datendurchsatz) und der Echtzeitfähig-keit gestellt, weshalb für Gateways entsprechend leistungs- und ressourcenstarke Komponenten erforderlich sind.

5.3.2 Firewall

5.3.2.1 Was ist eine Firewall?

Eine *Firewall* ist eine Hardware- oder Softwarekomponente (oder beides), die ein bestimmtes Netzwerksegment vor nicht autorisiertem Netzwerkverkehr schützen soll – analog zur namensgebenden Brandmauer, die das Übergreifen von Feuer von einer Gebäudeseite zur anderen bzw. von einem Stadtteil zum anderen verhindern soll. Eine Firewall stellt Funktionen zur Inspektion und Analyse sowie zum Filtern von Netzwerk-verkehr zur Verfügung. Angewendet auf einen zentralen Netzknoten zwischen zwei Teilnetzen kann eine Firewall so eine essenzielle Funktionalität zum Schaffen einer effektiven Netzwerksegmentierung beitragen. Das übergeordnete Ziel ist dabei, zum einen das fahrzeuginterne Netzwerk vor nicht-autorisierten Zugriffen von außen zu schützen und zum anderen die vertrauenswürdigen Teilnetzwerke von unsichereren Teil-netzwerken zu trennen.

Ein Vorteil der zunehmenden Verbreitung von Ethernet-basierter Kommunikation in fahrzeuginternen Netzwerken ist die Möglichkeit, verschiedene etablierte und bewährte Security-Komponenten wie die Firewall vom klassischen IT-Security-Bereich für den Einsatz in Fahrzeugen wiederzuverwenden. Hier kann einerseits auf die Erfahrungen aus dem IT-Bereich zurückgegriffen werden, andererseits müssen jedoch die Rand-bedingungen der Automotive Domain berücksichtigt werden und gegebenenfalls Anpassungen gemacht werden.

5.3.2.2 Welche Firewall-Typen gibt es und wie funktionieren sie?
Die verschiedenen Firewall-Typen werden anhand ihrer Funktionsweise bzw. ihres Anwendungsbereichs eingeteilt. Für den Automotive-Bereich werden am häufigsten Ver-treter von zwei Firewall-Typen verwendet: *Paketfilter* und *Application-Layer-Firewalls*, s. [115].

Paketfilter Paketfilter inspizieren den ein- und ausgehenden Netzwerkverkehr und prüfen die einzelnen Datenpakete vor deren Weiterleitung anhand definierter Regeln. Diese Regeln können als Verbots- oder Gebotsregeln gestaltet werden. Bei Verbotsregeln werden unerlaubte Netzwerkverbindungen durch entsprechende Selektoren oder *filter terms* explizit verboten. Entsprechend werden die ausgewählten Pakete verworfen (engl. drop), wohingegen die Pakete aller anderen Netzwerkverbindungen implizit erlaubt sind und weitergeleitet (engl. forward) werden. Für Gebotsregeln gilt das Gegenteil. Durch zusätzliche Verknüpfungen und Verschachtelungen können Regelsätze relativ komplex und umfangreich sein.

Statische Paketfilter (engl. stateless packet filter) entscheiden über das Weiterleiten oder Verwerfen eines Pakets anhand bestimmter Informationen im Paketheader: Quell-adresse, Zieladresse und Portnummer. Auf die OSI-Schichten bezogen sind dies die MAC-Adressen aus OSI-Schicht 2, die IP-Adressen aus OSI-Schicht 3 und die TCP-/UDP-Portnummern aus OSI-Schicht 4.

Die Entscheidung, ob ein Paket weitergeleitet oder verworfen wird, trifft ein statischer Paketfilter allein anhand des aktuellen Pakets. Zuvor gesendete Pakete bzw. der aktuelle Kontext einer Netzwerkverbindung werden dabei nicht betrachtet.

Statische Paketfilter haben den Vorteil, dass sie sich sehr performant und ressourcen-arm implementieren lassen, vor allem weil nur Headerinformationen aus den unteren OSI-Schichten benötigt werden und weil keine Informationen zum aktuellen Status der jeweiligen Verbindungen zwischengespeichert werden müssen. Von Nachteil ist, dass statische Paketfilter nur zur Basisabsicherung dienen. Sie bieten keinen ausreichenden Schutz vor komplexeren Angriffen, die auf höheren Protokollschichten basieren, wie etwa gegen einen sog. *Tiny Fragment Attack*, s. [78].

Der Filtermechanismus von *dynamischen Paketfiltern* (engl. stateful paket filter) basiert auf dem eines statischen Filters, darüber hinaus erfolgt eine Filterung anhand des aktuellen Kontexts einer bestimmten Netzwerkverbindung oder auch anhand des aktuellen Verbindungsstatus. Dynamische Paketfilter verfolgen den aktuellen Status aller ein- und ausgehenden Verbindungen. Ein dynamischer Paketfilter akzeptiert beispielsweise keine Pakete einer bestimmten Netzwerkverbindung, bevor diese nicht protokollkonform aufgebaut wurde bzw. nachdem sie beendet wurde. Üblicherweise sind sämtliche eingehenden (engl. inbound) Ports grundsätzlich geschlossen und nur falls von innerhalb eine aktive Verbindung wie etwa eine TCP-Session gestartet wird bzw. bereits aktiv ist, wird der entsprechende Port für den eingehenden Datenverkehr geöffnet. Dynamische Paketfilter untersuchen also zusätzlich zu den OSI Schicht 3-Paket-Headerinformationen wie beispielsweise IP-Adressen auch bestimmte Inhalte des OSI Schicht 4-Headers wie etwa die TCP-Sequenznummern.

Aufgrund ihrer Möglichkeiten zur Überwachung der Netzwerkverbindungen sind dynamische Paketfilter sicherer als statische. Das aufwändigere Filterverfahren hat allerdings einen höheren Ressourcenbedarf und einen geringeren Durchsatz zur Folge.

Deep Packet Inspection/Application Inspection Firewalls   Paketfilter können nicht vor allen Angriffen schützen, da sie nur die Netzwerk-Ebene überwachen und somit auch nur vor entsprechenden Angriffen schützen können. Getrieben von der zunehmenden Verfügbarkeit hochperformanter Netzwerkkomponenten wie Ethernet-Switches, die sich auch für den Automotive-/Embedded-Bereich eignen, werden auch ressourcenaufwändigere Firewalltechnologien für den Automotive-Bereich machbar und interessant.

Die sogenannte *Deep Paket Inspection (DPI)* untersucht im Gegensatz zu den klassischen Paketfiltern nicht nur die Headerdaten sondern auch die Nutzdaten der Pakete. Zu den wichtigsten Inspektions-Methoden, die zu diesem Zweck angewandt werden, zählen die Suche nach bestimmten Mustern (engl. pattern) und Abweichungen bzw. Anomalien, sowie das Wahrnehmen von über- bzw. unterschrittenen Grenzwerten oder Protokollverletzungen. Das Durchsuchen der Pakete nach einem oder mehreren Merkmalen kann sehr rechenaufwändig sein und führt zu einer entsprechenden Verzögerung in der Netzwerkkommunikation.

Die DPI kann durch die Analyse der Nutzdaten vor zusätzlichen Angriffen schützen, beispielsweise gegen DoS-Angriffe. Diese Paketanalyse kann auch von einem IDS genutzt werden.

Von Nachteil ist, dass DPIs eine komplizierte und aufwendige Konfiguration erfordern. DPIs müssen an die jeweilige Anwendung angepasst werden, um ihre Daten korrekt interpretieren zu können. Außerdem benötigen DPIs viele Rechenressourcen und besitzen oftmals einen geringen Durchsatz.

5.3.2.3 Welche Rolle spielen Firewalls in der E/E-Architektur?

Im Gegensatz zu Rechnersystemen, die in Rechenzentren mit strengen Zugangskontrollen und Sicherungssystemen untergebracht sind, befinden sich Fahrzeuge oder auch Smartphones aus der Perspektive eines Produktherstellers in einer feindlichen, schwer-kontrollierbaren Umgebung. Angriffe auf ein Fahrzeug und dessen Komponenten

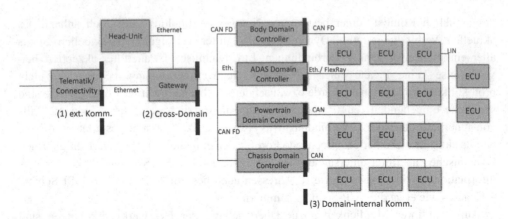

Abb. 5.22 Firewalls in der E/E-Architektur

können über verschiedene Angriffspfade und Einfallstore geschehen – und nicht nur durch die „Vordertüre". So sind bei Fahrzeugen exemplarisch Angriffe direkt auf interne Netzwerksegmente und Sub-Busse durch physisches Kontaktieren der jeweiligen Busleitungen möglich.

Dieses diffuse Bedrohungsszenario und die heterogene E/E-Architektur von Fahrzeugen motivieren eine *dezentrale, mehrschichtige Firewall-Architektur.* In der Referenzarchitektur von Abschn. 5.3 wurden in Anlehnung an das mehrschichtige Verteidigungsverfahren mehrere kritische Übergangspunkte identifiziert, die sich für die Integration einer Firewall eignen, s. Abb. 5.22. Auf diese Weise entstehen mehrere Bereiche zur Umsetzung der geforderten Segmentierung.

- Der Übergangspunkt (1) trennt das fahrzeugexterne Netzwerk vom fahrzeuginternen Netzwerk. Diese *externe Firewall* erfüllt dabei mehrere Aufgaben: Sie blockiert jede nicht-autorisierte Verbindung über jedes nicht unterstützte Protokoll. Außerdem blockiert sie standardmäßig alle eingehenden Ports. Damit die Trennungsfunktion für das gesamte Fahrzeug wirksam ist, müssen sämtliche externe Kommunikationskanäle über diese Firewall laufen. Falls diese Zusammenführung nicht möglich oder technisch nicht sinnvoll ist, müssen weitere externe Firewalls implementiert werden.
- Am Übergangspunkt (2) erfolgt die Trennung der *Cross-Domain-Kommunikation.* Diese *interne Firewall* erfüllt dabei mehrere Aufgaben: Zum einen blockiert die Firewall ein Übergreifen auf andere Domänen oder auf das externe Netzwerk und kann dadurch mögliche Angriffe von innerhalb eindämmen. Beispiele für derartige, interne Angriffe sind erfolgreich kompromittierte ECUs, von denen ausgehend ein Angreifer den Angriffspfad möglichst weit auszudehnen versucht – möglichst über die Domänengrenzen oder sogar die Fahrzeuggrenze hinaus, vgl. Fallbeispiel eines realen Angriffs auf ein vernetztes Fahrzeug in Abschn. 1.2.3. Zum anderen kontrolliert und blockiert die Firewall gegebenenfalls den Durchgriff von externen Netzwerken.

Netzwerkverbindungen, die von der externen Firewall autorisiert sind, also von außerhalb ins Fahrzeug durchgeleitet werden und beispielsweise mit Infotainment Unit kommunizieren, sind nicht automatisch auch autorisiert, bis in die einzelnen Domänen weitergeleitet zu werden. Eine weitere Trennung durch die interne Firewall zum Schutz des internen Netzwerks ist deshalb ratsam. Die besondere Herausforderung für die interne Firewall ist die erforderliche Unterstützung aller verwendeten Busprotokolle wie z. B. CAN und Flexray.

- Der Übergabepunkt (3) wird von allen Domänencontroller und Ethernet-Switches repräsentiert, die eine Firewall-Funktion besitzen. Diese zusätzliche Ressource sollte, falls vorhanden, genutzt werden, um in kritischen Komponenten mit hohem Datendurchsatz einen zusätzlichen Schutz zu bieten.

DMZ/Zwischenzone Die Zone zwischen der externen und der internen Firewall ist vergleichbar mit den sog. *Demilitarisierten Zonen* (DMZ), die zur Absicherung in der klassischen IT-Security verwendet werden. Eine DMZ dient als Pufferzone zwischen dem externen und dem internen Netzwerk und soll unerlaubte Übergriffe von beiden Seiten verhindern. Ein direkter Zugriff vom externen Netzwerk ins interne Netzwerk, oder umgekehrt, soll durch die DMZ verhindert werden.

In die DMZ werden Dienste bzw. Funktionen integriert, die von außerhalb des Fahrzeugs erreichbar aber nicht im internen Fahrzeugnetzwerk platziert werden sollen. Beispiele: V2X, Verkehrsmanagement, Flottenmanagement, Passenger-Wifi, Internet.

Anbindung an IDS Ein *Intrusion Detection System* ist eine Zusatzfunktionalität, die in Abschn. 5.3.3 beschrieben wird. Ein IDS kann bestimmte Informationen von der Firewall für ihre Erkennungsfunktionen wiederverwenden. Die Analyse der Kommunikation in den einzelnen Netzwerken, insbesondere eventuelle Verstöße gegen Firewallregeln, die zum Verwerfen eines Pakets bzw. zum Blockieren einer Kommunikationsverbindung führen, können von einem IDS zur Erkennung eventueller Angriffe genutzt werden. Derartige *Firewall-Events* (Policy Violations) werden in Logs zwischengespeichert und (auch) dem IDS zur Verfügung gestellt.

Indem beispielsweise normale Kommunikationsmuster wie etwa die Senderaten einzelner, zyklischer Botschaften gelernt und später mit den realen Werten verglichen werden, können Abweichungen erkannt und evtl. Angriffe und Manipulationsversuche verhindert werden. Als mögliche Gegenmaßnahme könnte das IDS, durch ein geeignetes Update der Firewall-Policy (Regelsätze), eine evtl. vorhandene Schwachstelle beseitigen und zukünftige Angriffe dieser Art verhindern.

5.3.2.4 Welche Anforderungen müssen Firewalls erfüllen?
Die Brandmauer darf selbst nicht brennen. Übertragen auf elektronische Firewalls folgt daraus, dass Firewalls geeignete Maßnahmen ergreifen müssen, damit die Integrität ihrer Funktionen und insbesondere auch ihrer Regelsätze nicht verletzt werden kann. Eine Firewall darf selbst nicht angreifbar sein *(Eigensicherheit)*. Gleichzeitig

muss gewährleistet sein, dass die Regelsätze einer Firewall per Update an neuartige Angriffe angepasst werden können. Die Update-Funktion muss die Authentizität und Aktualität dieser Regelsätze sicherstellen, sodass beispielsweise Downgrade-Angriffe ausgeschlossen sind. Des Weiteren sind die Log-Einträge für die Firewall-Events manipulationssicher abzuspeichern. Bei der Festlegung der Firewall-Policy muss das Security-Designprinzip *Secure Defaults*, s. Abschn. 2.4, berücksichtigt werden.

5.3.2.5 Vor welchen Risiken können Firewalls nicht schützen?

Durch die Integration einer oder mehrerer Firewalls in die Fahrzeugarchitektur können nicht mit hundertprozentiger Sicherheit alle denkbaren Angriffe vereitelt werden. Folgende Schwächen und Grenzen sind bekannt:

Zum einen kennen Paketfilter (L3/L4-Firewalls) die Daten der übergeordneten OSI-Schichten nicht, bzw. sie können sie nicht interpretieren. Angriffe, die mittels schadhafter oder manipulierter Daten oder Kommandos auf Applikationsebene basieren, können deshalb von einer L3/L4-Paketfilter-Firewall nicht erkannt werden. Zum anderen kann etwa eine fehlerhafte Firewall-Konfiguration, die durch Lücken in den Filterregeln entstand, durch geeignete Scanning-Methoden von Angreifern automatisiert gefunden werden.

Netzwerkverbindungen, die die Firewall umgehen, können logischerweise auch nicht von der Firewall kontrolliert werden. Beispielsweise durch (nachträgliches) Hinzufügen einer WiFi-Verbindung in eine ECU kann ein nicht oder schwer kontrollierbarer Angriffspfad entstehen.

Darüber hinaus gibt es eine Vielzahl von Angriffen, für die Netzwerkkomponenten wie Firewalls grundsätzlich anfällig sind, z. B. *Flooding, Spoofing* und *DoS*. Es gibt andererseits jedoch auch für die meisten bekannten Angriffe entsprechend ausgereifte Standard-Gegenmaßnahmen, wie etwa *Spoofing-Prevention, Flooding-Protection*, etc. Dies sind Standard-Securitymaßnahmen aus dem IT-Bereich und werden hier nicht näher erläutert.

5.3.3 Intrusion Detection Systeme

5.3.3.1 Was ist ein Intrusion Detection System?

Eine wichtige Komponente für die lückenlose Umsetzung des *mehrschichtigen Verteidigungsverfahrens* ist das Erkennen von Angriffen im Fahrzeug. *Intrusion Detection Systeme (IDS)* sollen unerlaubte, Security-kritische Zustände und Vorgänge, die auf einen Angriff hinweisen, *erkennen* und darauf reagieren und ggf. übergeordnete Systeme alarmieren. Eine nachfolgende, forensische Analyse aufgezeichneter Daten ermöglicht einen Erkenntnisgewinn um mehr über die Angreifer, sowie deren Ziele, Motivation und Fähigkeiten zu erfahren. Die so gewonnen Erfahrungen können dann in die Produktentwicklung zurückgespielt werden.

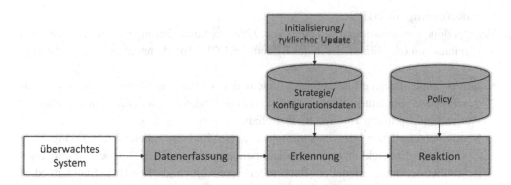

Abb. 5.23 Aufbau eines Intrusion Detection Systems

5.3.3.2   Welche Arten von IDS gibt es und wie funktionieren sie?

5.3.3.2.1   Aufbau und Komponenten
Abb. 5.23 zeigt den Aufbau eines Intrusion Detection Systems und dessen Unterteilung in drei Schritte: *Datenerfassung, Angriffserkennung* und *Reaktion.*

Das überwachte System ist entweder ein Netzwerk, bzw. die darin ablaufende Kommunikation, oder eine ECU. Die Datenerfassung, oder auch *Sensing/Measurement,* misst und erfasst verschiedene Daten des überwachten Objekts und verwendet sie als Eingangsgrößen für die Erkennungsalgorithmen. Die Erkennung eines vermeintlichen Angriffs basiert auf Strategien und Konfigurationsdaten wie etwa Norm- und Toleranzwerten, die initial vorgegeben und auch per Update aktualisiert werden können. Die Reaktion auf einen erkannten Angriff geschieht auf Basis einer Policy oder Richtlinie. So wird nach der Erkennung eines Angriffs eine Entscheidung getroffen, ob und wie das IDS darauf reagiert, etwa durch einen Logeintrag oder eine Fehlermeldung.

Arten von IDS
Intrusion Detection Systeme (IDS) werden anhand der Datenquelle, d. h. der Art von Daten, die zur Überwachung eines Systems erfasst und ausgewertet werden, in zwei Kategorien unterteilt.

- Ein *Host-basiertes IDS (HIDS)* überwacht ein Rechnersystem wie etwa eine ECU, indem dessen inneren Zustände, Verhalten und Abläufe erfasst und ausgewertet werden. HIDS werden überwiegend in ressourcenstarken und Security-kritischen Komponenten wie Gateway-ECUs und Domain-Controllern eingesetzt.
- Ein *Netzwerk-basiertes IDS (NIDS)* überwacht den Netzwerkverkehr der fahrzeuginternen Buskommunikation. NIDS erfassen verschiedene Daten der einzelnen Bussysteme und befinden sich deshalb in dedizierten IDS-Komponenten oder in Komponenten wie Gateways, die zum einen auf möglichst alle Bussysteme zugreifen können und zum anderen über die erforderlichen Ressourcen zur Ausführung der IDS-Funktionen verfügen.

Datenerfassung für HIDS
Verschiedene Informationen können zur Überwachung herangezogen werden, um Manipulationen oder Einbrüche in das System (= ECU) zu erkennen:

- Status- und Fehlerinformationen verschiedener Prüffunktionen, z. B. die fehlgeschlagene Signaturprüfung eines Software-Updates oder die fehlgeschlagene Authentizitätsprüfung von SecOC-Botschaften.
- Status verschiedener Integritätsprüfungen, z. B. nicht-autorisierte Entriegelung einer Debug- oder Entwicklungsschnittstelle, Spannungspegel-, ECU-Temperatur und Taktgeberüberwachung; aktueller Ressourcenverbrauch und Speicher-/Laufzeitbedarf einzelner Anwendungen; versuchte Verletzungen der Code-Pointer-Integrity oder der *Control-Flow-Integrity,* vgl. Abschn. 5.1.5.

Datenerfassung für NIDS
Zur Überwachung der fahrzeuginternen Netzwerke wird die Kommunikation der jeweiligen Bussysteme anhand verschiedener Daten untersucht. Grundsätzlich können NIDS bei allen Bussystemen zum Einsatz kommen, müssen aber entsprechend darauf angepasst werden. Zum einen kann eine statistische Auswertung der *Meta-Daten* wie Buslast, Häufigkeit von Errorframes, Häufigkeit von Sync-Frames, etc., Hinweise für Manipulationsversuche liefern. Relevante Informationen können zum anderen aber auch durch eine *Packet Inspection,* also der Analyse bestimmter Nachrichtenpakete hinsichtlich ihrer ID, Absenderadresse, Empfängeradresse, Sende- bzw. Empfangsrate, etc. gewonnen werden. Während die einfachere *Packet Inspection* nur Daten aus dem Nachrichtenkopf (engl. header) untersucht, interessiert sich die aufwändigere *Deep Packet Inspection* für die konkreten Inhalte, also den Nutzdaten bestimmter Nachrichtenpakete. Die Deep Packet Inspection ist in der Lage, die Nutzdaten zu interpretieren. So kann sie beispielsweise die Gradienten bestimmter physikalischer Größen überwachen und plausibilisieren oder unrealistische Beschleunigungen oder Drehzahlsprünge erkennen.

NIDS können weitere (vertrauenswürdige) Informationen, die Hinweise auf einen Angriff auf die Fahrzeugkommunikation geben, heranziehen. Zum einen sind *Firewall-Events,* also Verstöße gegen bestimmte Firewall-Regeln, Indizien für einen Einbruchsversuch. Zum anderen existieren Vorschläge, das aus der klassischen IT stammende *Honeypot*-Konzept auch für Fahrzeugnetzwerke zu übernehmen, s. *Hintergrundinformationen.* Eine Alarmmeldung eines Honeypots ist, nachdem ein Angreifer erfolgreich in dessen Falle getappt ist, ein zuverlässiges Indiz für einen Angriffsversuch, weil die Dienste und Daten eines Honeypots im Normalbetrieb niemals genutzt werden.

Hintergrund

Honeypot
Ablenkende Maßnahmen sind wesentliche Bestandteile des mehrschichtigen *Defence-in-Depth*-Ansatzes. Der Zweck von *Honeypots* oder *Lockvogelsystemen* ist es, angegriffen zu werden. Für Angreifer sind sie im wahrsten Sinne attraktiv. Honeypots

täuschen ein reales (Teil-)System des Fahrzeugs vor, ggf. auch mit interessanten Daten und Funktionen.

Zweck und Aufgaben eines Honeypots:

- Das *Umlenken* (engl. deflection) eines Angreifers vom realen System auf ein vor-getäuschtes System, wo kein Schaden angerichtet werden kann.
- Das *Sammeln von Informationen* über Angreifer, zum einen als Frühwarnsystem zum Erkennen eines Einbruchs/Angriffs und zum anderen für nachgelagerte forensische Untersuchungen, um das Verhalten des Angreifers zu studieren.
- Das Hinhalten des Angreifers, um seine Zeit zu verschwenden.

Der Entwurf eines Honeypots kann von einem komplexen System bis zu einem kleinen Datenelement reichen. Die Bezeichnung *Lockvogel* impliziert, dass dieses System in seiner Beschaffenheit so gestaltet wurde, dass Angreifer es als lohnens-wertes Angriffsziel wahrnehmen und dem restlichen, realen System vorziehen. Allerdings darf die Anziehungskraft auch nicht zu auffällig sein, um beim Angreifer keinen Verdacht zu schöpfen.

Verendel et al. [113] entwarfen drei Honeypotmodelle – mit unterschied-lichen Ausbaustufen hinsichtlich ihrer Realitätsnähe. Gemeinsames Ziel dieser Honeypotmodelle ist die Simulation eines Fahrzeugnetzwerks und einer fahrzeug-internen Buskommunikation. Ein Honepot wird im Fahrzeug beispielsweise am oder im zentralen Gateway platziert und soll das Fahrzeug simulieren – streng abgetrennt vom realen System, um kein unnötiges Risiko einzugehen.

- Im ersten und einfachsten Modell werden vorab aufgezeichnete Signalverläufe von Sensoren, Aktoren und Fahrerbefehle wiedergegeben.
- Im zweiten Modell werden der Fahrer bzw. sein Verhalten anhand eines Modells simuliert, was zumindest eine entsprechende Reaktion auf externe Signale zulässt. Diese Interaktion lässt den Honeypot realer erscheinen und ein Angreifer wird mutmaßlich mehr Zeit benötigen, um die Falle zu erkennen.
- Im dritten Modell werden die tatsächlichen, realen Signale des Fahrzeugnetzwerks im Honeypotsystem wiedergegeben.

Einfachere Honeypotmodelle taugen weniger für forensische Untersuchungen, sondern eher als Detektionsmöglichkeit. Dagegen stellen komplexere Modelle ein attraktiveres und realistischeres Ziel dar. Das Verhalten der Angreifer kann mit einem komplexen Modell besser erfasst und untersucht werden. Es lässt Rückschlüsse auf Angriffstaktik, Werkzeuge, Angriffswege und die ausgenutzten Schwachstellen zu.

Honeypots können dabei helfen, die folgenden Fragen zu beantworten:

- Wie gezielt bzw. strukturiert gehen Angreifer vor?
- Besitzen Angreifer Geheimnisse bzw. Insiderwissen? Welche?
- Benutzen Angreifer Werkzeuge zur Automatisierung ihrer Angriffe? Etwa auto-matische *Scan*-Tools oder *Exhaustive-Search*-Methoden?

- Welche Schnittstellen werden (bevorzugt) angegriffen?
- Zu welchen Tageszeiten und an welchen Wochentagen finden Angriffe statt? Gibt es Häufungen?

Das inhärente Risiko von Honeypots kommt dadurch zustande, dass Angreifer bewusst und aktiv angelockt werden. Angreifer können in das System eindringen, sich darin „austoben" und beliebig Zeit verbringen. Dies bestärkt erst recht die Anforderung, dass Honeypots strikt vom restlichen Fahrzeugsystem, insbesondere von safetyrelevanten Teilsystemen isoliert sein müssen. ◀

Erkennungsstrategien
Für die Erkennung einer Manipulation bzw. eines Angriffs wenden Hersteller von Intrusion Detection Systemen verschiedene Strategien an. Nicht alle Methoden sind von den aus der klassischen IT stammenden IDS-Lösungen ohne Weiteres auf Fahrzeuge übertragbar. Lokman et al. [74] stellten 2019 eine Übersicht von mehr als 20 verschiedenen Lösungsansätzen zusammen, unter denen zwei Erkennungsstrategien für NIDS dominieren: *Anomalie-basierte Erkennung* und *Signatur-basierte Erkennung*. Weitere Methoden, die beispielsweise auf Neuronale Netze basieren, werden hier nicht behandelt.

Erkennung von Anomalien Zur Erkennung von Anomalien werden Systemverhalten sowie Netzwerkaktivitäten gemessen und mit Referenzwerten verglichen. Die Referenzwerte können von einer Initialisierungsfunktion (auch Einlernfunktion) ermittelt werden oder basierend auf einer Spezifikation wie etwa der Kommunikationsmatrix oder einer Autosar-Systembeschreibung vorgegeben werden. Beispiele für Anomalien: (1) Die Empfangsrate einer oder mehrerer Botschaften ist höher als vorgegeben. (2) Es werden Botschaften mit nicht-definierten IDs empfangen. Abweichungen von einem definierten Normalverhalten bzw. von einem Referenzwert werden unter Berücksichtigung bestimmter *Toleranzgrenzen* als Anomalie und damit als Einbruchs-/Manipulationsversuch erkannt. Je enger die Toleranzgrenzen gesetzt werden, desto höher ist die *Trefferquote, s.* Gl. 5.1, aber möglicherweise auch die *Falsch-Positivrate* (Gl. 5.3). Eine Filterung der Events kann die Falsch-Positivrate reduzieren.

Signatur-basierte Erkennung Zur Erkennung von bereits bekannten Angriffsmustern werden sogenannten Signatur-basierte Erkennungsstrategien verwendet. Hierbei werden bestimmte Ereignisse (engl. events) vom IDS überwacht und mit hinterlegten Beschreibungen von Angriffsmustern verglichen. Der Begriff *Signatur* wurde gewählt, weil bestimmte Folgen oder Kombinationen von Systemereignissen (events) ein hinreichendes Zeichen (lat. signatur) für einen Angriff sind, s. [99]. Gegenüber *Anomalie*-basierter Erkennung hat die *Signatur*-basierte Erkennung den Nachteil, dass nur bekannte Angriffsmuster erkannt werden können. Neuartige, noch unbekannte Angriffsmuster könnten ggf. von der Anomalie-basierten IDS erkannt werden, von Signatur-basierten jedoch sicher nicht, s. [56].

Konfigurationsdaten Die Erkennungsfunktion kann konfiguriert werden, um das IDS an das jeweilige System und dessen Kontext anpassen zu können. Dabei werden die folgenden Daten festgelegt:

- Spezifikation des Normalzustands.
- Geduldete Abweichungen – definiert durch Toleranzbereiche und Grenzwerte.
- *Blacklisting* bestimmter Ereignisse, die als Angriffsversuch interpretiert werden, z. B. das Verwenden zurückgezogener Zertifikate oder ein Software-Downgradeversuch.

Initial werden die Konfigurationsdaten entweder fest vorgegeben und beispielsweise in der Produktion programmiert oder durch eine Initialisierungsfunktion bei der Erstinbetriebnahme des Fahrzeugs ermittelt.

Zur Anpassung an die stetig wachsenden Fähigkeiten und Möglichkeiten von Angreifern, müssen IDS im Feld per Update nachjustiert werden, beispielsweise per OTA-Update. Auf diesem Weg können den Intrusion Detection Systemen neue Schwachstellen, neue Werkzeuge für Angriffe, usw. bekannt gemacht werden.

5.3.3.3 Welche Reaktion soll bei einem erkannten Einbruch erfolgen?

Die Möglichkeiten eines Intrusion Detection Systems, auf einen erkannten Angriff zu reagieren, unterscheiden sich im Kontext eines Fahrzeugs wesentlich von einem IDS im IT-Umfeld, also beispielsweise eines PCs oder einer Komponente in einem Rechenzentrum. Für den Einsatz von IDS im Fahrzeug gelten andere Bedingungen, weshalb Reaktionsmaßnahmen nicht ohne Weiteres aus dem klassischen IT-Bereich übernommen werden können. Fahrzeuge besitzen etwa Safety-kritische Funktionen bzw. Betriebszustände, z. B. Fahren mit hoher Geschwindigkeit auf der Autobahn, die unmittelbare Reaktionen wie sofortiges Abbremsen oder Abschalten bestimmter Funktionen, nicht erlauben.

Anhand des folgenden Beispiels kann gezeigt werden, wieso bestimmte Maßnahmen nicht in allen Fällen zielführend sind. Eine Benachrichtigung des Fahrers über das Display der Head-Unit, ist wirkungslos, falls der Fahrer aufgrund mangelnden Wissens oder konkreten Handlungsempfehlungen überfordert ist oder aktuell vielleicht auch unfähig ist, angemessen zu handeln. Ein weiteres Problem ist der bereits erwähnte Umstand, dass sich Fahrzeuge, insbesondere PKWs prinzipiell in feindlicher Umgebung befinden. Oftmals ist der Fahrer, bzw. die Person, die sich gerade im oder am Fahrzeug befindet und vom IDS alarmiert werden soll, möglicherweise selbst der Angreifer und manipuliert beispielsweise gerade den Tacho oder die Motorkennlinien. Spätestens bei autonom fahrenden Fahrzeugen, wo gar kein Fahrer mehr anwesend sein wird, wird diese Art der Alarmierung vergeblich sein.

Hoppe et al. [56] schlagen in Abhängigkeit von der Kritikalität des entdeckten Angriffs eine Kombination aus visuellen, akustischen und haptischen Reaktionen vor. Folgende passive Reaktionsmöglichkeiten sind denkbar:

- (manipulationssichere) Einträge in einer Log-Datei und Fehlerspeichereinträge.

- Benachrichtigung bzw. Warnmeldung an Fahrer, Besitzer, Flottenbetreiber oder OEM, beispielsweise über die externen Kommunikationskanäle des Fahrzeugs, s. *Hintergrundinformationen zu SOC,* Abschn. 3.2.

Um eine *forensische Analyse* zu ermöglichen sollten möglichst viele relevante Daten übertragen bzw. in der Log-Datei abgespeichert werden, sodass später Rückschlüsse auf den Angriffspfad, die Angriffsziele, die vorhandene Schwächen des angegriffenen Systems, die Fähigkeiten des Angreifers und eventuelle Möglichkeiten der Fehlerbehebung gezogen werden können.

Sogenannte *Intrusion Detection and Prevention Systeme (IDPS)* wenden auch aktive Reaktions- bzw. Schutzmaßnahmen zum Verhindern/Vereiteln eines Angriffs an. Beispiele für aktive Maßnahmen eines IDPS sind:

- das Beenden einer aktiven Kommunikations-/Diagnosesitzung.
- das Unterbrechen der betroffenen Netzwerkverbindung.
- Notbetrieb mit reduziertem Funktionsumfang.
- das Abschalten bestimmter kritischer Funktionen (z. B. ADAS-Funktionen) und Kontrolle möglichst an den Fahrer übergeben.

Können IDPS wirksam und nachhaltig einen bestimmten Angriff verhindern?

Aktive, präventive Maßnahmen sind derzeit noch umstritten, da einerseits ihre Wirksamkeit fraglich ist und weil sie andererseits durch ihren aktiven Eingriff ihrerseits die Angriffsoberfläche des zu schützenden Systems erhöhen. Ein absichtlich provoziertes Auslösen der IDPS-Reaktion könnte beispielsweise nachhaltig die Verfügbarkeit bestimmter Funktionen herabsetzen.

Wie bei den Regeln für die Erkennungsstrategie sollen auch die Regeln bezüglich der möglichen IDS-Reaktionen konfigurierbar und aktualisierbar sein, um sich flexibel und langfristig auf ein sich änderndes Umfeld anpassen zu können.

Qualitätsmerkmale und Metriken

Zur qualitativen Beurteilung von Intrusion Detection Systemen werden verschiedene Metriken ermittelt. Weil das Ergebnis des Erkennungsalgorithmus nur zwei verschiedene Zustände annehmen kann, nämlich *Einbruch erkannt* oder *kein Einbruch erkannt,* kann folgende Wahrheitstabelle für die möglichen Kombinationen der *binären Klassifikation* erstellt werden.

In Tab. 5.5 sind die möglichen Kombinationen aller tatsächlichen und vom IDS erkannten Fälle, jeweils als Einbruch oder Normalfall, aufgeführt.

- TP (true positive) bedeutet: Das IDS hat einen Einbruch richtigerweise als solchen erkannt.
- TN (true negative) bedeutet: Das IDS hat richtigerweise erkannt, dass es sich nicht um einen Einbruch handelt.

Tab. 5.5 Wahrheitstabelle zur Beurteilung des IDS-Erkennungsalgorithmus

	Einbruch (vom IDS erkannt)	Kein Einbruch/Normalfall (vom IDS erkannt)
Einbruch (tatsächlich)	TP	FN
Kein Einbruch/Normalfall (tatsächlich)	FP	TN

- FP (false positive) bedeutet: Das IDS hat fälschlicherweise einen Einbruch erkannt, obwohl in Wahrheit gar keiner stattfand.
- FN (false negative) bedeutet: Das IDS hat fälschlicherweise keinen Einbruch erkannt, obwohl in Wahrheit einer stattfand.

Die Werte aus der Wahrheitstabelle können nun zur Berechnung der folgenden statistischen Kenngrößen verwendet werden, s. [55, 69, 70].

Sensitivität oder *Trefferquote,* engl. hit rate oder true positive rate (TPR), s. Gl. 5.1. TPR < 1 bedeutet: nicht alle Einbrüche wurden erkannt.

$$TPR = \frac{TP}{TP + FN} = \frac{richtig\ erkannte\ Einbrüche}{Summe\ aller\ Einbrüche} \tag{5.1}$$

positiver Vorhersagewert oder *Relevanz,* engl. precision, positive predictive value (PPV), s. Gl. 5.2. PPV < 1 bedeutet: unter den erkannten Einbrüchen befanden sich auch Fälle ohne einen Einbruch

$$PPV = \frac{TP}{TP + FP} = \frac{richtig\ erkannte\ Einbrüche}{Summe\ aus\ richtig\ und\ falsch\ erkannten\ Einbrüchen} \tag{5.2}$$

Falsch-Positiv-Rate (FPR) oder die Wahrscheinlichkeit für einen Fehlalarm, s. Gl. 5.3.

$$FPR = \frac{FP}{FP + TN} = \frac{falsch\ erkannte\ Einbrüche}{falsch\ und\ richtig\ erkannte\ Normalfälle} \tag{5.3}$$

Falsch-Negativ-Rate (FNR) oder die Wahrscheinlichkeit für nicht entdeckte Einbrüche, s. Gl. 5.4. FNR > 0 bedeutet, dass Einbrüche nicht entdeckt wurden.

$$FNR = \frac{FN}{FN + TP} \tag{5.4}$$

Korrektklassifikationsrate oder *Treffergenauigkeit,* engl. accuracy, s. Gl. 5.5. KKR gibt den Anteil aller Fälle an, die richtig klassifiziert wurden.

$$KKR = \frac{TP + TN}{TP + TN + FP + FN} \tag{5.5}$$

Beispiel

In einer Studie mit realen Fahrzeugen wurde für ein CAN-basiertes IDS eine Falsch-Negativ-Rate von 0,055 % ermittelt [17]. In weiteren Studien werden Werte genannt, die sich in derselben Größenordnung befinden. Die folgende Rechnung zeigt, dass diese FNR ohne Nachbehandlung für ein Fahrzeug nicht akzeptabel ist. Unter der Annahme, dass das IDS Einbrüche auf der Basis einzelner Botschaften ermittelt, summiert sich bereits für eine einzige Botschaft, die zyklisch 50 Mal pro Sekunde (20 ms-Raster) gesendet wird, die Anzahl der Fehlalarme auf 99 Fehlalarme pro Stunde. (50 Botschaften pro Sekunde = 180.000 Botschaften pro Stunde).

Als eine mögliche Abhilfe beschreiben die Autoren einen Verifizierungsprozess, der für erkannte Einbrüche durchlaufen werden sollte, um Falsch-Negative herauszufiltern. ◀

5.3.3.4 Welche Anforderungen sollen IDS erfüllen?

Ergänzend zu den oben definierten Qualitätskriterien werden an Intrusion Detection Systeme folgende weitere Anforderungen gestellt.

- *Freedom-from-Interference:* Als passive, beobachtende Funktionen sollen IDS keine aktiven Eingriffe vornehmen. Vor allem hinsichtlich der funktionalen Sicherheit sind Eingriffe in Safety-relevante Abläufe untersagt.
- *Echtzeitfähigkeit* und *Performance:* Bedingt durch die Datenerfassung und Einbruchserkennung sollen IDS möglichst keine zusätzliche Latenzzeit und keine Verringerung des Datendurchsatzes hervorrufen. IDS-Funktionen sollten demnach bevorzugt durch parallele Ausführung, z. B. auf einem separaten Rechenkern, abgearbeitet werden.
- *Robustheit:* Trotz der Annahme, dass ein Angriff auf ein konkretes Fahrzeug bzw. dessen Komponenten ein eher seltenes Ereignis darstellt, sollten IDS so konfiguriert sein, dass auch die seltenen, unwahrscheinlichen Angriffe mit höchstmöglicher Zuverlässigkeit erkannt werden (s. *False-Negative-Rate*) und dass gleichzeitig im Normalfall trotzdem möglichst wenige Fehlalarme auftreten (s. *False-Positive-Rate*). Außerdem sind bei Konfiguration der Fehlererkennung geeignete Maßnahmen zu ergreifen, damit seltene oder unbekannte Betriebszustände oder bestimmte physikalische Störeinflüsse ebenfalls keine Fehlalarme begünstigen.

5.3.3.5 Gesamtkonzept

Ein Intrusion Detection System ist keine alleinstehende Komponente, sondern in ein Gesamtkonzept eingebunden. Innerhalb der Defence-in-Depth-Strategie *Protection-Detection-Deflection,* vgl. Abschn. 2.1, spielt IDS eine essenzielle Rolle für die Erkennung von Angriffen.

Gleichzeitig stellt ein IDS einen wichtigen Bestandteil der gesamten Wirkkette des sog. *Vulnerability Monitorings* dar. Die erfassten Informationen über Angriffe und Angriffsversuche zählen zu den wichtigsten, unternehmensinternen Informationsquellen für das *Security Monitoring* im Security Operations Center.

5.3.4 Secure In-Vehicle Communication

5.3.4.1 Definition von *In-Vehicle Communication*

Die Absicherung der fahrzeuginternen Kommunikation (engl. In-Vehicle Communication) ist ein weiterer wichtiger Baustein im *mehrschichtigen Verteidigungsverfahren* zur Absicherung der E/E-Architektur.

▶ Die fahrzeuginterne Kommunikation (engl. In-Vehicle Communication) ermöglicht den Datenaustausch zwischen ECUs und findet über verschiedene Bussysteme wie etwa CAN, LIN, FlexRay, MOST und Ethernet statt.

Zum Zeitpunkt der Entstehung von CAN (in den 1980er Jahren), LIN (in den 1990er Jahren) und FlexRay (in den frühen 2000er Jahren) spielte Security im Automotivebereich noch keine große Rolle. Das Gefährdungspotential lag damals auf deutlich niedrigerem Niveau als heute und das resultierende Risiko war noch vertretbar. Die Entwicklung dieser Bussysteme war vorrangig von den Parametern Kosten, Performanz und Fehlertoleranz (vorrangig wegen der funktionalen Sicherheit) getrieben. Security-Aspekte wurden bei der Konzeption dieser Bussysteme noch nicht berücksichtigt.

In heutigen Fahrzeugen tauschen die rund 100 verbauten ECUs ihre Daten nicht mehr nur in voneinander losgelösten Domänen aus. Ein hoher Vernetzungsgrad und eine kontrollierte Cross-Domain-Kommunikation ermöglichen zahlreiche komplexe Fahrzeugfunktionen wie etwa Fahrerassistenzsysteme (ADAS). Gleichzeitig rückte der Automotive-Bereich seit den 2000er Jahren als zunehmend attraktives Ziel in den Fokus von Cyberangriffen.

Getrieben von aktuellen Entwicklungstrends, insbesondere Autonomes Fahren und Connectivity, wird sich die Angriffsoberfläche in zukünftigen Fahrzeugarchitekturen zusätzlich vergrößern. Ausschlaggebend sind hier insbesondere die Funkschnittstellen sowie die Anbindung an Automotive-Infrastrukturkomponenten.

5.3.4.2 Was sind die Risiken und Gefährdungen der In-Vehicle-Communication?

5.3.4.2.1 Angreifermodell

Das fahrzeuginterne Kommunikationsnetzwerk ermöglicht es theoretisch, von externen Fahrzeugschnittstellen oder internen Komponenten ausgehend auf jede beliebige Komponente zuzugreifen, s. [80, 86, 105]. Das in Abschn. 5.3.1 beschriebene, mehrschichtige Verteidigungsverfahren definiert mehrere Maßnahmen zur Absicherung der E/E-Architektur gegen sogenannte Fernangriffe (engl. remote attacks).

Physische, direkte Angriffe können entweder durch direktes Kontaktieren der Busleitungen oder durch das Manipulieren einer ECU, also eines Busteilnehmers, durchgeführt werden. Die Angriffsmethode zielt in beiden Fällen auf die Möglichkeit ab, beliebige Nachrichten auf dem Bussystem zu versenden, um somit die Fahrzeugfunktionen zu beeinflussen oder sogar vollständig zu steuern, s. [53].

Tab. 5.6 Fakten zu den wichtigsten Bussystemen, vgl. [72, 123]

Bussystem	Beschreibung
CAN	**Controller Area Network:** Der CAN-Bus ist weit verbreitet und wird praktisch in jedem Fahrzeug verwendet. Am häufigsten wird CAN in den Domänen Antriebstrang, Fahrwerk und aktive/ passive Sicherheitskomponenten eingesetzt CAN besitzt eine *Multi-Master-Architektur,* d. h. alle Busteilnehmer sind gleichberechtigt. Botschaften werden im Broadcast-Verfahren versendet, d. h. jeder Busteilnehmer kann jede Botschaft empfangen. Mittels verschiedener IDs lassen sich die Botschaften unterscheiden. Das *Buszugriffsverfahren* ist prioritätsgesteuert und dazu in der Lage eventuelle Kollisionen, die durch einen gleichzeitigen Buszugriff mehrerer Busteilnehmer entstehen können, aufzulösen. CAN kann aufgrund des prioritätsgesteuerten *Arbitrierungsverfahrens* keine Maximalzeit für das Versenden von Botschaften garantieren und ist somit nicht (hart) echtzeitfähig und nicht deterministisch CAN besitzt mehrere Mechanismen zur Erkennung von Übertragungsfehlern, die beispielsweise von Leitungsstörungen hervorgerufen werden. CAN besitzt von Haus aus jedoch keine Security-Mechanismen „CAN mit flexibler Datenrate" *(CAN FD)* wurde 2015 dem Standard hinzugefügt und erlaubt eine höhere Übertragungsrate (bis zu 8 Mbit/s statt 1 Mbit/s) sowie eine Erhöhung der pro Botschaft übertragenen Nutzdaten (bis zu 64 Byte statt 8 Byte) Standard: ISO 11898
FlexRay	FlexRay wurde für Systeme mit hohen Anforderungen an das deterministische Verhalten und Echtzeitfähigkeit entwickelt, insbesondere für *X-by-Wire*-Anwendungen FlexRay besitzt eine Multi-Master-Architektur und verwendet ein TDMA-Schema, um die hohen Echtzeitanforderungen bestimmter sicherheitskritischer Fahrzeugfunktionen zu erfüllen FlexRay-Verbindungen besitzen zwei Kanäle. Diese Kanalredundanz, sowie weitere Mechanismen, machen FlexRay zu einem fehlertolerantem Bussystem FlexRay besitzt keine Security-Mechanismen Standard: ISO 17458
LIN	Local Interconnect Network Der LIN-Bus wurde für den Einsatzbereich für einfache Sensoren und Aktuatoren konzipiert, z. B. für Sitzverstellung, Fensterheber, Scheibenwischer, Klimaanlage und Außenspiegel LIN besitzt eine *Master–Slave-Architektur* und eine relativ geringe Übertragungsrate Die LIN-Botschaften sind nur mit einem Paritätsbit zur Fehlererkennung ausgestattet. Security-Mechanismen sind nicht vorhanden Standard: ISO 17987
MOST	Media Oriented System Transport Das MOST-Bussystem wurde für Multimedia- und Infotainment-Anwendungen entwickelt. Es besitzt eine Ringtopologie mit einem Timing-Master. Die Datenübertragung erfolgt optisch über Lichtwellenleiter und mit verschiedenen Übertragungsraten MOST besitzt Mechanismen zur Fehlererkennung und -behandlung aber keine Security-Mechanismen

(Fortsetzung)

Tab. 5.6 (Fortsetzung)

Bussystem	Beschreibung
Ethernet	Automotive Ethernet Der Ethernet-Standard spezifiziert die OSI-Schichten 1 (Bitübertragung) und 2 (Sicherung/MAC) Ethernet gibt es schon seit den 1980er Jahren. Erst durch die Weiterentwicklung des Physical Layers zur Erfüllung der Automotive-Anforderungen schaffte Ethernet mit der sogenannten *BroadR-Reach*-Technologie den Einzug in die Automobilindustrie *BroadR-Reach* definiert eine Übertragung in Vollduplex über UTP (unshielded twisted pair). Hinsichtlich der Verkabelung sind die Anforderungen vergleichbar mit FlexRay oder CAN Die wichtigsten Automotive Ethernet Standards sind: – IEEE 100BASE-T1 (früher OABR) bzw. IEEE 802.3bw (100 Mbit/s) – IEEE 1000BASE-T1 bzw. IEEE 802.3bp (1000 Mbit/s) Oberhalb der Ethernet MAC-Schicht können, je nach Anwendungsbereich, verschiedene Protokolle laufen: – *nicht-IP-basierte Protokolle* wie Audio-Video-Bridging (AVB) für Anwendungen mit Echtzeitanforderungen, einerseits um zeitkritische (engl. time-sensitive) FlexRay-Anwendungen zu bedienen und andererseits eine Alternative zu MOST für Multimedia-Übertragungen zu bieten – *IP-basierte Protokolle* mit versch. Anwendungen wie Diagnose/Programmieren über DoIP oder Service-orientierte Kommunikationsprotokoll wie SOME/IP Mit der Übernahme bzw. dem Einzug von Ethernet- und IP-basierten Protokollen können auch entsprechende, in der klassischen IT etablierten Security-Mechanismen in den Automotive-Bereich übernommen werden – zur Absicherung der Ethernet-basierten, fahrzeuginternen Kommunikation

Frei verfügbare *Car-Hacking*-Anleitungen und detaillierte Beschreibungen der E/E-Architektur konkreter Fahrzeugtypen begünstigen das Angriffspotential. Hinzu kommen preisgünstiges Equipment (Hardware- und Software-Werkzeuge), die zur Buskommunikation im Fahrzeug eingesetzt und für bestimmte Angriffsmethoden verwendet werden können. Aus dem Blickwinkel der Bedrohungsanalyse hat ein sinkender finanzieller Aufwand automatisch eine Erhöhung der Angriffswahrscheinlichkeit zur Folge.

Beispiel

Mithilfe spezieller aber mittlerweile kostengünstiger Werkzeuge, s. [12], ist es möglich, gezielte Verletzungen des CAN-Protokolls wie etwa das Erzwingen rezessiver Bits auf der Bitübertragungsschicht (Physical Layer) hervorzurufen. Derartige Verletzungen waren bisher nicht denkbar, weil die Funktionalität der Bitübertragungsschicht durch die in Hardware implementierten CAN-Transceivern technisch nicht manipulierbar ist. Ein derartiger Angriff gegen das CAN-Protokoll ist deswegen bedenklich, weil u. a. bei Security-Analysen wie etwa TARAs stets davon ausgegangen wurde, dass die unteren Protokollschichten nicht kompromittierbar seien.

In [58] wird eine entsprechende Angriffsmethode mit dem sog. *CANT-Tool* demonstriert.

In [98] wird demonstriert, wie die Spannungspegel der CAN-Leitungen durch direktes Anschließen an den Microcontroller (statt über CAN-Transceiver) kontrolliert werden können. CAN-Transceiver stellen durch ihre Beschaltung sicher, dass rezessive Bits durch dominante Bits überschrieben werden können. Über die Kontrolle der CAN-Spannungspegel können jedoch auch rezessive Bits erzwungen werden. ◄

5.3.4.2.2 Security-Schwächen

Im vorigen Abschnitt wurde bereits auf die fehlenden Securitymechanismen von Bussystemen hingewiesen. Zahlreiche Forschungsarbeiten, s. [15, 16, 79, 118], beschäftigten sich mit der Analyse der verschiedenen Security-Schwächen der Bussysteme. Stellvertretend für die anderen Bussysteme wurde CAN näher untersucht.

Basierend auf der Risikoanalyse von EVITA [95] werden in Tab. 5.7 die gefährdeten Schutzziele der fahrzeuginternen Kommunikation erläutert und mögliche Angriffsmethoden genannt. Die Ergebnisse gelten in vergleichbarem Umfang auch für LIN und FlexRay.

5.3.4.2.3 Risiken

Verschiedene Fernangriffe auf Fahrzeuge, s. [80, 86, 105], demonstrierten, dass die Einfallstore zwar oftmals die ECUs mit Internet-Anbindung bzw. externe Kommunikationsschnittstellen sind, aber einer der letzten Schritte im Angriffspfad ist die Manipulation einer ECU über eine nicht oder schlecht abgesicherte Buskommunikation. In diesen Angriffen wurde nicht etwa die Integrität des Bremsen-Steuergeräts oder der Lenkung angegriffen, denn das war gar nicht nötig. Vielmehr wurde die Authentizität der CAN-Botschaften, die die Funktionen der jeweiligen ECUs beeinflussen, angegriffen. Lemke et al. [72] führten mögliche Gefährdungen auf, die Angriffe auf die verschiedenen Bussysteme nach sich ziehen könnten. Die Bandbreite reicht in Abhängigkeit vom Funktionsumfang der jeweiligen Busdomäne, von kleineren Störungen unkritischer Funktionen bis hin zur Gefahr für Leib und Leben durch Angriffe auf sicherheitskritische Funktionen. Darüber hinaus müssen die von Lemke et al. aufgeführten Gefährdungspotentiale auch im Zusammenhang komplexerer Angriffspfade eingeordnet werden. Beispielsweise kann nach einem eher unkritischen Angriff auf eine LIN-Komponente wie den Außenspiegel im weiteren Schritt bei unzureichender Netzwerkisolierung auf den deutlich kritischeren Antriebstrang-CAN zugegriffen werden.

Beispiele

Eine Manipulation der Steuersignale der Aktoren (Bremse, Lenkung, Antrieb, etc.) durch Angriffsmethoden wie *alter, fake, spoof* oder *inject,* kann ungewolltes oder gar sicherheitskritisches Verhalten des Fahrzeugs bewirken.

Eine Manipulation bestimmter Sensorsignale, z. B. RADAR-Signale, können mit der Angriffsmethode *replay,* d. h. das wiederholte Einspielen früher aufgezeichneter, realer Signalfolgen, in der nachgelagerten *Perception*-Funktion sog. *Geisterobjekte* erzeugen und ggf. ungewollte Reaktionen wie automatisches Abbremsen bewirken.

Tab. 5.7 Security-Schwächen des CAN-Standards, vgl. [95]

Gefährdete Schutzziele	Erläuterungen	Angriffsmethoden
Integrität	CAN besitzt zwar mit der *CRC-Checksumme* einen Mechanismus zur Erkennung von Integritätsverletzungen der CAN-Botschaften. Die CRC ist jedoch kein kryptographisch sicheres Verfahren. Stigge [101], zeigte, dass eine *Reverse-Engineering*-Methode existiert, mit der für eine gegebene CRC die Nutzdaten (oder Teile davon) so berechnet werden können, dass die CRC für diese Nutzdaten korrekt ist. Eine Manipulation der Nutzdaten wird somit nicht als CRC-Fehler erkannt. Demnach besitzt CAN keinen kryptographisch sicheren Schutz der Botschaftsintegrität	Alter, fake
Authentizität	Empfänger einer CAN-Botschaft haben keine Möglichkeit, die Echtheit der Botschaft zu überprüfen, d. h. sie können nicht sicher sein, ob eine Botschaft von einem bestimmten Absender stammt oder nicht Identifier dienen nur zur Identifizierung der verschiedenen Botschaften. Sie lassen keine Rückschlüsse auf den tatsächlichen Absender einer bestimmten Botschaft zu. Jeder Busteilnehmer kann jede beliebige Botschaft absenden (und empfangen)	Spoof, inject
Vertraulichkeit	Zum einen bietet das CAN-Protokoll keine Verschlüsselung der Nutzdaten an und zum anderen werden alle Nachrichten stets per Broadcast versendet, d. h. alle Busteilnehmer können alle Botschaften empfangen und lesen Privacy-relevante Botschaften können nur dann vertraulich versendet werden, falls auf der Applikationsebene eine Verschlüsselung stattfindet	Eavesdrop
Aktualität/ Freshness	Das CAN-Protokoll sieht weder eine Zeitinformation noch einen Zähler in der Botschaft vor, womit die Empfänger die Aktualität der Botschaft überprüfen können	Replay
Verfügbarkeit	Eine zuverlässige Kommunikation kann mit dem CAN-Protokoll nicht garantiert werden Die Kommunikation kann sowohl komplett (1) als auch spezifisch, also für einzelne Botschaften (2), gestört oder vollständig unterbrochen werden (1) Beispielsweise durch hochfrequentes, kontinuierliches Senden hochpriorer Botschaften – der sog. Arbitrierungsmechanismus sorgt dafür, dass Botschaften mit kleinerer ID, also höherer Priorität „gewinnen" und gesendet werden (2) Beispielsweise durch sog. *Bitbanging* (Emulation der CAN-Treiber mit dem Ziel, das Protokoll zu umgehen) oder indem die Ziel-ECU mittels gezielter Störungen in den *passive-error-Mode* versetzt wird. (Missbrauch des CAN-Fehlermechanismus)	DoS, delay

5.3.4.3 Welche Lösungen existieren für den Schutz der In-Vehicle-Communication?

Das vorrangige Ziel zur Absicherung der Buskommunikation ist die Sicherstellung der Integrität und Authentizität der Botschaften. Dies kann grundsätzlich durch zwei versch. kryptographische Verfahren bewerkstelligt werden: durch die Berechnung einer *digitalen Signatur* und durch die Berechnung eines *Message Authentication Codes* (MAC). In beiden Fällen muss das jew. Ergebnis, also Signatur oder MAC, zusammen mit den zu schützenden Daten an den Empfänger übermittelt werden.

Dieses grob umrissene Konzept offenbart mehrere Schwierigkeiten. Die heute eingesetzten Bussysteme wurden bereits vor vielen Jahren, z. T. vor Jahrzehnten entwickelt. Zur damaligen Zeit spielte zum einen das Thema Security noch keine Rolle, zum anderen besitzen die Bussysteme kaum freie Ressourcen, um neue Anforderungen umsetzen zu können. So ist die verfügbare Kapazität für Nutzdaten sowie die Buslast häufig stark beschränkt und zusätzliche Rechenleistung für neue, kryptographische Algorithmen sind häufig auch schwer darstellbar. Hinzu kommt der Kostenfaktor für eventuelle Anpassungen, da sich Erweiterungen schnell auf die gesamte E/E-Architektur und damit auf einen großen Teil der Lieferantenkette in der Entwicklung eines Fahrzeugs auswirken können.

Zahlreiche Forschungsarbeiten beschäftigten sich mit der Herausforderung, die oben genannten Securityziele mit minimiertem Overhead und ohne Änderungen an den existierenden Spezifikationen der Bussysteme umzusetzen. Darunter befinden sich mehrere Konzepte, die MACs (teilweise) im CRC-Feld oder im ID-Feld unterbringen, um Platz für die Nutzdaten einzusparen, s. [54, 119]. Außerdem existiert ein Konzept, nur verkürzte MACs (Truncation) zu übertragen (auf Kosten der Sicherheit) oder den MAC auf mehrere Botschaften zu verteilen (auf Kosten der Buslast), s. [50, 108]. In [57] erstellten die Autoren einen ausführlichen Vergleich mehrerer aktueller Studien zur Anwendung von Message Authentication Codes in CAN-Botschaften. Darunter finden zur Berechnung der MACs überwiegend die beiden kryptographischen Verfahren *CMAC* und *HMAC* Verwendung. Die meisten der hier aufgeführten Ansätze offenbaren das grundsätzliche Problem, wenn zusätzlich zu den Nutzdaten noch die MACs übertragen werden sollen: Der verfügbare Platz für die Nutzdaten ist in den Standard-CAN oder LIN-Botschaften in der Regel bereits ausgereizt, bzw. optimiert, sodass die hinzukommenden MACs zu einer Erhöhung der Buslast führen.

Mit der Einführung von CAN-FD entspannte sich diese Problematik durch die Möglichkeit, mehr Nutzdaten pro Botschaft zu übertragen. Für Security-relevante CAN-Kommunikation ist deshalb möglichst die CAN-FD-Variante zu wählen.

Als Alternative zu MACs können wie oben erwähnt auch digitale Signaturen verwendet werden. Im Vergleich zu MACs [57] haben sie jedoch nur einen Mehrwert, nämlich *Non-Repudiation*. Die Verwendung asymmetrischer Kryptoverfahren kann für die Schlüsselverteilung ein Vorteil sein, sie hat jedoch für den erforderlichen Rechenaufwand sowie den benötigten Speicherbereich für Schlüssel und Signaturen entscheidende Nachteile.

Für die Absicherung der FlexRay-Kommunikation wurden in ähnlicher Weise „leicht-gewichtige" Security-Anpassungen erarbeitet, vgl. [82].

AUTOSAR spezifizierte für die sog. *Secure Onboard Communication (SecOC)* ein Modul, das mit der bestehenden Kommunikationssoftware verknüpft wird, um die Bus-kommunikation abzusichern, s. unten.

Für die Ethernet-basierte Kommunikation besteht grundsätzlich die Möglichkeit zwischen SecOC oder einer (ggf. zusätzlichen) Absicherung der unteren OSI-Schichten mittels Standard-IT-Mechanismen, s. unten.

5.3.4.4 Secure Onboard Communication

5.3.4.4.1 Ziele für die Secure Onboard Communication (Autosar)

Ziel des Security-Bausteins *Secure Onboard Communication (SecOC)* ist die Absicherung der Kommunikation zwischen den ECUs im Fahrzeug. SecOC soll die Kommunikation vor Manipulation der Botschaften und vor Replay-Angriffen schützen.

Autosar spezifiziert für die Secure Onboard Communication ein Software-Modul, das seit dem Release 4.2 in der Autosar-Standard-Spezifikation enthalten ist. Es enthält die erforderlichen Funktionen zur Verifikation von Authentizität und Freshness von Bus-Bot-schaften.[3] Somit kann jede ECU prüfen, ob die empfangenen Botschaften aktuell und unverändert sind und von einer bestimmten ECU stammen.

Die letzte Aussage ist streng genommen falsch, weil für SecOC üblicherweise immer symmetrische Kryptoalgorithmen verwendet werden – insbesondere zum Erreichen der geforderten Performanz. Symmetrische Verfahren können jedoch bekannterweise nicht für das Schutzziel Nichtabstreitbarkeit garantieren. Dies liegt zum einen an der sym-metrischen Eigenschaft des Verfahrens, sowie an der Tatsache, dass sich eine Nach-richtengruppe meistens über mehrere ECUs erstreckt. Somit befindet sich der geheime Schlüssel nicht nur beim Sender, sondern bei allen potenziellen Empfängern. Alle könnten Urheber der empfangenen Nachricht sein.

SecOC unterstützt grundsätzlich auch asymmetrische Algorithmen, was die zusätz-liche Eigenschaft Nichtabstreitbarkeit ermöglicht.

5.3.4.4.2 Architektur (Autosar)

Das SecOC-Modul ist Teil des *Autosar COM-Stacks* und ist sowohl an den PDU-Router als auch an den *Crypto Service Manager (CSM)* des Crypto-Stacks angebunden, s. Abb. 5.24. Der Weg einer Security-relevanten Botschaft, bzw. eines Signals, das eine Applikation der Sender-ECU (links) an eine Applikation der Empfänger-ECU (rechts) sendet, sieht folgendermaßen aus:

Die Applikation der Sender-ECU sendet ein Signal an den COM-Stack, der die *authentic I-PDU* (a) über den PDU-Router an das SecOC-Modul weiterleitet. Normale,

---

[3] Der Schutz der Vertraulichkeit wird von SecOC nicht unterstützt.

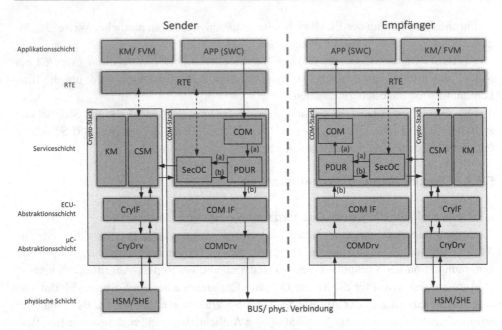

Abb. 5.24 Software-Architektur mit Secure Onboard-Communication (SecOC)

also nicht Security-relevante I-PDUs werden direkt an die nächste Schicht im COM-Stack weitergeleitet und nehmen nicht den Umweg über das SecOC-Modul.

Das SecOC-Modul hat jetzt die Aufgabe, *MAC* und *Freshnessvalue* (FV) hinzuzufügen. Der für die MAC-Berechnung erforderliche Schlüssel wird entweder vom Key-Manager (KM) des Crypto-Stacks (ab Autosar Release 4.4) oder von einer Key-Management SW-C (Software-Komponente) in der Applikationsschicht bereitgestellt. Der Freshnessvalue wird entweder von einer SW-C (OEM-spezifisch/nicht standardisiert) oder von einem CDD bereitgestellt.

Das SecOC-Modul stößt schließlich über eine entsprechende Schnittstelle des CSMs die MAC-Berechnung an, woraufhin der CSM die Berechnung in der geschützten Umgebung des HSMs bzw. des SHE-Moduls ausführt und das Ergebnis zurückgibt.

Das SecOC-Modul setzt schließlich die *secured I-PDU* zusammen, indem FV und MAC an die *authentic I-PDU* angehängt werden. Die *secured I-PDU* (b) nimmt, wie normale I-PDUs auch, ihren Weg über die unteren Schichten des COM-Stacks und wird über das Bussystem an die Empfänger-ECU übertragen. Falls die Gesamtlänge der Botschaft durch das Anhängen der Zusatzinformationen die freie Kapazität eines Botschaftsframes des Bussystems übersteigen sollte, ist es Aufgabe des Transportprotokolls des COM-Stacks, die Botschaft in mehreren Teilbotschaften zu übertragen und auf der Empfängerseite wieder zusammenzusetzen.

Die Verarbeitung der *secured I-PDU* erfolgt auf der Empfängerseite quasi spiegelverkehrt. Wesentlicher Unterschied ist die Aufgabe des SecOC-Moduls. Es muss jetzt anhand des gleichen kryptographischen Schlüssels und anhand des synchronisierten

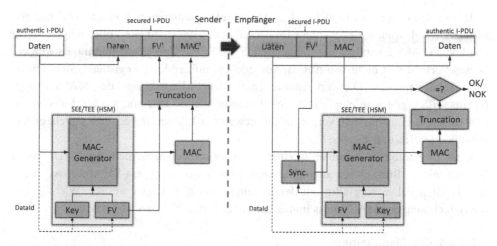

Abb. 5.25 Funktionsweise von SecOC

Freshnessvalues die Aktualität und die Authentizität der empfangenen I-PDU prüfen. Im positiven Fall wird die *authentic I-PDU* an die Empfänger SW-C weitergeleitet. Im negativen Fall wird die Nachricht verworfen und ggf. eine Fehlermeldung gesendet.[4]

5.3.4.4.3 Funktionsweise

Zum Erzeugen einer *secured I-PDU* wird die *authentic I-PDU* um einen Freshnessvalue und einen Message Authentication Code ergänzt. Ein Daten-Identifier (z. B. in der I-PDU) dient zur Auswahl des zugehörenden Schlüssels und Freshness-Values. In Abb. 5.25 wird angedeutet, dass Key und FV sich innerhalb der SEE/TEE-Umgebung befinden, also entsprechend geschützt sind. Eine alternative Lösung wäre etwa die Datenablage in einem NVM – jedoch stets mit kryptographischen Maßnahmen und möglichst von einem HSM abgesichert.

Der MAC-Generator beinhaltet ein symmetrisches Kryptoverfahren zur Berechnung von MACs. Häufig wird hierfür AES-CMAC verwendet, s. [24]. Dieses Verfahren kann äußerst effizient in einem Hardware-Kryptobeschleuniger implementiert werden, wodurch ein hoher Datendurchsatz bei geringer Belastung des Mikroprozessors erzielt wird. Als Eingabegrößen werden zur Berechnung des MACs die Daten, also die I-PDU, der FV sowie der Key benötigt. Das Ergebnis ist die ungekürzte MAC, die bei Verwendung von AES-CMAC 128 Bits, also 16 Bytes lang ist. Zusammen mit dem bis zu 64 Bits langem FV addieren sich die hinzugefügten Daten zu 24 Byte. Bei einem 64 Byte großen Nutzdatenbereich einer CAN-FD-Botschaft würden die SecOC-bedingten Zusatzdaten also rund ein Drittel des verfügbaren Bereichs belegen.

---

[4] PDU = Botschaft, I-PDU ist eine sog. Interaction-PDU (PDU auf höherer Ebene in der Autosar-Architektur).

Um diesen oftmals nicht akzeptablen Overhead zu reduzieren, können MAC und FV verkürzt (engl. truncation) werden. Demzufolge müssen nicht die vollständigen Werte von FV und MAC, sondern nur die gekürzten Werte FV′ und MAC′ übertragen werden. Dieses Vorgehen ist nicht von Autosar vorgegeben, infolgedessen existieren viele OEM-spezifische Varianten. Die von Autosar empfohlene Mindestlänge des MACs beträgt 64 Bits. NIST gibt eine empfohlene Mindestlänge von 96 Bits vor, s. [22]. Für den FV gibt es keine einheitlichen Vorgaben, die gewählten Längen liegen hier üblicherweise zwischen 16 Bits und 48 Bits.

Eine Truncation führt immer zu einer Verringerung der Sicherheit, da kürzere Werte leichter mittels Brute-Force angreifbar sind. Eine Verkürzung von FV und MAC sollte also in allen Fällen sorgfältig mit dem Schutzbedarf abgewogen werden. Wichtig: Für die Berechnung des MACs muss immer der ungekürzte FV verwendet werden.

5.3.4.4.4 Key-Management

Im Zuge des Systemdesigns werden unter Berücksichtigung der Ergebnisse aus der Gefährdungsanalyse (TARA) die Security-relevanten Botschaften im Botschafts-katalog bzw. in der Kommunikationsmatrix des Fahrzeugs ausgewählt. Normale, nicht-Security-relevante Botschaften können weiterhin normal behandelt werden, während die Security-relevanten Botschaften mittels SecOC geschützt werden. Damit alle Sender und Empfänger der Security-relevanten Botschaften die für die MAC-Berechnung erforder-lichen kryptographischen Schlüssel besitzen, müssen diese im Vorfeld erzeugt und ggf. an die ECUs verteilt werden.

In Abb. 5.26 werden verschiedene Strategien zur Schlüsselerzeugung aufgezeigt, die von Autosar allerdings nicht näher spezifiziert sind. Bei der Erzeugung der Schlüssel im *Backend* (A), d. h. in der IT-Infrastruktur eines OEMs, werden alle Schlüssel der

Abb. 5.26 Schlüsselverwaltung

gesamten Fahrzeugflotte in einem sog. Schlüsselserver erzeugt und auf sichere Weise exportiert und ins Fahrzeug bzw. in die jew. ECUs des Fahrzeugs importiert. Dies stellt hohe Anforderungen an OEM-Backend und Produktionsinfrastruktur, hat aber den Vorteil, dass so die volle Kontrolle über die Schlüssel im Backend liegt.

Eine generelle Herausforderung besteht bei der Verteilung von symmetrischen, also geheimen Schlüsseln. Geheime Schlüssel dürfen nie im Klartext übertragen werden. Manipulation muss ausgeschlossen werden (Integrität). Die Authentizität muss sichergestellt werden, damit ein Angreifer keine eigenen Schlüssel einbringen kann. Die Aktualität (Freshness) muss sichergestellt werden, damit keine alten, früher einmal gültigen, aber inzwischen eventuell kompromittierten Schlüssel eingebracht werden können.

Der SHE-Standard, s. *Hintergrundinformationen,* bietet sowohl für die Erzeugung als auch für die (sichere) Verteilung und Aktualisierung geeignete und maßgeschneiderte Funktionen.

Hintergrund

Secure Hardware Extension: SHE-Modul

Die Hersteller Initiative Software (HIS), ein Zusammenschluss von Audi, BMW, Daimler, Porsche und Volkswagen, veröffentlichte 2009 die Spezifikation des sog. SHE-Moduls (Secure Hardware Extension), s. [24]. Der inzwischen weit verbreitete und in der Branche etablierte Industriestandard beschreibt ein Konzept zur Implementierung einer *Secure Zone* in Form einer *on-chip-Erweiterung* für einen beliebigen Microcontroller. Die Spezifikation des SHE-Moduls umfasst dessen Architektur, Funktionen und Schnittstellen.

Sein Hauptzweck besteht darin, die kryptographischen Schlüssel vor dem Zugriff der Software des Mikrocontrollers zu schützen. Das Schutzkonzept beruht dabei zum einen auf einer physischen Trennung durch separate Hardware und zum anderen auf einer logischen Trennung durch eine feste, unveränderliche Schnittstelle und Befehlslogik. Damit werden das SHE-Modul und dessen gehorteten Geheimnisse vor Software-Angriffen geschützt. *Tamper Resistance,* d. h. den Schutz vor Seitenkanalangriffen, o. Ä., kann allerdings nicht garantiert werden.

Wie ist das SHE-Modul aufgebaut?

Die SHE-Spezifikation definiert eine *Secure Zone,* die aus drei Komponenten besteht, s. Abb. 5.27:

- *Speichermodul:* RAM, ROM und Flash, u. a. zum Speichern von symmetrischen Schlüsseln und MACs.
- *Kryptomodul:* AES 128-Engine, CMAC-Generator und kryptographische Hashfunktion.
- *Steuereinheit* („Control Logic"): die (einzige) Schnittstelle zwischen Microcontroller und Secure Zone, Befehlsinterface mit definiertem Funktionsumfang.

Abb. 5.27 Secure Hardware
Extension (SHE)

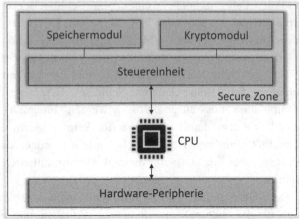

Microcontroller

Funktionsumfang

Das SHE-Modul besitzt ein ausgeklügeltes Konzept für die Schlüsselverwaltung. Nur mit Kenntnis des geheimen, zu aktualisieren Schlüssels oder des sog. *Master-Keys* kann ein neuer Schlüssel in den Schlüsselspeicher geschrieben werden. Zusätzlich werden die Schlüssel mit einem monotonen Zähler ergänzt und verschlüsselt übertragen. Das Schlüsselupdate-Konzept sorgt damit für eine authentische, vertrauliche und vor Replay-Angriffen geschützte Ende-zu-Ende-Absicherung vom Keyserver im Backend bis zum Schlüsselspeicher des SHE-Moduls.

Im NVM des SHE-Moduls sind, zusätzlich zum obligatorischen *Master-Key, Boot-MAC-Key* und dem *Boot-MAC,* noch insgesamt zehn Speicherplätze für symmetrische Schlüssel vorgesehen. Diese können zur AES 128-Ver- bzw. Entschlüsselung oder CMAC-Berechnung bzw. -Prüfung verwendet werden.

Der Zugriff auf die Schlüssel bzw. deren Verwendung kann untersagt werden, falls die Secure Boot-Funktion den Programmcode des Mikrocontroller nicht authentifizieren konnte, d. h. falls der abgespeicherte Boot-MAC nicht mit dem ermittelten MAC des Bootloaders übereinstimmt. Falls der Debug-Zugang des Mikrocontrollers aktiviert wurde kann der Zugriff auf die Schlüssel ebenfalls automatisch verwehrt werden.

Weitere wichtige Fakten

* Die ursprüngliche SHE-Spezifikation wurde inzwischen federführend von einem großen US-amerikanischen OEM in einigen wenigen Details weiterentwickelt. Insbesondere die Anzahl der Key-Slots wurde in dieser sog. SHE+ Spezifikation deutlich vergrößert.
* SHE diente im Rahmen des *EVITA*-Projekts als wichtige Referenz für die Definition der HSMs.
* Der SHE- bzw. SHE+-Funktionsumfang ist heute in den meisten Automotive Mikrocontrollern bzw. HSM-Firmware verfügbar. ◄

Bei der Schlüsselerzeugung im Fahrzeug gibt es drei verschiedene Ansätze, die zwar alle im Fahrzeug ablaufen, aber dennoch immer über einen autorisierten Auftraggeber, bei spielsweise von einem authentisierten Diagnosetester mit entsprechend freigeschalteten Privilegien, angestoßen werden müssen. Abhängig von der E/E-Architektur kann eine dafür geeignete, *zentrale Komponente* (z. B. Gateway oder Head-Unit) die Rolle eines (Fahrzeug-)Key-Masters (B) übernehmen und die Erzeugung und sichere Verteilung aller SecOC-Schlüssel für das gesamte Fahrzeug übernehmen.

Als *dezentrale Lösung* (D) existiert die Möglichkeit mittels geeigneter kryptographischer Verfahren die Schlüssel von den jew. ECUs autonom aushandeln zu lassen. Aus der Perspektive der Security ist diese Lösung sehr elegant, da praktisch nie Geheimnisse ausgetauscht werden müssen und die geheimen Schlüssel in der sicheren Umgebung eines HSMs (beispielsweise) erzeugt werden und diesen nie verlassen.

Eine *hybride Lösung* (C) besteht aus dem Zusammenspiel eines Key-Masters, der einen geheimen Startwert an die ECUs verteilt, welcher zur Berechnung bzw. Ableitung (engl. Key derivation) der Schlüssel in den ECUs genutzt wird.

Ein wichtiger Design-Aspekt ist die Bündelung sog. *Nachrichtengruppen* (engl. message groups). Theoretisch könnte im Extremfall pro Fahrzeug für die Absicherung aller Botschaften insgesamt nur ein einziger Schlüssel verwendet werden. Und man könnte diesen einen Schlüssel auch für alle Fahrzeuge aller Fahrzeugplattformen eines Herstellers verwenden. Gegen dieses Szenario spricht natürlich die einfache Skalierbarkeit eines Angriffs, denn das Kompromittieren dieses einen Schlüssels (in einer beliebigen Komponente aus einem beliebigen Fahrzeug) hätte die Kompromittierung aller Fahrzeuge dieses Herstellers zur Folge.

Das andere Extrem, nämlich Botschafts- und Fahrzeug-spezifische Schlüssel, verhindert zwar die Eskalation eines Angriffs, jedoch kann der Aufwand zur Schlüsselerzeugung und -verwaltung sowie der Ressourcenbedarf zur Speicherung und Nutzung der Schlüssel bei einer hohen Zahl von Security-relevanten Botschaften in den ECUs schnell die verfügbaren Ressourcen übersteigen.

Ein ausgewogener Mittelweg, also die Bildung von Botschaftsgruppen und die Erzeugung Fahrzeug-individueller Schlüssel, führt zu einem Kompromiss zwischen einem angemessenen Sicherheitsniveau und der Machbarkeit.

Die Nutzung von Fahrzeug-individuellen Schlüsseln ist darüber hinaus oft eine Anforderung von OEMs um sog. *Quertausch,* also dem beliebigen Tauschen von Fahrzeugkomponenten (mit ECUs) von einem Fahrzeug ins andere, zu verhindern.

Für alle Lösungen gilt die Anforderung, dass die kryptographischen Schlüssel über die Lebensdauer des Fahrzeugs aktualisierbar sein müssen. Diese Funktionalität wird einerseits beim autorisierten Tauschen/Reparieren von Komponenten, z. B. nach einem Defekt, erforderlich. Nachdem hierfür ggf. ein neues Steuergerät eingebaut wurde, muss dies auch mit den erforderlichen Schlüsseln ausgestattet werden, um an der fahrzeugspezifischen SecOC-Kommunikation teilnehmen zu können.

5.3.4.4.5 Freshness Value Managemnt

Die Verwaltung des Freshness-Values ist nicht von Autosar vorgegeben und wird von den OEMs sehr unterschiedlich umgesetzt. Die zugehörigen Funktionen können entweder in einer SW-C oder in einer CDD implementiert werden. Als Freshness-Informationen existieren verschiedene Implementierungen: *Zähler-basierte* und *Zeitstempel-basierte FV*.

- *Zähler-basierte FV* oder auch *Anti-Replay-Counter (ARC)* basieren auf einem monotonen Counter, der vor jedem Absenden einer neuen Botschaft inkrementiert wird und so lang sein sollte, dass er praktisch nie überlaufen kann. Ein 64-Bit-Counter, der für eine Botschaft mit einer 10 ms langen Zykluszeit verwendet wird, also 100 Mal pro Sekunde inkrementiert wird, läuft im Regelbetrieb erst nach mehr als 5 Mrd. Jahren über. Ein 32-Bit langer Zähler würde dagegen bereits nach rund 1,5 Jahren überlaufen.
- *Zeitstempel-basierte FV* können von einer synchronisierten Uhrzeit (ggf. mit Datum) abgeleitet werden.

Sowohl die Synchronisation der Uhrzeit als auch der Zähler-basierten FV muss auf sicherem Wege erfolgen. Ein „Zurückdrehen" der Zeit oder des Zählerstandes darf nicht möglich sein. Eine Möglichkeit zur technischen Umsetzung der Synchronisation ist das Versenden von zyklischen Synchronisationsbotschaften, die die FVs – oder Teile davon – enthalten.

5.3.4.5 Secure Ethernet Communication

5.3.4.5.1 Was ist Automotive Ethernet?

Innovationstreiber wie automatisiertes und autonomes Fahren (ADAS/AD) und die Integration der dafür benötigten AD/ADAS-Sensoren wie Kameras, LIDAR und RADAR erhöhen die erforderliche Bandbreite des Fahrzeugnetzwerks. Verschiedene Connectivity-Anwendungen wie etwa V2X- oder Infotainmentanwendungen führen außerdem zu einem höheren Datenverkehr mit fahrzeugexternen Kommunikationspartnern. Neben dem erhöhten Bedarf an Bandbreite stellen sicherheitskritische Funktionen hohe Anforderungen an die Echtzeitfähigkeit und die Zuverlässigkeit der entsprechenden Kommunikationszweige. Zusätzlich fordern die Fahrzeughersteller grundsätzlich eine einfache, kostengünstige und robuste Verkabelung für die fahrzeuginternen Bussysteme.

Automotive Ethernet erfüllt all diese Anforderungen, außerdem ist Ethernet eine bewährte und weit verbreitete Technik, was den Lösungsraum für die Integration in die verschiedenen Embedded Hardware- und Softwarearchitekturen vereinfacht. Statt auf verschiedene, z. T. proprietäre Bussysteme und Kommunikationsprotokolle zu setzen, hat Automotive Ethernet das Potenzial, eine Vereinheitlichung der Fahrzeug-internen Kommunikation herbeizuführen.

Abb. 5.28 zeigt einen Automotive Ethernet Stack mit IPv4-basierten und nicht-IP-basierten Protokollen. Zu den Automotive-Anwendungen zählen die folgenden Protokolle:

DoIP Die in ISO14300 [60], aufgeführten Anwendungsszenarien für die Erweiterung der Fahrzeugdiagnoseprotokolle um das Internet-Protokoll, führen u. a. die Diagnose-

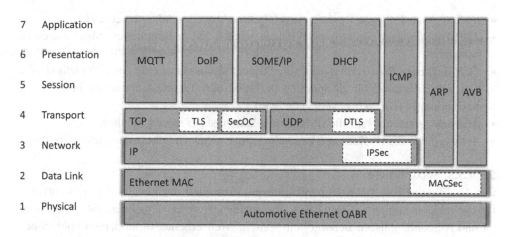

Abb. 5.28 Automotive Ethernet Stack

kommunikation zwischen fahrzeugexternen Diagnosetestern und den fahrzeuginternen Komponenten auf. Der Vorteil von IP ist in diesem Zusammenhang die mögliche Verbindung der Fahrzeugdiagnose mit dem Internet, d. h. mit beliebigen IP-Knoten.

SOME/IP SOME/IP ermöglicht eine IP-basierte Kommunikation zwischen verschiedenen Anwendungen im Fahrzeug. Diese Middleware stellt verschiedene Dienste zur Verfügung, um Funktionen und Daten anzubieten *(publish)*, zu finden *(service discovery)* und zu nutzen *(subscribe)*, s. [6].

MQTT MQTT ist ein *Publish/Subscribe*-Netzwerkprotokoll, das mithilfe eines MQTT-Brokers den Nachrichtenaustausch zwischen MQTT-Clients ermöglicht. Insbesondere im IoT-Bereich ist MQTT für die Machine-to-Machine-Kommunikation stark verbreitet. Im Automotive Bereich wird MQTT zunehmend für bestimmte Kommunikationsverbindungen zwischen Fahrzeug und Backend eingesetzt.

Darüber hinaus existieren diverse OEM-spezifischen Protokolle (nicht abgebildet), die ebenfalls auf dem IP-Stack, bzw. auf TCP/UDP aufsetzen, beispielsweise für die Anwendungsfälle Programmieren, Update, Diagnose und Netzwerkmanagement.

Zu den Protokollen, die dem (klassischen) IP-Stack zuzuordnen sind und verschiedene Hilfsfunktionen erfüllen, zählen DHCP, ICMP und ARP.

Zu den Protokollen, die nicht auf dem IP-Stack aufsetzen, gehört u. a. das *Audio–Video-Bridging* (AVB), s. IEEE1722.

5.3.4.5.2 Probleme und Schwächen

Mit der Anwendung Ethernet- bzw. IP-basierter Protokolle können Angreifer auch Angriffsmethoden und -werkzeuge aus den klassischen IT-Bereichen für Angriffe auf entsprechend ausgestattete Fahrzeuge wiederverwenden. Beispiele für Angriffsmethoden und Schwächen IP-basierter Kommunikation:

- *IP-Spoofing:* IP-Pakete werden mit gefälschter Absender-Adresse versendet.
- *ARP-Spoofing:* (gefälschte) ARP-Pakete werden mit manipulierten MAC-Adressen versendet.
- *TCP Sequence Prediction Attack* (dt. Sequenzvoraussage): eine Angriffsmethode die u. a. als Hilfsmittel für IP-Spoofing (s. oben) oder für die Übernahme bestehender Verbindungen *(Hijacking)* verwendet wird.
- *fehlende Vertraulichkeit:* die IP-Kommunikation ist per se unverschlüsselt.
- *Authentizität:* die IP-Kommunikation bietet per se keinen Schutz der Authentizität.

5.3.4.5.3 Securityziele

Für die Ethernet-basierte Kommunikation gilt prinzipiell der gleiche Schutzbedarf wie für die anderen (sicherheitskritischen) Bussysteme, s. oben, d. h. Integrität, Authentizität und Aktualität müssen sichergestellt werden. Weil Ethernet in modernen Fahrzeugen häufig für AD-Sensoren wie etwa Kameras verwendet wird, d. h. auch zur Übertragung potenziell personenbezogener Daten genutzt wird, muss darüber hinaus das Schutzziel Vertraulichkeit oftmals berücksichtigt werden.

5.3.4.5.4 Übernahme existierender, etablierter Security-Mechanismen vom IT/IoT-Bereich

Mit der Übernahme von Ethernet-basierten Kommunikationsprotokollen aus der IT-Industrie in das Fahrzeug sollten möglichst auch die Erfahrungen und Maßnahmen in Bezug auf die Security-Mechanismen übernommen werden.

Es existieren etablierte und standardisierte Security-Protokolle für die Ethernet-basierte Kommunikation. Dazu gehören TLS (Transport Layer Security), IPSec (Internet Protocol Security) und MACSec (Media Access Control Security). Diese Protokolle arbeiten auf unterschiedlichen Schichten und dienen demzufolge auch verschiedenen Zwecken. Im folgenden Abschnitt werden ihre Eigenschaften näher erläutert und gegenübergestellt. Zur Vollständigkeit und als Referenz wurde in Abb. 5.28 auch Autosar-SecOC aufgenommen, weil SecOC auch Ethernet-basierte Kommunikation unterstützt.

Die IT-Security hat gegenüber Automotive-Security mehrere Jahre Vorsprung, ist über die Jahre in verschiedenste Lebensbereiche vorgedrungen und entsprechend weit verbreitet, u. a. auch im IoT-Bereich, was den Automotive Embedded Systemen in manchen Aspekten sehr nahekommt oder sogar gleicht.

Dennoch scheint eine einfache Übernahme und Anwendung dieser Protokolle im Automotive-Bereich nicht unmittelbar möglich. Verschiedene Anpassungen sind erforderlich, u. a. die Anpassung an die jeweilige Netzwerktopologie. Außerdem müssen für eine Anwendung innerhalb der Automotive Infrastruktur deren typischen Randbedingungen und Anforderungen berücksichtigt werden, u. a. hinsichtlich Performance, Kosten, funktionale Sicherheit, Verfügbarkeit, Schlüsselmanagement, Produktionskonzepte und Lifecycle-Konzepte.

5.3.4.5.5 Gegenüberstellung der Security-Protokolle und -Mechanismen

Die in der Grafik markierten Security-Mechanismen MACSec, IPSec und (D)TLS wenden ähnliche kryptographische Verfahren an, um letztendlich dieselben Security-Ziele zu erreichen: Vertraulichkeit, Integrität und Authentizität der übertragenen Informationen.

MACSec MACSec (Media Access Control Security) ist ein Protokoll, das auf der OSI-Schicht 2 (Datalink) aufsetzt. MACSec ist in IEEE 802.1AE spezifiziert und findet im Bereich der Punkt-zu-Punkt-Kommunikation zwischen zwei Ethernet-Knoten Anwendung. Bei einem hohen Datendurchsatz entsteht bei aktiviertem MACSec-Protokoll eine hohe Rechenlast, weshalb hierfür der Einsatz von Hardware-Beschleunigern zur Berechnung kryptographischer Algorithmen empfohlen wird bzw. sogar nötig ist. Typischerweise wird MACSec in Ethernet-Switches implementiert, als Anwendungsgebiet im Ethernet-Backbone. Die Positionierung unterhalb der Netzwerk-Schicht (OSI 3) macht MACSec unabhängig vom IP-Protokoll, sodass MACSec auch nicht-IP-basierte Protokolle wie z. B. AVB und ARP absichert. Außerdem schließen die Absicherungsmechanismen von MACSec auch den VLAN-Tag ein.

IPSec Die Internet Security Protocol Suite (IPSec) [68] setzt auf die Ethernet-Schichten auf, ist also in der Netzwerkschicht (OSI L3) positioniert und ermöglicht eine sichere Informationsübertragung zwischen zwei IP-Knoten. Der wohl am besten bekannte Anwendungsfall von IPSec ist der Aufbau eines Tunnels zwischen zwei (Teil-)Netzwerken zur Herstellung eines sog. *Virtual Private Networks* (VPN). IPSec besitzt zwar verschiedene Optionen und lässt sich deshalb an die jeweiligen Begebenheiten der Netzwerkarchitektur genau anpassen. IPSec ist aber relativ komplex und aufwendig in Bezug auf Konfiguration und Wartung. Einige Experten raten vor der Verwendung von IPSec ab, weil die Gefahr einer fehler- bzw. lückenhaften Konfiguration zu groß ist. Wie bei MACSec sind auch bei IPSec die Maßnahmen zur Absicherung der Kommunikation für die darüberliegenden OSI-Schichten transparent, d. h. nicht spürbar. Die sichere Verbindung wird automatisch aufgebaut und ist ohne Unterscheidung für alle IP-basierten Protokolle wirksam. Sämtliche Daten, die über das Internet-Protokoll versendet werden, also beispielsweise auch von den Anwendungsprotokollen DoIP oder SOME/IP, werden von IPSec automatisch, und ohne, dass eine Anpassung erforderlich ist, geschützt.

TLS/DTLS Transport Layer Security (TLS) ist in IETF RFC 8446 [91] für das verbindungsorientierte Transmission Control Protocol (TCP) und in abgewandelter Form auch als Datagram TLS (DTLS) [92] für das verbindungslose UDP spezifiziert. (D)TLS beinhaltet mehrere Protokolle, die unterschiedlichen OSI-Schichten zuzuordnen sind. Weil (D)TLS TCP-/UDP-Ports der Transportschicht nutzt, müsste (D)TLS oberhalb, also in der Sitzungsschicht (L5) positioniert werden. Das *TLS-Handshake-Protokoll* nutzt jedoch wiederum Elemente der Sitzungsschicht, weshalb TLS noch höher in die Darstellungsschicht verschoben werden müsste. Andererseits kann (D)TLS theoretisch jedes

Protokoll oberhalb der Transportschicht L4 schützen, weshalb in Abb. 5.28 das (D)TLS-Modul auch der Transportschicht zugeordnet wird. Das OSI-Schichtenmodell ist, wie der Name schon sagt, nur ein Modell und (D)TLS lässt sich nicht perfekt auf dessen Schema abbilden. (D)TLS sorgt für eine sichere Kommunikation zwischen zwei Endpunkten genauer gesagt zwischen den jew. Applikationen, die die (D)TLS-Verbindung aufgebaut haben. Endpunkte sind hier also bestimmte Anwendungen eines Hosts und nicht der gesamte IP-Knotens wie bei IPSec. Typische Anwendungsfälle sind *Client–Server-Anwendungen* wie *https* im Webbrowser (TLS) und VoIP (DTLS), s. *Hintergrundinformationen.*

Die sichere Verbindung ist bei (D)TLS an die jeweilige Session einer Applikation gebunden und damit von anderen Sessions getrennt. Benötigen mehrere Applikationen eine sichere (D)TLS-Verbindung dann müssen mehrere (D)TLS-Sessions parallel aufgebaut werden, was verglichen mit einer einzigen IPSec-Verbindung ein erheblicher Overhead darstellt. Vorteilhaft ist aber, dass jede Applikation die Security-Parameter ihrer (D)TLS-Session individuell wählen kann.

In allen Fällen sollte möglichst eine *gegenseitige Authentifizierung* (engl mutual authentication, mTLS) erfolgen, d. h. beide Kommunikationspartner müssen jeweils ihr Gegenüber authentifizieren. Technisch geschieht dies in der Regel mit Client-/Server-Zertifikaten.

Das von Autosar spezifizierte SecOC-Modul, s. oben, unterstützt ebenfalls Ethernet, wobei die in einem Ethernet-/ bzw. IP-Frame verfügbare Nutzdatenlänge verglichen mit CAN- und Flexray-Botschaften erheblich größer ist und damit genügend Platz für MAC und FV bieten. Verglichen mit MACSec, IPSec und (D)TLS ist SecOC ein Botschaftsorientiertes Protokoll, d. h. es findet hier kein Verbindungsaufbau statt, sondern jede Botschaft wird für sich abgesichert, s. [4].

5.3.4.5.6 Empfehlung/Beispielarchitektur

MACSec MACSec ist vor allem dann sinnvoll, wenn Ethernet-Kommunikation abgesichert werden muss, die nicht von IPSec oder TLS geschützt wird, z. B. AVB, ARP, (ICMP).

MACSec ist nicht für jede Verbindung anwendbar, z. B. aufgrund fehlender Hardware-Unterstützung, und MACSec ist auch nicht für jede Verbindung zwingend nötig, denn anstelle von MACSec existieren alternative Maßnahmen zum Schutz vor bestimmten Angriffen. Beispiele:

- *statische MAC-Tabellen* gegen MAC-flooding.
- *statische ARP-Adressen* gegen ARP-flooding.

Eine äußerst sinnvolle Anwendung, s. Abb. 5.29, ist beispielsweise die Ethernet-Kommunikation zwischen zwei (idealerweise gleichartigen) Ethernet-Switches mit entsprechendem Hardware-Support.

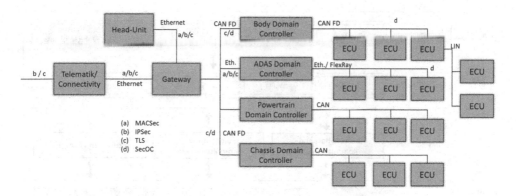

Abb. 5.29 Referenzarchitektur mit Maßnahmen zur Absicherung der Kommunikation

IPSec IPSec kann prinzipiell in zwei verschiedene Modi genutzt werden. Der Tunnel-Modus verpackt alle IP-Pakete mit einem zusätzlichen IP-Header und ermöglicht dadurch das Durchtunneln eines Pakets von einem Gateway zu einem anderen Gateway. Dieser Anwendungsfall kann für eine Absicherung der Backend-/Cloud-Kommunikation sinnvoll sein, jedoch nicht für die fahrzeuginterne Kommunikation, die häufig nur aus einem statischen Subnetz besteht. Der Transport-Modus sichert nur die Nutzdaten eines IP-Pakets ab und kann somit einen sicheren Kommunikationskanal zwischen zwei Ethernet- bzw. IP-Knoten im Fahrzeugnetzwerk ermöglichen, beispielsweise zwischen der Telematic-ECU und dem Gateway, s. Abb. 5.29.

(D)TLS Eine (D)TLS-Session ist immer anwendungsspezifisch, beispielsweise eine Update-Session über MQTTS oder HTTPS oder ein Service Discovery-Request über SOME/IP. Die sichere Verbindung wird dabei, bezogen auf das Referenzmodell, jeweils zwischen Domänen-Controllern und dem Gateway und zwischen TCU und Gateway aufgebaut.

SecOC SecOC wird für die Domänen-interne Kommunikation verwendet. Ein wesentlicher Unterschied zu den anderen Ethernet-Securityprotokollen ist, dass SecOC (noch) keinen Schutz der Vertraulichkeit bietet. Hier steht der Schutz von Integrität, Authentizität und Freshness im Vordergrund.

Zur Absicherung der Backend-Kommunikation ist sowohl IPSec als auch TLS denkbar. Dieses Thema wird in Abschn. 5.4.1 weiter ausgeführt.

5.4   Sichere Außenschnittstellen

In der Geschichte der Fahrzeug-Elektronifizierung besaßen Fahrzeuge viele Jahre nur sehr wenige Außenschnittstellen, etwa die OBD-Schnittstelle. Angriffe auf die Komponenten der E/E-Architektur waren nur physisch, d. h. direkt am Fahrzeug

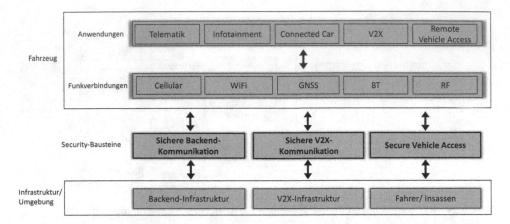

Abb. 5.30 Security-Bausteine für externe Kommunikationsverbindungen

machbar. Inzwischen werden mehr und mehr Funkschnittstellen in das Fahrzeug integriert und in zukünftigen *Connected Cars* wird eine Breitbandverbindung in das Internet eine Voraussetzung für zahlreiche Anwendungen sein.

Die Datenübertragung findet dabei in beide Richtungen statt. Einerseits ruft das Fahrzeug Daten von Cloud und Backend ab, z. B. Kartenmaterial, Updates oder Streaming-Content für Medien-Endgeräte (consumer devices). Andererseits erfasst das Fahrzeug Informationen, etwa von AD-Sensoren wie LIDAR, RADAR und Kamera, und überträgt sie in verarbeiteter Form, z. B. als Updates für Kartenmaterial, zurück ins Backend oder zur V2X-Infrastruktur.

Anwendungen

Abb. 5.30 zeigt eine Übersicht über die verschiedenen Kanäle zwischen Fahrzeug und Infrastruktur, sowie die erforderlichen Security-Bausteine zur Absicherung der Kommunikation.

Fahrzeuganwendungen mit externer Kommunikation können zu folgenden Funktionsgruppen zusammengefasst werden:

- Zur Funktionsgruppe *Telematik* gehört zum einen die Bereitstellung und Anzeige von Verkehrsinformationen wie etwa Staumeldungen. Zum anderen sind verschiedene Funktionen des Flottenmanagements, die für Wartung und Betrieb der Fahrzeuge wichtig sind, an die Telematik angebunden. Dazu zählen beispielsweise die Ferndiagnose, die Update-Over-The-Air-Services (OTA) sowie das *Security Operation Center (SOC)*. Darüber hinaus greifen häufig Aftermarket-Devices und Insurance-Devices (sog. *Versicherungsdongle* für Telematik-Tarife), s. Abschn. 5.5.5, auf Telematik-Schnittstellen zu, etwa um Fahr(er)profile anhand von Positions- und Geschwindigkeitsdaten zu erheben und zu übermitteln.

- *Infotainmentsysteme* vereinigen in Fahrzeugen mehrere Funktionen wie Telefonie, Navigation, Rundfunkempfang und Internetverbindung. Sie sind meistens im Bordcomputer bzw. in der Head-Unit integriert und verfügen über entsprechende Schnittstellen für die audio-visuelle Wiedergabe von Medien und für die Darstellung der aktuellen Fahrzeug- und Verkehrsinformationen, sowie zur Anbindung von Consumer-Electronic-Devices.
- *Connected Car-Anwendungen* tauschen über das Mobilfunknetz und das Internet Daten mit dem Backend bzw. mit der Cloud aus, um verschiedene (Connected Car-) Funktionen möglich zu machen. Dazu gehören:
  - Bezahlsysteme, beispielsweise zum Aufladen elektrischer Fahrzeuge und zum Parken
  - Die Integration von Smart-Home-Funktionen, beispielsweise zum automatischen Öffnen der Garage oder zum Steuern der Zentralheizung.
  - Die Fernsteuerung von Fahrzeugfunktionen (engl. Remote Vehicle Functions), beispielsweise zum Aktivieren der Klimaanlage oder der Standheizung.
  - Die Integration der in der EU seit 2018 gesetzl. vorgeschriebenen *eCall*-Funktion *(Emergency Call)* zum automatischen Absetzen eines Notrufs.
  - Die Konnektivität macht zudem den Weg frei für eine Anzahl von Funktionen, die wiederum einen wichtigen Pfeiler für das automatisierte und autonome Fahren bilden. Dazu gehören – neben zahlreichen anderen Funktionen – das Herunterladen von Kartenmaterial und die Möglichkeit der Kontaktaufnahme mit einem Servicecenter zur Problemlösung per Fernzugriff durch einen sog. *Remote Operator*, falls das fahrerlose Fahrzeug einmal liegenbleiben sollte.
  - Schließlich können über die Internetverbindung beliebige Dienstleistungen genutzt werden, beispielsweise zur Unterstützung bei der Parkplatzsuche.
- Die *Vehicle-to-Everything-Technologie (V2X)* oder auch Car-to-X (C2X) dient dem Datenaustausch zwischen Fahrzeugen (Vehicle-to-Vehicle) und deren Infrastruktur (Vehicle-to-Infrastructure, V2I). Ziele dieser Kommunikation sind an erster Stelle die Erhöhung der Verkehrssicherheit sowie eine Verbesserung des Verkehrsflusses. Ermöglicht wird dies unter anderem durch vernetzte Fahrzeuge, die mit entsprechenden Sensoren ausgestattet die erfassten Informationen mit anderen Fahrzeugen oder der Infrastruktur teilen. So kann ein ESP-System eine glatte, rutschige Fahrbahn erkennen und ein Kamera-RADAR-System kann ein Stauende, ein Hindernis oder eine Baustelle erkennen. Weitere Anwendungen sind u. a. die sog. *Blaulicht-Priorisierung,* d. h. eine grüne Welle für Einsatzfahrzeuge wie Polizei, Feuerwehr und Notarzt, sowie die Verbesserung des Verkehrsflusses durch das Aussenden der *Time-to-Green*-Informationen (Zeit bis zum Umschalten auf „grün") von entsprechend ausgerüsteten Verkehrsampeln. Bereits 2010 veröffentlichte die EU eine zugehörigen Richtline zur Einführung sog. *kooperativer, intelligenter Verkehrssysteme* (engl. Cooperative Intelligent Transport Systems, C-ITS) – mit dem langfristigen Ziel, die kooperative, vernetzte und automatisierte Mobilität (engl. cooperative, connected and automated mobility, CCAM) zu fördern, s. [43].

- Dem Begriff *Remote Vehicle Access* werden Fahrzeugfunktionen zugeordnet, die zunächst den Zugang zum Fahrzeug, also das Öffnen der Fahrzeugtüren, erlauben und in Folge auch den Betrieb des Fahrzeugs, also das Starten des Motors usw. freigeben. Der klassische, mechanische Fahrzeugschlüssel wird insofern von einer elektronischen Funkfernbedienung ersetzt. Eine Verknüpfung der ferngesteuerten Zentralverriegelung, dem Öffnen der Wegfahrsperre und dem Starten des Motors erfolgt in der Gesamtfunktion *Passive Keyless Entry and Start,* s. Abschn. 5.4.3.

Gefährdungen und Risiken

Die zunehmende Vernetzung, resultierend aus der höheren Anzahl der fahrzeuginternen und -externen Kommunikationskanälen, wirkt sich schließlich auch auf die Gefährdungslage aus. Die Angriffsoberfläche von Fahrzeug und der involvierten Infrastruktur steigt mit jeder zusätzlichen Anwendung, die über interne und externe Schnittstellen Daten austauschen.

Aus dem Blickwinkel des Security-Engineerings stellt sich die Entwicklung der E/E-Architektur der vergangenen Jahre wie folgt dar: Seit einigen Jahren werden verschiedene Technologien aus dem IT-, IoT- und Consumer-Elektronik-Bereich in das Fahrzeug integriert, beispielsweise Bluetooth und WiFi. Die Fahrzeuge werden somit nicht nur um bestimmte technische Funktionen und Möglichkeiten erweitert, sondern werden dadurch auch im ähnlichen Umfang zunehmend anfällig gegen Cyberangriffe. Vorhandene Security-Schwachstellen werden in das Fahrzeug importiert, wodurch auch eventuell vorhandene Angriffspfade und Werkzeuge im Fahrzeug anwendbar werden. Der hier wesentliche Unterschied zu den Nicht-Automotive-Bereichen ist, dass Fahrzeuge im Unterschied zu den meisten anderen IT-/IoT-Systemen relevant für die funktionale Sicherheit sind und bei Fehlfunktionen zur Gefahr für Leib und Leben werden können.

Darüber hinaus spielt der Schutz personenbezogener Daten eine wichtige Rolle. Nicht nur aufgrund der im Jahr 2018 in Kraft getretenen, europäischen Datenschutzgrundverordnung (DSGVO [42]), sondern auch weil die für die neuartigen AD/ADAS-Funktionen benötigten Fahrzeugkameras entsprechend Privacy-relevante Daten wie Fotoaufnahmen von Personen erfassen, speichern und verarbeiten können.

Absicherung mit Security-Bausteinen

In den folgenden Abschnitten wird im Detail beschrieben, wie mit geeigneten Security-Bausteinen die oben aufgeführten Kommunikationskanäle abgesichert werden können:

- *Sichere Backend-Kommunikation* – zur Absicherung der Kommunikationskanäle zwischen Fahrzeug und Backend von OEM oder Drittanbieter.
- *Sichere V2X-Kommunikation* – zum Schutz der Kommunikation mit C-ITS-Kommunikationspartnern.
- *Secure Vehicle-Access* – zum Sicherstellen der Zugangs- und Fahrberechtigung.

Bluetooth und GNSS werden nicht näher betrachtet.

5.4.1 Sichere Backend-Kommunikation

Übersicht

Über die Backend-Infrastruktur werden verschiedenste Informationen bereitgestellt und ausgetauscht – sowohl mit Fahrzeugen als auch mit Aftermarket-Anbietern oder autorisierten Werkstätten. Ein Backend ist ein Bestandteil der IT-Infrastruktur eines Unternehmens, der im Gegensatz zum Frontend, für die Anwender unsichtbar ist und sich im Hintergrund befindet. Abb. 5.31 stellt exemplarisch ein Kommunikationsmodell mit verschiedenen Backend-Anwendungen dar.

In der linken Hälfte wird hervorgehoben, dass neben dem OEM-Backend gegebenenfalls auch die Backends von Zulieferern und Drittanbietern eine Rolle spielen. Darüber hinaus existieren eventuell Anbindungen an öffentliche oder andere externe Infrastrukturen, beispielsweise eine Anbindung an eine V2X-PKI, s. Abschn. 5.4.2, oder an einen neutralen Aftermarket-Server. Das Backend ist über das Internet (Cloud) für Fahrzeuge und autorisierte Werkstätten, Kundendienste und Aftermarket-Anbieter, s. rechte Hälfte der Abbildung, erreichbar.

Der Informationsaustausch mit dem Backend ermöglicht zahlreiche Anwendungen für OEMs, Flottenbetreiber, Fahrzeughalter/-führer und Serviceanbieter. Dazu zählt zum einen die *Update Over-The-Air (OTA)*-Funktionalität. Des Weiteren dienen Diagnose-Server als Applikationsserver für die *Ferndiagnose* von Fahrzeugen, beispielsweise

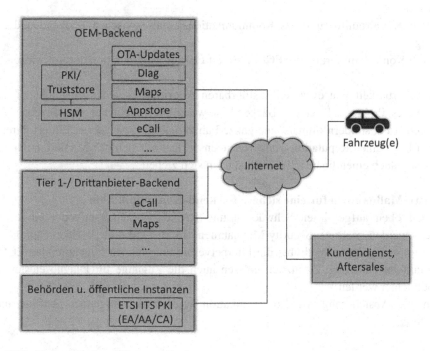

Abb. 5.31 Sichere Backend-Kommunikation

wie von Johanson et al. [65] beschrieben mittels *DoIP*-Protokoll. Außerdem benötigen Diagnosetester, die sich online für eine Diagnosesitzung mit dem Fahrzeug authentifizieren wollen, eine definierte Kontaktmöglichkeit im Backend. Auch hierfür können die Diagnoseserver herangezogen werden. Von *Kartenservern* können die Fahrzeuge regelmäßig oder bedarfsweise das aktuelle Kartenmaterial zur Navigation bzw. Routenplanung herunterladen. Im Gegenzug melden Fahrzeuge alle relevanten Abweichungen vom Kartenmaterial, die sie mittels ihrer LIDAR- und Kamera-Sensorik wahrnehmen, an das Backend zurück. Dort werden die Abweichungen verifiziert und fließen in neue Updates ein. *Appstores* für Fahrzeuge vereinfachen und beschleunigen, vergleichbar mit Smartphones, die Integration einer theoretisch unendlichen Fülle Internet-basierter Dienstleitungen in die Fahrzeuge. Exemplarisch seien hier die Internet-gestützte Parkplatzsuche in Innenstädten und die Bezahlsysteme zum Tanken bzw. Laden genannt.

Schwächen und Risiken der Backend-Kommunikation
Durch die Anbindung an die Backend-IT-Infrastruktur werden auch bestimmte Funktions- und Wirkketten der Fahrzeugfunktionen in das Backend hinein erweitert. Daraus folgt, dass das Fahrzeug auf bestimmte Dienste bzw. Daten von Backend-Anwendungen angewiesen ist. Das Fahrzeug wird über diese Abhängigkeit an drei Punkten angreifbar:

- durch Kompromittierung des Backends, z. B. über einen Angriff auf die IT-Infrastruktur.
- durch Kompromittierung des Kommunikationskanals zwischen Backend und Fahrzeug.
- durch Kompromittierung der ECU, z. B. durch eine Manipulation der Software.

Die Skalierbarkeit von eventuell ausführbaren Angriffen ist dabei ein nicht zu unterschätzendes Problem. Über das Backend ist womöglich nicht nur ein einzelnes Fahrzeug betroffen, sondern oftmals eine ganze Fahrzeugflotte bzw. -serie. Ein erfolgreicher Angriff kann einen Reputations- und Vertrauensverlust mit sich bringen und in der Folge langfristig auch einen finanziellen Verlust nach sich ziehen.

Security-Maßnahmen für eine sichere Backend-Kommunikation
Um den oben aufgeführten Schwächen und Risiken vorzubeugen oder entgegenzuwirken, werden mehrere Security-Maßnahmen für die gesamte Wirkkette umgesetzt: Vom Endpunkt im Backend über die Internetverbindung bis zur zugehörigen ECU als Endpunkt im Fahrzeug. Zusätzlich müssen auch die Zugänge für Diagnosetester u. Ä. mit betrachtet werden.

An die Absicherung der Kommunikation werden die folgenden Anforderungen gestellt:

- Beide Kommunikationspartner sollen in der Lage sein, jeweils die Echtheit ihres Gegenübers überprüfen zu können, um somit eine sichere Verbindung in beide Richtungen zu gewährleisten. Folglich sollte eine gegenseitige bzw. sog. *Zwei-Wege-Authentifizierung* (engl. mutual authentication) verwendet werden.
- Eine verschlüsselte Kommunikation sorgt darüber hinaus für eine vertrauliche Übermittlung sensibler Informationen wie personenbezogene Daten, Firmengeheimnisse (Intellectual Property) oder geheimes Kryptomaterial.
- Gültige Verbindungen sollten in *Whitelists* vordefiniert werden und alle anderen Verbindungen sollten abgelehnt werden.
- Die in Abb. 5.31 mit einem *Cloud*-Symbol unterkomplexe Darstellung der Kommunikation über das Internet blendet eine wichtige Komponente aus. Fahrzeuge stellen ihre Internetverbindung überwiegend über eine Mobilfunkverbindung mit einem (Internet-)Service-Provider her. Exakt diese Mobilfunkverbindung birgt einige Gefahren, die ebenfalls in das Schutzkonzept einfließen sollten. Zwei Beispiele: Zum einen können mit einem sog. *Technology-Fallback*-Angriff [96] die Mobilfunkteilnehmer dazu gebracht werden auf eine Funktechnologie mit veralteten, heute ungenügenden Securitymechanismen umzuschalten. Abodunrin et al. [2] führen verschiedene Schwächen der *2G*-Mobilfunktechnologie an. Unter bestimmten Voraussetzungen können die ohnehin als schwach und unsicher geltenden kryptographischen Verfahren bei 2G komplett abgeschaltet werden. Obwohl die meisten Mobilfunkmodems noch 2G unterstützen kann ein entsprechender Verbindungsaufbau softwareseitig unterbunden werden. Zum anderen können mit lokalen, mobilen *Fake-Basisstationen* die umliegenden Mobilfunkteilnehmer sprichwörtlich in ein falsches, feindliches Netzwerk gelockt werden. Gelingt dies, so kann ein Angreifer im Anschluss durch das Vortäuschen einer echten Internetverbindung weitere Angriffe versuchen.

Die Endpunkte der sicheren Kommunikationsverbindung, d. h. die jeweiligen Server im Backend, die betroffene ECU im Fahrzeug und gegebenenfalls externe Diagnosetester, sollten zusätzliche Vorkehrungen treffen: Sowohl die verwendeten kryptographischen Verfahren – in Form des Programmcodes – als auch das zugehörige kryptographische Schlüsselmaterial müssen vor Extraktion und Manipulation geschützt werden. Vorab sollte dafür gesorgt werden, dass ein VPN-Tunnel nicht etwa an einem vorgeschalteten *Load-Balancer* endet, sondern möglichst (Ende-zu-Ende) bis zum jeweiligen Service geschützt bleibt. Verschiedene Härtungsmaßnahmen können dabei helfen, die Angriffsoberfläche für die sichere Backend-Kommunikation weiter zu reduzieren:

- Einsatz von TLS inkl. TLS-Hardening, s. *Hintergrundinformationen*
- stringentes Zertifikatsmanagement, d. h. es wird stets die komplette Zertifikatskette geprüft und es wird *Certificate-Pinning* bzw. *Public-Key-Pinning* verwendet.
- Ein *Downgrade* bzw. *Fallback* auf schwächere Kryptoalgorithmen darf nicht möglich sein.
- Sämtliche Schlüssel sollten mit guter Entropie erzeugt und innerhalb einer sicheren Umgebung gespeichert werden.

- Im Fall einer Kompromittierung sollte eine sofortige Revokation der betroffenen Schlüssel und Zertifikate stattfinden.
- Das Handshake-Verfahren von IPSec und (D)TLS sollte stets zertifikatsbasiert sein und nicht auf Shared-Secrets basieren.

Hintergrund

Transport Layer Security

Transport Layer Security (TLS) ist ein Sicherheitsprotokoll zur Absicherung von Datenübertragungen über das Internet, genauer gesagt über den TCP/IP-Kommunikationsstack. Als Nachfolger von Secure Socket Layer (SSL) wurde TLS seit 1999 kontinuierlich weiterentwickelt und verbessert und dadurch auch gegen verschiedene Angriffe gehärtet.

Der vorrangige Zweck von TLS ist eine vertrauliche Kommunikation zwischen zwei Kommunikationspartnern herzustellen, sogar in einem Szenario, in dem ein Angreifer die Internetkommunikation (bzw. TCP/IP-Kommunikation) vollständig kontrollieren kann. Der sog. *TLS-Tunnel* gewährleistet dabei sowohl die Authentizität der beiden Endpunkte, Client und Server, als auch die Vertraulichkeit und Integrität der übertragenen Daten. Eine Ver- bzw. Entschlüsselungsfunktion stellt sicher, dass die Daten nur von den beiden Endpunkten des TLS-Tunnels entschlüsselt werden können.

TLS-Protokollstapel

Der TLS-Protokollstapel wird in Bezug auf das OSI- bzw. DoD-Schichtenmodell oberhalb der Transportschicht und unterhalb der Anwendungsschicht angesiedelt. Er besteht aus fünf Teilprotokollen, die auf wiederum zwei Schichten verteilt sind, s. Abb. 5.32.

Die TLS-Schicht 1, das sog. *Record Protocol,* setzt auf TCP (Transportschicht) auf und stellt das Bindeglied für den Transfer der Klartextdaten der Anwendungsschicht und den verschlüsselten Daten der Transportschicht dar. Seine Aufgaben sind Fragmentierung, Kompression, Integritätssicherung und Verschlüsselung.

Die TLS-Schicht 2 enthält insgesamt vier Teilprotokolle. Das *Application Data Protocol* leitet die Nutzdaten der Applikationsschicht an das *Record Protocol* weiter. Das *ChangeCipherSpec Protocol* ermöglicht den Wechsel des kryptographischen Algorithmus oder dessen Parameter. Das *Alert Protocol* dient zur Meldung und Behandlung von Fehlern und das *Handshake Protocol* ermöglicht den Schlüsselaustausch, die Vereinbarung von Protokoll- und Kryptoparametern und die Authentifizierung der jew. Kommunikationspartner.

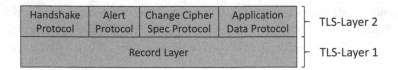

Abb. 5.32 TLS-Protokollstapel

Was versteht man unter TLS-Sitzungen und -Verbindungen?

Eine TLS-Verbindung ist eine temporäre Peer-to-Peer-Verbindung bzw. ein logischer Kanal für den Datentransfer.

Eine TLS-Sitzung wird über das *Handshake Protocol* aufgebaut und stellt eine (Security-) Beziehung zwischen einem Client und einem Server her. Innerhalb einer TLS-Sitzung können eine oder mehrere TLS-Verbindungen aufgebaut werden. Eine TLS-Sitzung definiert verschiedene Parameter für die kryptographischen Algorithmen, die für alle TLS-Verbindungen dieser Sitzung gültig sind und somit nicht bei jedem Verbindungsaufbau erneut ausgehandelt werden müssen.

Der Verbindungsaufbau (von TLS v1.2) besteht aus vier Phasen:

- Phase 1: Aushandeln der zu verwendenden, kryptographischen Verfahren und Parametern.
- Phase 2: Authentifizierung des Servers gegenüber dem Client und Austausch von Schlüsselmaterial.
- Phase 3: Authentifizierung des Clients gegenüber dem Server und Austausch von Schlüsselmaterial.
- Phase 4: Abschluss des Handshake-Protokolls, Aktivierung der ausgehandelten kryptographischen Algorithmen und Parametern und Übergang in den Transfermodus zur Datenübertragung (Record Protocol).

Für die Absicherung des Datentransfers (Record Protocol) werden für jede TLS-Verbindung aus dem im Handshake ausgehandelten Schlüsselmaterial *(Master Secret)* sechs Schlüssel abgeleitet. Für Client und Server sind dies jeweils:

- ein *MAC-Key* für die Berechnung der Message Authentication Codes zur Integritätssicherung der TLS-Record-Botschaften
- ein Schlüssel für die symmetrische Verschlüsselung der Daten.
- ein *Initialisierungsvektor* für die symmetrische Blockchiffre.

Mit der Verwendung dieser unidirektionalen Schlüssel setzt TLS ein wichtiges Security-Designprinzip um: die Nutzung kryptographischer Schlüssel für nur einen einzigen Zweck.

In der neueren *TLS-Version 1.3* wurde der Verbindungsaufbau optimiert, indem in der Phase 1 das Aushandeln der kryptographischen Parameter mit dem Schlüsselaustausch kombiniert wird. Auf diese Weise wird ein sog. *Round Trip* eingespart, was den Handshakeprozess insgesamt verkürzt.

Wieso sollte TLS v1.3 verwendet werden?

Neben dem Geschwindigkeitsvorteil besitzt die TLS-Version 1.3 gegenüber den Vorgängerversionen auch mehrere verbesserte Sicherheitseigenschaften. So wurden u. a. veraltete und tlw. unsichere kryptographische Algorithmen bzw. *Cipher-Suiten* entfernt und die Handshake-Nachrichten werden bereits nach der ersten Phase verschlüsselt übertragen. Darüber hinaus wurden in TLS v1.3 mehrere Schwachstellen geschlossen, die zuvor etwa Downgrade-Angriffe und Kollisionsangriffe ermöglichten.

Welche Nachteile bringt TLS v1.3 mit sich?
In TLS v1.3 ist durch das Entfernen alter Cipher-Suiten beispielsweise kein RSA-Schlüsselaustausch mehr erlaubt. Damit wird immer eine Alternative, etwa *Diffie-Hellman,* benötigt, die oftmals mehr Ressourcen verlangt. Außerdem gibt es in v1.3 keine Möglichkeit mehr, eine Verbindung nur zu authentifizieren und nicht zu verschlüsseln. Für die Backend-Kommunikation ist das kein Problem, da hier ohnehin jede Verbindung verschlüsselt werden sollte und weil die Ressourcen im Backend hierfür ausreichend sind. Dies kann im Fahrzeug aus Performance-Gründen jedoch zu einer Herausforderung werden.

Absicherung von verbindungsloser Kommunikation mittels DTLS
Für IP-Datenübertragungen, die das verbindungslose User Datagram Protocol (UDP) statt TCP verwenden, wurde basierend auf TLS dessen Ableger *DTLS* (Datagram Transport Layer Security Protocol) entwickelt. Seine Funktionsweise entspricht weitestgehend der von TLS.

Härtungsmaßnahmen

- Schwache, unsichere kryptographische Algorithmen dürfen nicht unterstützt werden. *(Cipher Hardening),* s. [21].
- Private und symmetrische Schlüssel müssen vertraulich und manipulationssicher abgelegt werden.
- Die Länge kryptographischer Schlüssel muss sich an den aktuellen Empfehlungen orientieren.
- Die Zertifikatskette sollte immer vollständig (bis zur Root-CA) geprüft werden.
- Ältere TLS-/SSL-Versionen (kleiner als v1.3) dürfen nicht unterstützt werden. Mit der Version v1.3 wurden zudem zahlreiche Härtungsmaßnahmen gegen verschiedene bekannte Angriffsmethoden eingeführt. Unter anderem unterstützt TLS v1.3 keine Kompression mehr, was in den Vorgängerversionen die sog. *BEAST-* und *CRIME*-Angriffe ermöglichte.
- Grundsätzlich sollte auch stets die *gegenseitige Authentifizierung* erzwungen werden. ◄

Lösungsmöglichkeiten
Für die Absicherung der Internetkommunikation ist der Rückgriff auf etablierte Standard-Lösungen eine naheliegende Option zum Erfüllen der oben aufgeführten Anforderungen. Demnach kommen insbesondere TLS und IPSec zum Schutz des Internetprotokolls (IP) infrage. Der Aufbau eines sog. *VPN-Tunnels* (Virtual Private Network) stellt zwar keine dedizierte, physische Verbindung dar (deshalb die Bezeichnung

„virtuell"), die übertragenen Inhalte können allerdings mittels Verschlüsselung vor Unbefugten verborgen werden (deshalb die Bezeichnung „privat")

Gegenüberstellung von IPSec und TLS

In diesem Abschnitt werden verschiedene Eigenschaften von IPSec und TLS gegenübergestellt.

Aus dem Blickwinkel der Anwendungen, genauer gesagt der Applikationsschicht (OSI-Layer 7), werden alle IP-basierten Anwendungen, ohne Anpassungen vornehmen zu müssen, implizit von IPSec geschützt. Soll TLS verwendet werden, so muss die jeweilige Anwendung explizit das TLS-Protokoll unterstützen. Bei vielen Anwendungsprotokollen ist dies bereits der Fall. Dies ist am Suffix ‚S' für ‚Secure' in der Protokollbezeichnung erkennbar, z. B. bei *MQTTS* oder *HTTPS*. Andernfalls kann die Anwendung auch einen TLS-Client integrieren, um eine TLS-Verbindung aufzubauen.

Hinsichtlich der oben formulierten Anforderungen besitzen beide Protokolle vergleichbare Eigenschaften. Sowohl TLS als auch IPSec unterstützen eine zertifikatsbasierte, gegenseitige Authentifizierung, sowie eine verschlüsselte Datenübertragung.

Im Hinblick auf die Zugriffsmöglichkeiten eines VPN-Clients besteht zwischen beiden Lösungen ein signifikanter Unterschied: Über einen IPSec-Tunnel erhalt ein VPN-Client zunächst den Zugriff auf das gesamte Netzwerk (des VPN-Servers). Diese Eigenschaft hat zwar den Vorteil, dass Netzwerk-Ressourcen und -Dienste für den Client zu Verfügung stehen, als ob er sich physisch im Netzwerk befinde. Von Nachteil ist jedoch, dass über ein kompromittiertes Endgerät (IPSec-Client) ein Angreifer umfangreichen Zugriff bekommt und so vergleichsweise einen größeren Schaden anrichten kann als bei einer TLS-Verbindung. TLS erlaubt im Unterschied dazu lediglich den Datenaustausch mit der Server-Anwendung, die den TLS-Tunnel aufbaut.

In einer Gegenüberstellung von SSL und IPSec vergleichen Alshamsi und Saito, s. [4], weitere technischen Eigenschaften. Auch wenn sich die Autoren auf SSL, einer Vorgängerversion von TLS beziehen, können die Resultate aufgrund der geringen Unterschiede weitestgehend auf TLS übertragen werden.

Zunächst zeigt ein Vergleich. dass der Overhead, d. h. der Platzbedarf der beiden Protokolle in den übertragenen Paketen, bei SSL kleiner ist als bei IPSec. Darüber hinaus ist sowohl der Handshake-Prozess als auch die Zeit für eine Wiederaufnahme der SSL- bzw. IPSec-Session (*Resumption* bzw. *Re-Keying*) nach einem Verbindungsabbruch bei SSL kürzer als bei IPSec. Dies spricht für eine Anwendung im Mobilfunk wo etwa begründet durch eine lückenhafte Netzabdeckung mit mehr Verbindungsabbrüchen zu rechnen ist als bei Festnetzverbindungen. Zudem bewerten Alshami und Saito die Konfiguration von IPSec verglichen mit TLS/SSL insgesamt als wesentlich komplexer, unter anderem aufgrund der Vielzahl verfügbarer Modi. Außerdem sorgt die Verwendung eines NATs im Gateway oder in der Firewall bei IPSec für Mehraufwand bei der Konfiguration wohingegen TLS/SSL hiervon nicht betroffen ist.

Bezogen auf den Anwendungsfall im Automotive-Umfeld ist ein weiterer Unterschied hervorzuheben. TLS ist *Session-basiert*, d. h. nach Beendigung der Sitzung durch die Anwendung wird die TLS-Verbindung auch wieder beendet. Im Unterschied dazu baut IPSec einen *permanenten Tunnel* auf – unabhängig von etwaigen Sessions. So eine Standleitung kann als VPN-Tunnel für bestimmte Anwendungsfälle sinnvoll sein, da ein breiter Zugriff auf verschiedene bzw. alle Backend-Services möglich ist und nicht jede Backend-Anwendung ihren eigenen TLS-Tunnel aufbauen muss.

Empfehlung

Eine klare Empfehlung für oder wider TLS bzw. IPSec kann an dieser Stelle nicht ausgesprochen werden. Für TLS spricht, dass dieses Protokoll weit verbreitet ist und, zumindest in der aktuellen Version 1.3, als ausreichend sicher betrachtet wird und in Bezug auf seine Komplexität in Anwendung und Konfiguration beherrschbar ist.

Beide Protokolle besitzen verschiedene Eigenschaften, womit sie sich für bestimmte Anwendungsfälle besser oder schlechter eignen. Eine Entscheidung sollte auch von der Systemarchitektur und schließlich auch von nicht-technischen Gesichtspunkten abhängig gemacht werden. Im Zweifel ist aber immer die einfachere, weniger komplexe Lösung zu wählen.

5.4.2 Sichere V2X-Kommunikation

5.4.2.1 Was ist V2X?

Intelligent Transport Systems (ITS) sind fortgeschrittene Verkehrssysteme, die den Güter- und Personenverkehr funktional und qualitativ verbessern, indem sie modernste Kommunikationstechnologien einbinden.

Kooperierende ITS (engl. cooperative ITS bzw. C-ITS) tauschen untereinander Informationen aus, um so ihren Funktionsumfang sowie ihre Zuverlässigkeit und Qualität zu erhöhen. Als Kommunikationstechnologie und Infrastruktur für den Informationsaustausch zwischen ITS-Stationen, also zwischen den einzelnen Teilnehmern des C-ITS-Verbunds, dient die sog. *V2X-Kommunikation.*

V2X steht für die *Vehicle-to-Everything*-Kommunikation, wobei ‚X' als Platzhalter zu verstehen ist. Statt V2X wird häufig auch die Abkürzung C2X, also Car-to-X, verwendet. Hinter dem Sammelbegriff *V2X* existieren verschiedene Kommunikationskonzepte, die C-ITS-Teilnehmer miteinander in Beziehung setzen, u. a. V2V (Vehicle-to-Vehicle), V2I (Vehicle-to-Infrastructure) und V2P (Vehicle-to-Pedestrian). Die V2X-Kommunikation soll die ITS-Anwendungen verbessern und um zusätzliche Funktionen bereichern. Die wichtigsten Anwendungsfälle sind in [25] als *Basic Set of Applications* definiert. Dazu gehören:

- die Unterstützung des automatisierten/autonomen Fahrens.
- die Erhöhung der Sicherheit im Straßenverkehr.
- die Verbesserung des Verkehrsflusses.
- die Bereitstellung versch. Internet-Dienste.

5.4.2.2 In welchen Standards ist V2X definiert?

Für die Security der V2X-Kommunikation gibt es im Grunde zwei relevanten Standard-Familien: Der US-Standard IEEE 1609.2 und die europäischen ETSI ITS

Tab. 5.8 ETSI ITS Security Standards

Standard	Titel	Quelle
ETSI TR 102 867 (Technical Report)	Stage 3 mapping for IEEE 1609.2	[29]
ETSI TS 102 731	Security Services and Architecture	[28]
ETSI TS 102 940	ITS communications security architecture and security management	[30]
ETSI TS 102 941	Trust and Privacy Management	[31]
ETSI TS 102 942	Access control	[32]
ETSI TS 102 943	Confidentiality services	[33]
ETSI TS 103 097	Security header and certificate formats	[37]

Security-Standards. In Europa werden die Standardisierungsaktivitäten per Mandat der Europäischen Kommission von ETSI, CEN und CENELEC vorangetrieben, s. [39]. In den USA sind IEEE und SAE die entsprechenden Akteure.

ETSI spezifiziert u. a. die folgenden Bereiche: Systemarchitektur, Botschaften, ITS-S Software-Architektur, s. Tab. 5.8

In einer Forschungsarbeit von 2018 [45], werden beide Standardfamilien untersucht und hinsichtlich ihrer Protokollarchitektur sowie ihrer PKI-Architektur miteinander verglichen.

Der C-ITS-Systemaufbau wird in drei Ebenen unterteilt:

- die *Infrastruktur,* wo aus Security-Sicht insbesondere die *PKI* hervorzuheben ist.
- das (dynamische) *V2X-Kommunikationsnetzwerk,* d. h. alle V2X-Teilnehmer, die miteinander kommunizieren.
- die internen Systeme der jeweiligen *ITS-Stationen* – bei Fahrzeugen also die fahrzeuginterne Kommunikation der V2X-Informationen.

In Abb. 5.33 ist die V2X-Kommunikationsarchitektur schematisch dargestellt. Die verschiedenen ITS-Stationen (untere Ebene) tauschen untereinander und mit der ITS-Infrastruktur (mittlere Ebene) Informationen aus. Alle Komponenten der ITS-Infrastruktur sind an eine zentrale ITS-Station (oben) angebunden. In ETSI EN 302 665 [26] werden die verschiedenen ITS-Subsysteme des V2X-Kommunikationsnetzwerks etwas näher aufgeführt:

- *Personal ITS Stations,* z. B. in Form eines Smartphones, die von Fußgängern oder Radfahrern genutzt werden.
- *Vehicle ITS Stations,* die in allen möglichen Fahrzeugtypen integriert werden können.
- *Roadside ITS Stations* bzw. *Road Side Units (RSU),* die zum einen mit der Central ITS Station als auch mit den mobilen ITS Stations kommunizieren. Integriert in Verkehrsampeln oder (vernetzten) Straßenschildern können sie die V2X-Teilnehmer etwa über Geschwindigkeitsbegrenzungen oder über das aktuelle Ampelsignal informieren.

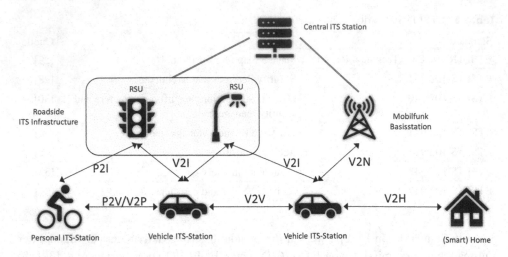

Abb. 5.33 V2X-Kommunikationsarchitektur

- Die *Central ITS Station* dient zur kommunikationstechnischen Anbindung an das Verkehrsleitsystem.

Eine Auswahl der wichtigsten Botschaften, die für die Realisierung der C-ITS-Anwendungsfälle (*Basic Set of Applications,* s. oben) erforderlich sind:

- Mit der *Cooperative Awareness Message (CAM),* s. [35], teilt eine ITS-Station den anderen V2X-Teilnehmern ihre Anwesenheit und ihren aktuellen Fahrzustand mit. Die CAM ist eine periodisch versendete Nachricht und enthält die aktuelle Position, sowie Fahrtrichtung, Geschwindigkeit und Beschleunigung der ITS-Station.
- Die *Decentralized Environment Notification Message (DENM)* [36] ist eine Ereignis-basierte Nachricht, die ausgelöst durch bestimmte Vorfälle in der Regel per *GeoNetworking,* s. unten, an alle ITS-Stationen in der Umgebung der sendenden ITS-Station weitergeleitet wird. Die so verbreiteten Informationen erhöhen die Verkehrssicherheit indem die V2X-Verkehrsteilnehmer beispielsweise vor einer Unfallstelle hinter einer Kurve gewarnt werden.

Darüber hinaus definiert CEN/CENELEC in ISO TS 19091 weitere Botschaften. Dies sind insbesondere:

- Die Botschaft *Map Data (MAP)* enthält die Kartendaten eines bestimmten Bereichs der Verkehrsfläche, z. B. einer Straßenkreuzung. MAP wird von einer RSU zyklisch versendet und enthält eine ausreichend genaue Beschreibung der Straßengeometrie, somit unter anderem die jeweiligen Fahrspuren, Radwege und Begrenzungen.
- Mit der Botschaft *Signal Phase and Timing (SPaT)* übermitteln entsprechend ausgerüstete Verkehrsampeln (RSU) zyklisch bestimmte Daten: unter anderem die aktuelle Ampelphase und die verbleibende Zeit bis zum Umschalten zur nächsten Ampelphase.

OSI Layers

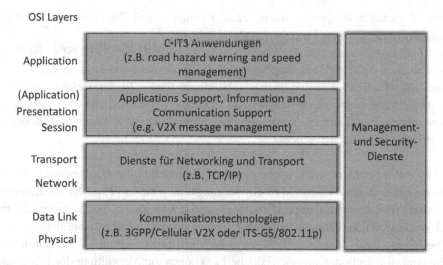

Abb. 5.34 ITS-Referenz-Softwarearchitektur, nach *ETSI ITS Station Architecture* TR102638 [25]

Die Referenzarchitektur einer ITS-Station verschafft eine gute Übersicht über den Funktionsumfang der V2X-Kommunikation. Die ITS-Referenz-Softwarearchitektur in Abb. 5.34 stellt alle nach ETSI, s. [25], spezifizierten Architekturebenen dar und ordnet sie zur besseren Orientierung den OSI-Schichten zu [59].

Auf der untersten Ebene, der Bitübertragungsschicht und der Sicherungsschicht (engl. physical layer, data link layer), sind die *V2X-Kommunikationstechnologien* spezifiziert. Zu den wichtigsten Funktechnologien, die für den Einsatz der V2X-Kommunikation in Betracht kommen, zählen zum einen die auf der WLAN-Technologie basierte Übertragung und zum anderen die auf den Mobilfunk basierte Übertragung. Die für den V2X-Anwendungsfall zugeschnittene WLAN-Technologie wurde zum einen von der US-amerikanischen IEEE im Standard *802.11p* spezifiziert. Die europäische ETSI-Norm *ITS-G5* basiert ebenfalls auf diesem Standard. Als Mobilfunk-Technologie spezifizierte das *3rd Generation Partnership Project (3GPP)* inzwischen mehrere Versionen der sogenannten *Cellular-V2X*-Lösung (C-V2X). Der auf LTE bzw. 5G basierte Mobilfunkstandard besitzt zum einen die sog. *Uu-Schnittstelle* zur Kommunikation mit Mobilfunk-Basisstationen und zum anderen die sog. *PC5-Schnittstelle* zur direkten Kommunikation zwischen Fahrzeugen.

Auf der nächsten Ebene ist die Vermittlungsschicht (engl. network layer) und die Transportschicht untergebracht. Sie beinhalten zum einen Dienste für IP-basierte Anwendungen (TCP/UDP/IP-Stack) und zum anderen ITS-spezifische Vermittlungs- und Transportprotokolle wie etwa das *GeoNetworking*-Protokoll (s. [34]), das eine Weiterleitung von Botschaften in Abhängigkeit der geografischen Position ermöglicht.

Die sog. *Facilities*-Schicht, die der Sitzungsschicht, der Darstellungsschicht und in Teilen auch der Anwendungsschicht (engl. session, presentation, application layer) zuzuordnen ist, erfüllt mehrere Aufgaben, s. [25]:

- Die *Anwendungsunterstützung* stellt den ITS-Anwendungen u. a. aktuelle Statusinformationen der ITS-Station zur Verfügung, z. B. Geo-Position und Uhrzeit.

- Das *Botschaftsmanagement* dient zum Erzeugen und Empfangen von Norm-konformen Botschaften wie z. B. CAM, DENM, etc.
- Die *Informationsunterstützung* übernimmt typische Aufgaben der OSI-Darstellungs-schicht, u. a. die (De-)Codierung bestimmter Datenformate wie etwa *ASN.1*.
- Die *Kommunikationsunterstützung* übernimmt im Zusammenspiel mit den darunter liegenden Vermittlungs- und Transport-Diensten die Verwaltung der Kommunikationssitzungen sowie die Verwaltung der V2X-Kommunikationsmodi, z. B. *unicast, broadcast, geocast.*

Die Anwendungsschicht (engl. application layer) beinhaltet die *ITS-Anwendungen.* Zur Abbildung der verschiedenen C-ITS-Anwendungsfälle sind in [25] mehrere Kategorien möglicher Anwendungen definiert. Die wichtigsten Kategorien sind Verkehrssicherheit (engl. road safety), Verkehrseffizienz (engl. traffic efficiency) und Infotainment.

Die *Management- und Security-Services* bedienen prinzipiell alle Schichten der ITS-Architektur. Sie umfassen unterschiedliche Funktionen zur Verwaltung der ITS-Station, u. a. auch zur Installation, Konfiguration und für das Update von ITS-Anwendungen. Darüber hinaus bringen sie nützliche Security- und Privacy-Funktionen zur Absicherung der ITS-Station und der V2X-Kommunikation mit. ETSI definiert diesbezüglich in mehreren *Technical Reports (TR)* und *Technical Specifications (TS)* einige Funktionali-täten, s. oben, darunter die Absicherung der V2X-Botschaften, das Management der Security-Credentials (kryptographische Schlüssel und Zertifikate) sowie Vorgaben für eine sichere Ausführungsumgebung (s. Abschn. 5.1.4). Einzelheiten hierzu werden in den folgenden Abschnitten weiter ausgeführt.

5.4.2.3 Was sind die Risiken und Bedrohungen für die V2X-Kommunikation?

Die Wesensart der C-ITS-Kommunikation ist der kollektive und kooperative Informationsaustausch zwischen den V2X-Kommunikationsteilnehmern. Die Teilnehmer sind darauf angewiesen, rechtzeitig und mit korrekten Informationen versorgt zu werden. Gleichzeitig setzt der kooperative Charakter des Systems auch ein Mindestmaß an Ver-trauen in dessen Integrität voraus. Oben wurde angedeutet, dass einige V2X-Botschaften Safety-relevante Inhalte übertragen. Absichtlich verfälschte Informationen können ein ungewolltes Systemverhalten bewirken, falls sie beispielsweise von AD/ADAS-Funktionen für die Berechnung der (teil-)autonomen Steuerung des Fahrzeugs verwendet werden und gleichzeitig kein redundanter Signalpfad zur Plausibilisierung vorhanden ist.

Angriffe auf die Kommunikationsverbindungen, also auf den V2X-Botschaftsaustausch zwischen zwei oder mehreren ITS-Stationen bzw. Infrastruktur-komponenten, zählen neben dem Schutz der Kommunikations-Endpunkte, also den ECUs, die die V2X-Kommunikation ausführen, zu den elementaren Gefährdungen.

Neben der funktionalen Sicherheit spielt gleichermaßen der Schutz personen-bezogener Daten eine wichtige Rolle. Mobile ITS-Stationen senden zyklisch, beispiels-weise über die CAM-Botschaft, ihre aktuelle Position, Richtung und Geschwindigkeit. Diese Informationen sind nicht verschlüsselt und können deshalb prinzipiell mit einem sich in Reichweite befindlichen Empfänger erfasst und aufgezeichnet werden – auch ohne in Besitz gültiger V2X-Zertifikate zu sein. Ohne Vorkehrungen könnten Fahrzeuge und damit möglicherweise auch die Fahrer und gegebenenfalls weitere Insassen leicht hinsichtlich ihres Fahrverhaltens, ihres Bewegungsmusters und letztendlich auch ihres Aufenthaltsorts überwacht und verfolgt werden. Dies würde einen Verstoß gegen den Schutz der Privatsphäre, s. europäische Datenschutzgrundverordnung [42], darstellen und muss deshalb systematisch verhindert werden.

Die folgenden Schutzziele wurden für die V2X-Kommunikation identifiziert:

Integrität und Authentizität Alle empfangenen Botschaften sollen unverfälscht und authentisch sein, d. h. sie sollen von einem echten, vom C-ITS-System autorisierten Absender stammen. Das übergeordnete C-ITS-System soll auch in die Lage versetzt werden, die Autorisierung einzelner ITS-Station zu widerrufen *(Revokation)*. Die Empfänger müssen jede Veränderung einer Botschaft durch einen Angreifer zuverlässig erkennen. Abgesehen von den Botschaften sollen ebenso Software und Konfigurationsdaten der ITS-Stationen authentisch sein, d. h. von einem OEM digital signiert sein.

Aktualität Alle empfangenen Botschaften sollen hinsichtlich ihrer Aktualität (Freshness) geprüft werden, u. a. um einen sogenannten Replay-Angriff zu verhindern.

Vertraulichkeit Für die meisten ITS-Anwendungen ist die Geheimhaltung der übertragenen V2X-Botschaften nicht erforderlich. Eine Verschlüsselungsfunktion sollte dennoch optional eingeplant werden, u. a. für Botschaften, die nur für einzelne Empfänger bestimmt sind und vor der Öffentlichkeit verborgen werden sollten.

Privacy Die Privatsphäre von Fahrern und Insassen muss geschützt werden – und damit implizit auch deren personenbezogen Daten. Der vollständige Verzicht personenbezogener Identitäten ist nicht möglich, da einige C-ITS-Anwendungen auf der (zumindest kurzfristigen) Verfolgung der umliegenden ITS-Stationen basieren, beispielsweise zur Vermeidung von Kollisionen mit anderen V2X-Verkehrsteilnehmern. Bei einer anonymen Kommunikation wäre zudem die Zurechenbarkeit von V2X-Botschaften zu V2X-Teilnehmern nicht möglich, was für die Aufklärung möglicher Haftungsfragen etwa bei Unfällen unentbehrlich wäre: „Wer hat welche Informationen gesendet?".

Bei der Verwendung von *Pseudonymen* muss eine möglichst optimale Wechsel-Häufigkeit der Pseudonym-Identitäten gefunden werden. Häufigere Wechsel begünstigen die Privatsphäre, während seltenere Wechsel die Funktionalität verschiedener C-ITS-Anwendungen verbessern. In allen Fällen müssen die Verknüpfungen zwischen den Pseudonym-Identitäten und der realen Identität geschützt werden und dürfen nur von autorisierten Instanzen zugreifbar sein. Ebenso darf eine Verknüpfung der verschiedenen Pseudonym-Identitäten ohne entsprechende Autorisierung nicht möglich sein, s. [31].

Verfügbarkeit ITS-Anwendungen und die V2X-Kommunikation sollten möglichst robust und fehlertolerant gegenüber mutwilligen Störungen ausgelegt werden.

Bezogen auf die eingangs aufgeführten C-ITS-Systemebenen kann ein Angreifer an verschiedenen Punkten und auf verschiedenen Ebenen der C-ITS-Architektur ansetzen:

- Auf der obersten Ebene wird ein Angreifer versuchen, die Central-ITS-Station bzw. die PKI-Instanzen anzugreifen. Als Gegenmaßnahmen werden hier klassische IT-Security-Schutzmaßnahmen angewendet.
- Auf der Netzwerk-Ebene wird ein Angreifer versuchen, die V2X-Kommunikation als solche anzugreifen, etwa mit *Jamming*-Angriffen zur Störung der Funkstrecke oder mit *Replay*- und *Inject*-Angriffen auf V2X-Botschaftsebene.
- Auf der Teilnehmerebene wird ein Angreifer versuchen, die Integrität und Authentizität der ITS-Stationen anzugreifen. Konkrete Angriffsziele sind hier die Security-Assets der V2X-ECUs in den Fahrzeugen und die elektronischen Komponenten in RSUs oder anderen ITS-Infrastrukturkomponenten. Aus Security-Sicht stellt die V2X-Kommunikation für das Fahrzeug eine Außenschnittstelle mit Funkverbindung dar und ist damit – wie alle anderen Funkverbindungen – ein latentes Risiko. Die intuitiven Anforderungen an diese Schnittstelle sind zum einen die Zugangskontrolle und zum anderen eine inhaltliche Prüfung der empfangenen Botschaften hinsichtlich deren Integrität, Authentizität und Aktualität.

Der Bericht zur ETSI-Bedrohungsanalyse, s. [27], führt zahlreiche Bedrohungen für die Security-Schutzziele Verfügbarkeit, Integrität, Authentizität, Vertraulichkeit und Nicht-Abstreitbarkeit von ITS-Stationen auf. Hamida, et al. [52] ergänzen die jeweiligen Bedrohungen mit zum Teil konkreten Beschreibungen möglicher Angriffe.

Verfügbarkeit Die Safety-Anwendungen des ITS-Systems erfordern eine zuverlässige Informationsübertragung ohne größere Latenzzeiten oder gar Ausfälle (Echtzeitfähigkeit). Zur näheren Erläuterung soll folgendes Szenario dienen:

Ein in einem kurvigen Waldstück liegengebliebenes Fahrzeug warnt die anderen V2X-Verkehrsteilnehmer und versendet zyklisch die entsprechenden Informationen per *DENM*-Botschaft. Ein Angreifer könnte jetzt durch einen sog. *Jamming*-Angriff, also durch die Ausstrahlung eines starken Rauschsignals auf den V2X-Frequenzbändern zur Störung des physikalischen Übertragungskanals die komplette V2X-Kommunikation innerhalb eines bestimmten Radius um seine Position lahmlegen. Die Folge wäre ein Denial-of-Service (DoS) der V2X-Funktionen, weil im betroffenen Bereich keine Informationen mehr empfangen bzw. weitergeleitet werden können.

Gewissermaßen auf höherer Protokollebene könnte ein Angreifer das ITS-System alternativ auch durch sog. *Packet-Flooding*, also dem hochfrequenten Versenden bedeutungsloser V2X-Botschaften, angreifen. In diesem Fall ist die Absicht, die umliegenden Empfänger mit der (zu) hohen Zahl empfangener Botschaften zu überfordern und damit die eigentliche, relevante Kommunikation zu verzögern oder ganz zu verhindern. Beide Angriffe können dazu führen, dass die Warnung über das Hindernis auf schlecht einsehbarer Strecke die betroffenen Empfänger zu spät oder gar nicht erreicht.

Integrität und Authentizität Integrität und Authentizität der V2X-Kommunikation werden gefährdet, wenn es einem Angreifer beispielsweise gelingt, den Inhalt der übermittelten Botschaften zu verändern oder zu einem späteren Zeitpunkt erneut zu senden (Replay-Angriff). Mit sog. *Masquerade*-Angriffen gibt sich ein Angreifer mit einer falschen Identität aus, um damit falsche Informationen im Netzwerk zu verbreiten. Die Absichten können dabei sehr unterschiedlich sein. Beispielsweise könnte sich ein Angreifer als Rettungsfahrzeug ausgeben, um sich so persönliche Vorteile im Straßenverkehr (erzwungene „Grüne Welle" und Bilden einer Rettungsgasse) zu erschleichen.

Vertraulichkeit Die meisten V2X-Botschaften, insbesondere die oben genannten Botschaften der C-ITS-Anwendungen, beinhalten keine geheimen oder personenbezogenen Daten, sodass ein entsprechender Schutz deren Vertraulichkeit unnötig ist. Wann immer personenbezogene oder vertrauliche Daten übermittelt werden, müssen die jeweiligen Botschaften verschlüsselt werden, da die Übertragung über die Luftschnittstelle von einem sich in Reichweite befindlichen Angreifer durch einfaches Mithören (engl. eavesdropping) abgegriffen werden könnte.

Nicht-Abstreitbarkeit und Haftbarkeit Diese Aspekte zielen vor allem auf bestimmte rechtliche Aspekte ab, beispielsweise auf Haftungsfragen bei einem Verkehrsunfall. Grundsätzlich kann dieses Schutzziel durch eine geeignete Anwendung asymmetrischer Kryptoverfahren, sowie durch die Implementierung eines manipulationssicheren Datenrekorders im Fahrzeug erreicht werden.

Des Weiteren erstellten Ghosal und Conti [49] in einer Vergleichsstudie eine Auflistung verschiedener Angriffsarten mit den entsprechenden Gefährdungen und der jew. kompromittierten Schutzziele.

5.4.2.4 Welche Lösungen existieren für den Schutz der V2X-Kommunikation?

Die ETSI ITS-Security-Architektur [30] sieht die Absicherung der V2X-Kommunikation vor, indem die Botschaften vom Absender mittels kryptographischer Algorithmen digital signiert werden und von dem/den Empfänger/n entsprechend geprüft werden. Die für die Signaturverfahren erforderlichen Schlüssel bzw. Zertifikate werden hierfür von einer Public-Key-Infrastruktur freigegeben und verteilt.

Abb. 5.35 stellt vereinfacht den Informationsfluss im ITS-Vertrauensmodell dar. In diesem Beispiel versendet ein PKW abgesicherte Botschaften, die ein LKW empfängt und überprüft.

Die V2X-PKI (in der Abbildung grau hinterlegt) besteht aus drei verschiedenen Autoritäten: der *Root-Certification Authority (Root-CA),* der *Enrolment Authority (EA)* und der *Authorisation Authority (AA).*

Die *Root-CA* dient als Vertrauensanker für alle untergeordneten Instanzen, d. h. sie autorisiert und zertifiziert die untergeordneten EAs und AAs. Innerhalb einer C-ITS-Architektur kann es mehrere Root CAs geben, beispielsweise eine für die europäische

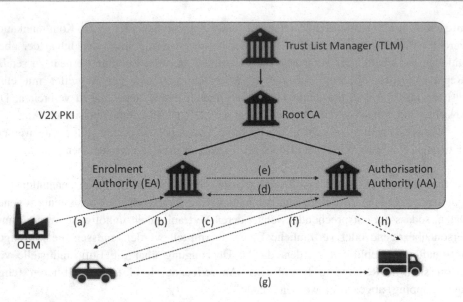

Abb. 5.35 V2X-Public Key Infrastruktur

Union, eine für Deutschland, eine für Frankreich, usw., weshalb ein den Root-CAs übergeordneter *Trust List Manager (TLM)* eine Liste mit vertrauenswürdigen Root-CAs führt, s. [41]. Für die Europäische Union steht der TLM unter Kontrolle der Europäischen Kommission.

Unterhalb einer Root-CA können mehrere EA- und AA-Instanzen existieren, die unterschiedlichen Betreibern zugeordnet werden können. Eine EA stellt für jede einzelne ITS-Station ein sog. *Enrolment Credential (EC)* bzw. Langzeitzertifikat aus und authentisiert damit die jew. ITS-Station. Die AA stellt für ITS-Stationen die sog. *Authorisation Tickets (AT)* oder auch Pseudonymzertifikate aus, womit den ITS-Stationen die Teilnahme an der V2X-Kommunikation erlaubt wird (= Autorisierung).

Die ITS-Station benötigt ein Langzeitzertifikat und idealerweise mehrere Pseudonym-Zertifikate bevor sie an der sicheren V2X-Kommunikation teilnehmen kann. Eine ITS-Station muss die folgenden Schritte zur Vorbereitung durchführen, s. Abb. 5.35:

- *Registration und Enrolment:* Die zuständige EA stellt auf Anfrage eines OEMs oder Flottenbetreibers (a) die *Langzeit-Zertifikate,* die ECs, für die ITS-Station aus (b).
- *Authorisation Request:* Die ITS-Station erstellt für sich im Anschluss ihre pseudonymen Identitäten in Form von asymmetrischen Schlüsselpaaren. Diese Schlüsselgenerierung findet ebenso wie die Ablage der privaten Schlüssel in einer geschützten Umgebung statt – im besten Fall in einem sog. *Secure Element,* s. unten. Danach wird der sog. *Authorisation Request* an die AA gesendet (c). Dieser Antrag enthält die öffentlichen Schlüssel der ITS-Station und das mit dem öffentlichen Schlüssel der EA verschlüsselte Langzeitzertifikat (EC). Da die AA die reale Identität der ITS-Station nicht kennt, leitet sie das verschlüsselte EC zur Prüfung an die

EA weiter (d), die wiederum mit ihrem privaten Schlüssel als einzige Instanz in der Lage ist, diese Entschlüsselung vorzunehmen. Ist das entschlüsselte EC gültig und die ITS-Station zur Beantragung von ATs berechtigt, dann autorisiert die EA mit einer entsprechenden Rückmeldung (e) an die AA die Erstellung der ATs. Die Identität der ITS-S bleibt bei diesem Vorgang geschützt, denn die EA erhält keine Kenntnis von den Pseudonym-Identitäten und die AA erhält keine Kenntnis von der EA über die reale Identität der ITS-Station. Eine Zusammenführung der verschiedenen Identitäten kann nur von übergeordneten PKI-Autoritäten erfolgen. Mit dieser positiven Rückmeldung wird die AA die Pseudonymzertifikate erstellen und signieren und an die ITS-Station zurücksenden (f). Der Authorisation Request kann zu einem späteren Zeitpunkt wiederholt werden, um neue Pseudonymzertifikate zu erstellen, um damit die bis dahin verbrauchten Zertifikate zu ersetzen.

- Die V2X-Kommunikation wird mithilfe von digitalen Signaturen in mehreren Schritten folgendermaßen abgesichert: Eine ITS-Station möchte eine Botschaft verschicken, wählt eines ihrer Pseudonymzertifikate (AT) aus, berechnet die Signatur der Botschaft mit dem zum gewählten AT gehörenden privaten Schlüssel und übermittelt die so berechnete Signatur zusammen mit der originalen Botschaft an die Empfänger (g). Außerdem übermittelt die ITS-Station ihr verwendetes AT. Die Empfänger werden zunächst das AT des Senders mithilfe des AA-Zertifikats (h) verifizieren und so sicherstellen, dass der Absender ein aktuell gültiges AT besitzt, um damit an der V2X-Kommunikation teilzunehmen. Im positiven Fall können die Empfänger den im AT des Absenders enthaltenen öffentlichen Schlüssel zur Verifizierung der Botschaftssignatur verwenden. Falls auch diese Prüfung erfolgreich verläuft, können die Empfänger sicher sein, dass die Botschaft unverändert und authentisch ist und von einer echten und autorisierten ITS-Station stammt. Falls der Absender zusätzlich in den Nutzdaten noch einen Zeitstempel (Freshness-Value) eingefügt hat, können die Empfänger durch dessen Prüfung zudem die Aktualität der Botschaft prüfen. Auf diese Art und Weise können u. a. Replay-Angriffe verhindert werden.

Mit der Ausstellung von sog. *Revocation-Listen (RCL)* kann die PKI die Gültigkeit von Zertifikaten widerrufen. Damit wird auch die Sender-Autorisation, also die Erlaubnis, an der V2X-Kommunikation teilzunehmen, gesteuert.

Der Schutz der Privatsphäre wird durch die Pseudonym-Zertifikate und deren (häufigen) Wechsel sowie durch die Trennung von EC und AT bzw. EA und AA sichergestellt.

Um etwa nach einem Verkehrsunfall die Haftungsfrage zu klären, können gesendete und empfangene Botschaften in einem manipulationssicheren Speicher (auch *Audit Log*) der ITS-Stationen abgelegt werden.

5.4.2.5 Welche Auswirkungen haben die Securitymaßnahmen auf das Gesamtsystem?

Die Umsetzung und Implementierung der V2X-Securityanforderungen wirken sich auf verschiedene Bereiche der betroffenen V2X-Komponenten aus.

Anforderungen an die Speicherung und Nutzung von Schlüsseln

Jede ITS-Station muss den Speicherplatz für mehrere *Credentials* (Schlüssel und Zertifikate) vorhalten: ein Langzeitzertifikat und den zugehörigen privaten Schlüssel, mehrere Root-CA-, EA- und AA-Zertifikate, sowie einen Vorrat an mehreren Pseudonymzertifikaten. Der genaue Bedarf hängt von der tatsächlichen PKI-Struktur, insbesondere der Anzahl von Root-CA-, EA- und AA-Instanzen ab. Ein weiterer Faktor ist die Strategie zur *Bevorratung* von Pseudonymzertifikaten, denn um die Anzahl von Anfragen bei den AAs gering zu halten, müssen die ITS-Stationen eine größere Menge von ATs beantragen und speichern, beispielsweise einen Jahresvorrat.

Bißmeyer [7] hat die Anzahl der Credentials und den daraus resultierenden Speicherbedarf abgeschätzt: 5–20 RCA-Zertifikate, 20–1000 EA-Zertifikate, 20–2000 AA-Zertifikate, 1 EC u. privater Schlüssel und ca. 1500 Pseudonymzertifikate (plus zugehörende private Schlüssel) erfordern einen Speicherplatz von ca. 230–650 Kbyte.

Anforderungen an die sichere und vertrauenswürdige Laufzeitumgebung

Die Root-CA-Zertifikate sowie alle privaten Schlüssel müssen aufgrund ihrer Kritikalität in einer sicheren Umgebung gespeichert werden. Von den meisten OEMs und letztendlich auch vom *C2CCC* [14] werden an die Hardware-Securitymodule erhöhte Anforderungen hinsichtlich des Schutzbedarfs gestellt (CC EAL 4+). Dieser hohe Schutzbedarf wird mit den möglichen Auswirkungen im Falle einer Kompromittierung begründet: Mit gestohlenen, privaten Schlüsseln kann die digitale Identität eines Fahrzeugs repliziert werden und inhaltlich falsche Botschaften im V2X-Netzwerk verbreitet werden. Unter anderem erfüllen sog. *Secure Elements* diese speziellen Anforderungen für den V2X-Anwendungsfall, s. Abschn. 5.1.4.

Anforderung an die Leistungsfähigkeit

Für die Ausführung der notwendigen kryptographischen Operationen, genauer gesagt zur Signaturgenerierung für die Sendebotschaften und zur Signaturverifizierungen für die Empfangsbotschaften, ist eine ausreichende Rechenleistung erforderlich. Da die Signaturgenerierung mit den privaten Schlüsseln arbeitet, muss diese Operation auch innerhalb einer hochsicheren Umgebung wie beispielsweise eines *Secure Elements* erfolgen, s. oben. Die Sendefrequenz von V2X-Botschaften, z. B. der *CAM*-Botschaft, liegt zwischen 1–10 Hz, also bei bis zu 10 Botschaften pro Sekunde, vgl. [25]. Falls zusätzlich zur *CAM*-Botschaft noch eine oder zwei weitere V2X-Botschaften gesendet werden, erhöht sich die Zahl auf ca. 20–30 (Sende-) Botschaften pro Sekunde. Das bedeutet 20–30 Signaturen, die pro Sekunde mit den privaten Schlüsseln berechnet werden müssen. Auf dem Markt gibt es Secure Elements, die speziell für diese V2X-Anforderungen optimiert wurden und die oben aufgeführten Anforderungen erfüllen.

Eine Abschätzung des *PRESERVE*-Projekts [8] ergab, dass in bestimmten Verkehrsszenarien, beispielsweise in der Umgebung eines Verkehrsknotens mit hoher Verkehrsdichte, wo sich zu einem bestimmten Zeitpunkt mehrere Hundert ITS-Stationen in Reichweite befinden, mit einem Empfang von 1000 V2X-Botschaften pro Sekunde (und mehr) gerechnet werden muss, was einen Durchsatz von 1000 Signaturverifikationen pro Sekunde nach sich ziehen würde. Viele Secure Elements besitzen die hierfür benötigte Performanz nicht, sodass diese kryptographische Operation typischerweise von einem *EVITA Full*-HSM oder einem anderen leistungsstarken Prozessor erfüllt wird. Bei der Signaturverifikation handelt es sich schließlich um eine Anwendung des öffentlichen Schlüssels, sodass der erhöhte Schutzbedarf (CC EAL4+) hier nicht zwingend erforderlich ist.

5.4.3 Secure Vehicle Access

5.4.3.1 Definition
Die Absicherung der Zugangs- und Fahrberechtigungssysteme, auch als *Secure Vehicle Access* bezeichnet, beinhaltet zwei verschiedene Funktionalitäten, s. [114]:

- Die Autorisierung für den *Zugang* zum Fahrzeug, d. h. das Öffnen und Schließen der Fahrzeugtüren sowie das Deaktivieren und Aktivieren der Alarmanlage, etc.
- Die Autorisierung für die *Fahrzeugbenutzung* bzw. für das Starten des Motors, d. h. Deaktivieren der Wegfahrsperre.

5.4.3.2 Entwicklung der Schließ- und Diebstahlschutzsysteme
Für die *elektronische Wegfahrsperre (WFS, engl. Immobiliser)* und für das *Zugangsberechtigungssystem* existieren aktuell weder Standards noch einheitliche Lösungen. *Immobiliser*-Systeme (dt. Wegfahrsperre) unterscheiden sich zwischen den OEMs zum Teil stark und leider setzten in der Vergangenheit Anbieter von RFID-Kommunikationssystemen für WFS-Transponder bei der Implementierung kryptographischer Funktionen auf proprietäre Lösungen sowie auf *Security by Obscurity* statt auf die Einhaltung der Security-Best Practices, vgl. Abschn. 2.4.

Ursprünglich waren *Immobiliser* und Zugangsberechtigungssysteme (*RKE/PKE*, s. unten) voneinander getrennte Systeme. Heute verschmelzen sowohl ihre Funktionen als auch ihre Technologien miteinander, s. Tab. 5.9, was u. a. zu geringeren Kosten und zu höherem Benutzerkomfort führt.

Erläuterungen zu Tab. 5.9:

- (1) mechanischer Schlüssel für das mechanische Betätigen der Türentriegelung und des Zündschlosses; ohne Transponder für eine elektronische Wegfahrsperre, d. h. für Fahrzeuge mit Baujahr vor 1995.
- (2) mechanischer Schlüssel wie in (1), aber mit einem integrierten WFS-Transponder für die Freigabe der Wegfahrsperre.
- (3) mechanischer Schlüssel mit WFS-Transponder wie in (2), mit zusätzlicher (aktiver) Fernsteuerung der Türentriegelung; auch bekannt als *Remote Keyless Entry (RKE)*.

Tab. 5.9 Wegfahrsperre und Keyless Entry-Systeme

Funktion	(1) Mechanischer Schlüssel	(2) Mechanischer Schlüssel + WFS-Transponder	(3) Mechanischer Schlüssel + WFS-Transponder + Fernsteuerung zur Türentriegelung (RKE)	(4) Mechanischer Schlüssel + WFS-Transponder + PKE	(5) PKES (+ WFS-Transponder)
Mechanische Türentriegelung	X	X	X	(x)	–
Ferngesteuerte Türentriegelung	–	–	X	–	–
Passive Türentriegelung	–	–	–	X	X
Mechanisches Starten	X	X	X	X	–
Passives Starten (per Start/Stop-Knopf)	–	–	–	–	X
Wegfahrsperre	–	X	X	X	X

- (4) wie (3), aber mit passiver Fernsteuerung der Türentriegelung *(Passive Keyless Entry, PKE)* (autom. Türentriegelung bzw. -verriegelung sobald sich der Schlüssel in Sende-/Empfangsreichweite befindet). Die mechanische Türentriegelung ist optional.
- (5) automatische Türentriegelung und Entriegelung der Wegfahrsperre wie in (4) und Starten per Start/Stop-Taster ohne mechanischen Schlüssel; auch bekannt als *Passive Keyless Entry and Start (PKES)*. Physische Schlüssel können durch *Smart Devices* ersetzt werden, z. B. Smartphone-App.

5.4.3.3 Wie funktionieren Zugangs- und Fahrberechtigungssysteme?

Die Funktionsweisen von WFS-Funktion und PKE/RKE-Funktion sind zunächst als getrennte Systeme zu betrachten.

Wegfahrsperre

Die *Wegfahrsperre* (WFS, engl. Immobiliser) ist ein gesetzlich vorgeschriebenes System zur Diebstahlsicherung von Fahrzeugen. Gemäß EU-Direktive 95/56/EC [38] müssen seit 1995 innerhalb der EU alle neu zugelassenen Fahrzeuge mit einer elektronischen Wegfahrsperre ausgestattet sein. Ziel ist es, das klassische *Kurzschließen* und Entwenden des Fahrzeugs zu erschweren bzw. unmöglich zu machen, indem die Berechtigung des Fahrzeugnutzers anhand des WFS-Transponders im Fahrzeugschlüssel festgestellt wird.

In den meisten Anwendungen werden passive *RFID-Tags* ohne eigene Energiequelle und mit einer sehr geringen Reichweite von wenigen Zentimetern eingesetzt.

Über ein (häufig proprietäres) Challenge-Response-Protokoll prüft die WFS-Funktion die Echtheit des Schlüssels, bzw. des WFS-Transponders. Zuvor müssen die RFID-Tags für das Fahrzeug *eingelernt*, d. h. mit der WFS-Funktion des Fahrzeugs bekanntgemacht werden.

Ein Wegfahrsperren-System ist folgendermaßen aufgebaut, s Abb. 5.36:

- (1): *Transponder* im Zündschlüssel (engl. key fob), mit RFID-Tag (LF) und ggf. Batterie-betriebenem Microcontroller (UHF)
- (2): *Funkverbindung* (spielt hier für die Security-Betrachtung keine wesentliche Rolle)
- (3): *Transceiver* mit Antenne, ggf. mehrere an verschiedenen Positionen des Fahrzeugs verteilt, z. B. am Zündschloss für den Immobiliser und an den Türen und am Kofferraum für den Türöffner
- (4): fahrzeuginterne Verbindung zwischen Transceiver und Immobiliser-ECU/PKES-ECU
- (5): *Immobiliser-ECU/PKES-ECU*, häufig als Funktion im Body Control Module (BCM) integriert
- (6): sichere logische Verbindung zwischen Key-Fob und Immobiliser/PKES bzw. zwischen Immobiliser/PKES und den fahrzeuginternen Kommunikationspartnern

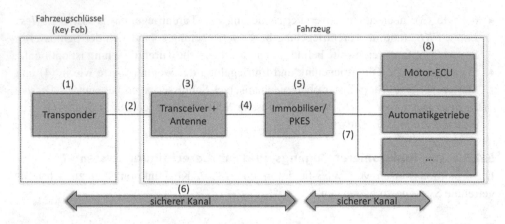

Abb. 5.36 Aufbau eines Wegfahrsperren-Systems

- (7): Fahrzeug-Bussystem (CAN), tlw. auch direkt verbunden über eine serielle Schnittstelle, potenziell ohne Absicherung [10]
- (8): *Wegfahrsperren-Verbund* bestehend aus Motor, Automatikgetriebe, Parksperre, Lenkung, s. [94]. Mehrere Abschaltpfade müssen vom Angreifer überwunden werden, um das Fahrzeug bewegen zu können.

Fernsteuerung für Türentriegelung/RKE
Für diese Funktion werden aktive Sender mit eigener Energiequelle und einer Reichweite bis rund 100 m verwendet. Der Fahrer betätigt am Schlüssel einen Taster, um das Fahrzeug auf- und zuzuschließen, vgl. [47, 67].

PKE
Für diese Funktion werden wiederum passive RFID-Transponder mit kleiner Reichweite (ca. 1–2 m) verwendet. Das Fahrzeug erkennt automatisch die Anwesenheit der Transponder, sobald er sich innerhalb einer Reichweite von wenigen Metern befinden und der Türgriff bedient wird. Bei Anwesenheit des Transponders lässt sich das Fahrzeug öffnen (PKE) und starten (PKES). Ein Verschmelzen dieser Funktion mit der WFS-Funktionalität ist ebenfalls möglich.

5.4.3.4 Welche Security-Ziele muss *Secure Vehicle Access* erfüllen?
Der Benutzer bzw. Fahrer authentifiziert sich gegenüber dem Fahrzeug und erhält Zugang zum Fahrzeug (Öffnen der Türen) und erhält die Berechtigung zum Fahren (Starten des Motors, etc.). Ohne Besitz des Fahrzeug-Schlüssels erfolgt keine Zugangs- oder Fahrberechtigung. Das Kopieren des Fahrzeugschlüssels darf nicht möglich sein.

5.4.3.5 Welche Schwachstellen und Angriffe existieren für *Secure Vehicle Access?*

Seit Einführung der elektronischen Wegfahrsperre sank die Zahl der gestohlenen Fahrzeuge, vgl. [109]. Allerdings sind weder die Wegfahrsperre noch die verschiedenen Zugangsberechtigungssysteme perfekt, denn es existieren verschiedene, bereits erfolgreich durchgeführte Angriffe auf diese Systeme. Die Herausforderung besteht darin, unter Kostendruck und mit begrenztem Bauraum (handlicher Fahrzeugschlüssel) ein möglichst zuverlässiges und sicheres System zu entwickeln. Letztendlich stellt es sich als Wettlauf zwischen OEMs und Dieben bzw. Hacker, die die erforderlichen Werkzeuge zum Umgehen der WFS-Funktion bereitstellen, dar.

Für das typische Angreifermodell wird in diesem Fall von einem Angreifer ausgegangen, der sich das erforderliche Equipment für weniger als 300 € im Internet beschaffen kann, s. [112]. Er nutzt in seinen Angriffsvektoren verschiedene Schwachstellen aus. Eine Auswahl:

- schwaches Authentisierungsverfahren zwischen Immobiliser-ECU und Motor-ECU, s. [10, 120].
- ungenügender Schutz der Immobiliser-ECU hinsichtlich Integrität und Vertraulichkeit, sowie Verwendung eines zu kurzen bzw. aus öffentlichen Informationen ableitbaren Schlüssels, s. [120].
- Verwendung proprietärer Kryptoalgorithmen (Verstoß gegen *Kerckhoffs' Prinzip*) bei den vier am weitesten verbreiteten WFS-Transpondersystemen (DST, Keeloq, Hitag2 und Megamos Crypto), s. Tab. 5.10. Bei diesen Angriffen wurden u. a. die folgenden Schwächen ausgenutzt: Bei einem zu kleinen Schlüsselraum kann der Schlüssel per *Brute-Force* oder *Wörterbuchangriff* gefunden werden. Bei einem zu schwachen (Pseudo-) Zufallszahlengenerator kann per sog. *Forward-Prediction* die nächste Zufallszahl berechnet werden. Kryptographisch schwache Authentifizierungsprotokolle, die auf *Fixed-Codes* oder *Rolling-Codes basieren,* sind anfällig gegenüber *Replay*-Angriffen bzw. gegenüber sog. *RollJam*-Angriffen, s. [120].
- *Jamming* (Störung der Funkverbindung) ist einfach durchzuführen, und verhindert beispielsweise, dass die Fahrzeugtüren nicht zugeschlossen werden.
- *Relay*-Angriffe, s. [47], können ausgenutzt werden um insbesondere bei PKES-Systemen die Distanz zwischen Sender und Empfänger, d. h. Fahrzeugschlüssel und Fahrzeug zu überbrücken. Obwohl sich der Fahrzeugschlüssel bis zu 100 m entfernt befindet, nimmt das Fahrzeug seine Präsenz in unmittelbarer Umgebung an und entriegelt infolgedessen die Fahrzeugtüren.

5.4.3.6 Welche Lösungen und Gegenmaßnahmen werden empfohlen?

Zur Absicherung empfiehlt sich ein Zusammenspiel mehrerer Security-Bausteine wie etwa der Integritäts- und Zugangsschutz sämtlicher involvierter ECUs (Immobiliser, Motor, etc.) und der sicheren/authentisierten Kommunikation zwischen diesen ECUs. Des Weiteren existieren mehrere Designprinzipien, die für die Entwicklung der

Tab. 5.10 Angriffe auf WFS/PKES-Transponder (Key Fobs)

Angriff	Quelle
Angriffe auf DST	s. (Bono 2005) [11] und (Wouters et al. 2020) [120]
Angriffe auf Keeloq	s. (Bogdanov 2007) [9] und (Kasper 2013) [67]
Angriffe auf Hitag2	s. (Verdult et al. 2012) [111]
Angriffe auf Megamos	s. (Verdult et al. 2015) [112]

Vehicle-Access-Systeme berücksichtigt werden sollten, um die häufig verwendeten Angriffsmuster zu vereiteln, s. oben. Dazu gehören:

- *Proprietäre Verfahren* für kryptographische Berechnungen sollten nicht verwendet werden.
- Hinsichtlich der Schlüssellänge sollten die aktuellen Empfehlungen wie etwa des BSIs, s. Abschn. 1.1.3, berücksichtigt werden.
- Für die Erzeugung von *Zufallszahlen* sollten kryptographisch sichere Zufallszahlengeneratoren (CSRNG) oder TRNGs verwendet werden, s. Abschn. 1.1.3.
- Der Schutz gegen (bestimmte) *Seitenkanalangriffe* wie etwa Timing-Angriffe sollte ebenfalls bedacht werden.
- Authentisierungsverfahren sollten möglichst immer in beide Richtungen (gegenseitig) durchgeführt werden, s. [3, 67].

Gegen einige der oben genannten Angriffe bzw. Schwächen existieren darüber hinaus konkrete Gegenmaßnahmen. So kann ein *Faraday-scher Käfig* für den WFS-Transponder, etwa in Form einer Schutzhülle oder Etui, einen physikalischen Schutz gegen bestimmte Angriffe wie beispielsweise gegen einen *Relay*-Angriff dienen. Alrabady [3] untersuchte außerdem die Möglichkeit von Laufzeitmessungen, um Relay-Angriffe erkennen zu können. Es sollten außerdem dringend die im Feld aufgetretenen Angriffe analysiert werden, um zeitnah ggf. zusätzliche Gegenmaßnahmen einfließen zu lassen. Die Einbeziehung von Forschungsergebnissen und Penetrationstests sind generell zu empfehlen, aber gerade bei diesem Thema unerlässlich.

5.5   Sichere Fahrzeug-Infrastruktur

Fahrzeuge ohne Kommunikationsverbindungen nach Außen können prinzipiell nur lokal, d. h. über physische Zugänge angegriffen werden, beispielsweise über den OBD-Stecker oder über die Leitungen der fahrzeuginternen Bussysteme. Moderne, vernetzte Fahrzeuge haben dagegen eine weitaus größere Angriffsoberfläche und damit ein höheres Risiko, auch tatsächlich angegriffen zu werden. Aus der Security-Perspektive liegt die

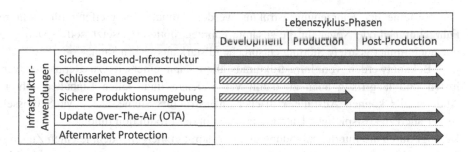

Abb. 5.37   Infrastrukturanwendungen in versch. Lebenszyklus-Phasen (grau: für die jew. Phase erforderlich; schraffiert: tlw. erforderlich)

Systemgrenze eines vernetzten Fahrzeugs demzufolge nicht an dessen physischer Hülle, sondern erstreckt sich weit darüber hinaus.

Vernetzte Fahrzeuge besitzen unterschiedliche Übertragungskanäle zu Komponenten der IT-Infrastruktur des jew. OEMs, aber ggf. auch zu Zulieferern und Drittanbietern. Diese Backend-Systeme, bestehend aus Servern und Datenbanken, sind sozusagen mit den Fahrzeugfunktionen verflochten und ermöglichen verschiedene Funktionalitäten.

In Abb. 5.37 ist eine grobe Aufteilung der wichtigsten Infrastrukturanwendungen aufgelistet und den Lebenszyklusphasen eines Fahrzeugs zugeordnet, da bestimmte Backend-Funktionen nicht durchgehend benötigt werden. So wird eine *sichere Backend-Infrastruktur,* s. Abschn. 5.5.1, d. h. die Anwendung von IT-Security-Maßnahmen durchgehend erwartet, da etwa Backend-Services und -Datenbanken, die über das Internet erreichbar sind, unabhängig von der Lebenszyklusphase des Fahrzeugs angegriffen werden können. Das *Schlüsselmanagement,* s. Abschn. 5.5.2, wird sowohl in der Fahrzeugproduktion als auch im Feld, beispielsweise für Update-Zwecke, benötigt. In der Entwicklungsphase werden Schlüssel z. T. noch durch manuelle Prozesse verwaltet, was unkritisch ist, solange eine strikte Trennung zwischen Entwicklungs- und Serienschlüssel gewährleistet wird. Die Sicherheit der *Produktionsumgebungen,* s. Abschn. 5.5.3, befindet sich während der Entwicklungsphase bzw. im Musterbau ebenfalls noch im Aufbau und wird spätestens für die Serienproduktion relevant. Für das *Update-Over-The-Air,* s. Abschn. 5.5.4, wird die zugehörige Infrastruktur zwar erst nach der Produktionsphase benötigt – erste, realistische Funktions- und Belastungstests sollten allerdings vorab erfolgreich abgeschlossen sein. Die Maßnahmen zum Schutz der *Aftermarket*-Anwendungen, s. Abschn. 5.5.5, sind ebenfalls erst in der Post-Produktionsphase von Interesse.

Für fast alle Infrastrukturanwendungen gilt, dass eine Kompromittierung der Systeme bzw. Funktionen einen zum Teil großen Schaden für das Unternehmen hervorrufen kann. Dies wird durch folgende Aspekte untermauert:

- Die Systeme der Fahrzeuginfrastruktur werden oftmals übergreifend für mehrere Fahrzeugtypen oder sogar für die gesamte Fahrzeugflotte eingesetzt, sodass sich eine wie auch immer geartete Störung entsprechend stark auswirken kann.
- Das Bekanntwerden von Infrastrukturausfällen kann einerseits zu Reputationsverlusten und langfristig auch zu damit verbundenen finanziellen Einbußen führen. Andererseits können Ausfälle kritischer Infrastruktursysteme wie etwa Schlüsselserver auch zu kostspieligen Unterbrechungen in der Produktion führen.
- Bedingt durch die Internetanbindung und der damit einhergehenden, leichten Zugänglichkeit vieler Infrastrukturanwendungen, besteht für sie auch eine höhere Gefahr, Opfer von sog. *Ransomware*-Angriffen zu werden. Hierbei versuchen Angreifer durch das Einschleusen und Ausführen entsprechender Schadsoftware wertvolle Daten auf den Infrastrukturservern zu verschlüsseln und die betroffenen Unternehmen mit der Entschlüsselung der Daten zu erpressen. Ein kostspieliger Datenverlust ist oftmals die Folge.

5.5.1   Sichere Backend-Infrastruktur

5.5.1.1 Beschreibung

Die *Automotive Backend-Infrastruktur* dient als Gastgeber für unterschiedliche Services, die auf hochverfügbaren Server-Clustern und Datenbanken betrieben werden. Das OEM-Backend beinhaltet u. a. OTA-Services, Diagnose-Services (zur Authentifizierung der Diagnose-Tester), ein *Security Operations Center* (SOC), Software-Repositories, ein Schlüsselmanagement (z. B. PKI, KMS) sowie Server zur Anbindung der Produktionsstätten und Zulieferer. Darüber hinaus können Tier-n und Drittanbieter jeweils eigene Backend-Systeme besitzen.

Beispiele:

- Connected & Autonomous Car Services.
- Content Provider (Karten, Verkehrsinfos).
- Anbindung an die V2X-Infrastruktur.
- Maut-Systeme.

Damit lassen sich verschiedene Anwendungsfälle umsetzen, u. a.:

- OTA-Update.
- V2X-Kommunikation und V2X-Schlüsselmanagement.
- Bezahlfunktionen und Maut.
- Content Download (Verkehrsdaten, Kartenmaterial, etc.).
- Notruf und Pannendienst.
- Telematik-Services, z. B. Flottenmanagement.

- Mobilitäts- und Transportdienstleistungen mit autonomen Fahrzeugen: Ridehailing/ Ride Dispatch Management.
- Meldungen von Intrusion Detection Systemen an das SOC: Incident Management/ Event Assessment.
- *Security Operation Center:* Security-Monitoring/Field-Monitoring/Vulnerability Management.

5.5.1.2 Welche Gefährdungen existieren für die Backend-Infrastruktur?

Als mögliche Angreifer kommen zum einen Insider[5], die über die erforderlichen Zugriffsberechtigungen auf die Backend-Infrastruktur verfügen, infrage. Zum anderen können Angreifer versuchen, von außen über Schwachstellen in Datenbanken, Servern oder cloudbasierten Diensten in die Backend-Infrastruktur einzudringen.

Verschiedene Angriffsziele könnten Angreifer motivieren, u. a. das Erschleichen von Bezahldiensten wie etwa der Maut, die Sabotage von Geschäftsmodellen einzelner Unternehmen oder einer ganzen Branche sowie der Diebstahl personenbezogener Daten.

Die möglichen Angriffspfade können dabei an verschiedenen Stellen angesetzt werden:

- (1) Vom *Fahrzeug ausgehend,* etwa über einen physischen Angriff oder über einen Fernangriff auf die Connectivity-/Infotainment-Einheit, kann ein Angreifer in Folge bis ins Backend vordringen.
- (2) *Internet-Verbindung,* etwa mithilfe eines MITM- oder DoS-Angriffs
- (3) *Frontend,* etwa durch den Datendiebstahl von Zugangsdaten mithilfe von Social Engineering
- (4) *Backend,* etwa indem sich der Angreifer unberechtigt Zugang verschafft

5.5.1.3 Welche Risiken entstehen durch Angriffe auf die Backend-Infrastruktur?

Eine Eigenschaft vernetzter Fahrzeuge, respektive von Fahrzeugen, die über diverse Außenschnittstellen verfügen, stellt sich im Rahmen von Gefährdungsanalysen als gravierender Nachteil heraus: Die Wirkketten diverser Fahrzeugfunktionen reichen bis in das Backend der OEMs, Tier-n und Drittanbieter hinein. Dies hat zur Folge, dass einerseits eine Kompromittierung des Backends (auch) für Angriffe auf Fahrzeuge genutzt werden und andererseits eine Kompromittierung des Fahrzeugs (auch) für Angriffe auf die Backend-Infrastruktur genutzt werden.

5.5.1.4 Welche Schutzmaßnahmen werden empfohlen?

Für die Definition eines maßgeschneiderten Schutzkonzeptes für die Backend-Infrastruktur muss den jeweiligen Randbedingungen und Anforderungen der betroffenen

---

[5] ggf. auch indirekt, als Opfer eines *Social Engineering*-Angriffs.

Unternehmen Rechnung getragen werden. Zu den technisch wirksamsten und am häufigsten angewendeten Maßnahmen gehören die folgenden:

- Schaffen einer *hochsicheren Netzwerkzone* innerhalb der IT-Architektur des Unternehmens.
- eine ausreichende Trennung vom Office-Netzwerk und vom Internet, zusätzlich eine Separierung verschiedener *IT-Cluster*.
- eine sichere Verbindung (verschlüsselt und gegenseitig authentifiziert) zwischen OEM-Backend und Tier-n-Backend, z. B. für das Schlüsselmanagement, sowie eine sichere Anbindung der Produktionsstandorte, z. B. für PKS oder Software-Repository.
- klassische Maßnahmen der IT-Security zur Absicherung hoch-kritischer Netzwerkzonen in der IT-Architektur, z. B. Firewall, DMZ, Reverse Proxy, IDS/IPS, Logging, Patch-Management, vgl. [83].
- Reduzierung des menschlichen Risikofaktors, u. a. durch Benutzerauthentifizierung und 4-Augen-Prinzip.
- physischer Schutz, u. a. durch Geo-Redundanz, HSM und physischer Zugangskontrolle.
- sichere Kommunikation zwischen Fahrzeugen und Backend mithilfe von mTLS oder IPSec.

5.5.2   Schlüsselverwaltung

Die meisten Securityfunktionen im Fahrzeug und im Backend gründen auf schlüsselbasierten kryptographischen Funktionen.

Beispiele:

- *Sichere Reprogrammierung:* asymmetrische Schlüssel und digitale Signaturverfahren zur Prüfung der Software-Authentizität, s. Abschn. 5.1.3.
- *Authentifizierter Diagnosezugang:* asymmetrische Schlüssel und digitale Signaturverfahren zur Prüfung der Diagnosezertifikate, s. Abschn. 5.2.1.
- *Sichere Onboard-Kommunikation:* symmetrische Schlüssel und MAC-Verfahren zur Erzeugung und Prüfung der Message Authentication Codes, s. Abschn. 5.3.4.
- Sichere V2X-Kommunikation: asymmetrische Schlüssel bzw. Zertifikate und digitale Signaturverfahren zur Prüfung der V2X-Botschaften, s. Abschn. 5.4.2.

Die Zuverlässigkeit bzw. die Gewissheit, dass die Securityfunktionen ihre Schutzziele erfüllen, basieren auf einem sicheren Umgang mit den kryptographischen Schlüsseln. Die Zielvorgabe der Ganzheitlichkeit sollte auch auf die sichere Schlüsselverwaltung übertragen werden. Das bedeutet, dass der Lebenszyklus kryptographischer Schlüssel berücksichtigt werden muss, um systematisch alle Schwachstellen in der Schlüsselverwaltung und -Nutzung auszuschließen.

Eine bedeutende Herausforderung für eine sichere Schlüsselverwaltung ist es, den Schlüssellebenszyklus mit dem Produktlebenszyklus zu verknüpfen, sowie die Eingliederung der hierfür erforderlichen Infrastrukturkomponenten sicher zu gestalten. In den folgenden Abschnitten werden hierfür die Einzelheiten herausgearbeitet.

5.5.2.1 Schlüssellebenszyklus

Der Lebenszyklus kryptographischer Schlüssel, s. Abb. 5.38, besteht aus mehreren Phasen:

Erzeugung Ein Schlüssel wird idealerweise innerhalb einer geschützten Umgebung und mit dem Beitrag maximaler Entropie erzeugt und auf sichere Art und Weise an seinen Bestimmungsort (falls letzterer vom Ort seiner Erzeugung abweicht) transportiert bzw. verteilt. Für symmetrische Schlüssel kommen für die Schlüsselerzeugung kryptographisch sichere Zufallszahlengeneratoren (engl. cryptographically secure random number generator – CSRNG) und echte Zufallszahlengeneratoren (engl. true random number generator – TRNG) infrage, s. Abschn. 1.1.3. Verglichen mit symmetrischen Schlüsseln ist die Erzeugung asymmetrischer Schlüssel komplexer und mit höherem Rechenaufwand verbunden, was beim Entwurf von Securitykonzepten berücksichtigt werden sollte, vgl. [87].

Verteilung Bei der Verteilung der Schlüssel muss für deren Vertraulichkeit und Authentizität gesorgt werden. d. h. der Empfänger muss in der Lage sein, die Echtheit der Schlüssel zu überprüfen und die Schlüssel dürfen außerhalb einer sicheren und vertrauenswürdigen Umgebung niemals im Klartext gespeichert oder übermittelt werden.

Abb. 5.38 Schlüssellebenszyklus

Für die Lösungsfindung müssen zwei grundsätzliche Probleme bewältigt werden. Zum einen erfordert der Aufbau eines sicheren Übertragungswegs selbst kryptographische Schlüssel bzw. Geheimnisse *(Transportdilemma)*, die anfangs aber noch nicht vorhanden sind. Zum anderen muss eine geeignete Architektur für die Schlüsselverwaltung gewählt werden: zentrale Schlüsselverwaltung im Backend vs. dezentrale Schlüsselverteilung im Fahrzeug.

Ablage Zur sicheren Schlüsselablage existieren verschiedene, an den jeweiligen Schutzbedarf der Schlüssel angepasste Konzepte. So müssen öffentliche Schlüssel bzw. Zertifikate in der Regel nicht vertraulich jedoch mindestens manipulationssicher abgespeichert werden, d. h. deren Integrität muss geschützt sein. Geheime bzw. symmetrische Schlüssel müssen andererseits zwingend vertraulich gespeichert werden, sodass deren eventuelle Extraktion entweder aufgrund der Verschlüsselung erfolglos ist oder praktisch nur mit unwirtschaftlich hohem Aufwand machbar ist. Hardware Security Module wie *EVITA*-HSMs, TPMs oder Secure Elements enthalten spezielle Schlüsselspeicher und beschränken dank ihrer physikalischen Trennung den Zugriff auf die enthaltenen Schlüssel.

Verwendung Für die eigentliche Verwendung des Schlüssels, also für die Berechnung in kryptographischen Funktionen, wird der Schlüssel von seinem sicheren Ablageort in den (geschützten) Arbeitsspeicher der sicheren Ausführungsumgebung geladen, falls erforderlich entschlüsselt und nach Beendigung der Operation wieder gelöscht. Der geschützte Arbeitsspeicher darf nur für die Kryptofunktionen zugreifbar sein. Für alle anderen Software-Komponenten muss dieser Speicherbereich lese-/schreibgeschützt sein.

Update Aus verschiedenen Gründen kann ein Update, also ein Austauschen des Schlüssels innerhalb der Produktlebensdauer erforderlich oder ratsam sein:

- Ein Schlüssel wurde kompromittiert und muss deshalb durch einen neuen ersetzt werden.
- Eine Fahrzeugkomponente wird ausgetauscht, weshalb auch die Schlüssel der Kommunikationspartner ausgetauscht bzw. erneut ausgehandelt werden müssen.
- Das bisher eingesetzte kryptographische Verfahren wurde einige Jahre nach der Produktentwicklung (man bedenke die 15–20 Jahre Produktlebensdauer eines Fahrzeugs) als zu schwach eingestuft und muss durch ein stärkeres Verfahren ersetzt werden. In diesem Zuge müssen auch die zugehörenden Schlüssel ersetzt werden.

Löschen Am Ende des Lebenszyklus eines Fahrzeugs bzw. dessen Komponenten sollten sämtliche Geheimnisse, insbesondere die kryptographischen Schlüssel, gelöscht werden, um eine spätere Extraktion und Missbrauch auszuschließen.

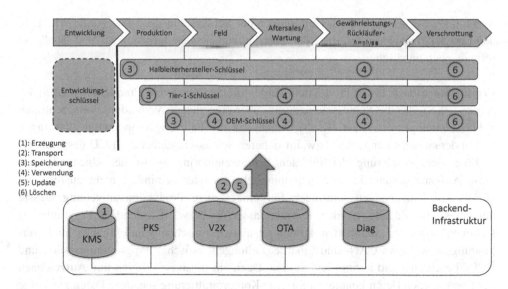

Abb. 5.39 Verknüpfung des Produktlebenszyklus mit dem Schlüssellebenszyklus und der Schlüsselverwaltung

Verteilt über den gesamten Produktlebenszyklus eines Fahrzeugs, s. Kap. 4, und dessen Komponenten existieren verschiedene Anwendungsfälle für kryptographische Schlüssel.

In Abb. 5.39 wird exemplarisch der Produktlebenszyklus mit dem Schlüssellebenszyklus verknüpft und die erforderliche Infrastrukturkomponenten dargestellt. Außerdem wird die Mehrschichtigkeit – bedingt durch die typischen Zulieferketten in der Automobilbranche – der vorhandenen Schlüssel dargestellt.

Wichtig: Die Übergänge zwischen den Produktlebenszyklusphasen müssen stets kontrolliert werden, vgl. Abschn. 5.1.6.

Entwicklungsphase Die Entwicklungsphase stellt einen Sonderfall dar, weil in dieser Phase zum Teil andere Abläufe herrschen und andere Anforderungen gestellt werden als in späteren Phasen. Zum einen wird häufig eine weniger strenge Security-Policy zugunsten einer besseren Handhabung angewendet und zum anderen gibt es in der Entwicklungsphase oft deutlich mehr Schlüsselberechtigte als in (Post-)Produktionsphasen. Damit das für Test- und Entwicklungszwecke akzeptable Vorgehen in der Entwicklungsphase nicht zu einem Risiko für die folgenden Lebenszyklusphasen wird, muss für eine strikte Trennung der *Serienschlüssel* gesorgt werden. Auf einem Serienprodukt, genauer gesagt auf einem Produkt, das sich in der (Post-)Produktionsphase befindet, darf sich kein Entwicklungsschlüssel befinden. Der Lebenszyklus der Entwicklungsschlüssel endet mit der Entwicklungsphase.

Die Erzeugung der Entwicklungsschlüssel erfolgt bestenfalls auch im zentralen und sicheren KMS, es kann aus oben genannten Gründen aber auch davon abgewichen werden. Der Transport bzw. das Einbringen der Schlüssel in die Steuergeräte erfolgt in der Entwicklungsphase aufgrund der noch aufzubauenden Infrastruktur und Toolkette oftmals noch händisch.

Produktionsphase In der Produktion werden die Schlüssel vom *Produktions-Schlüssel-server* (PKS), das die Schlüssel wiederum über eine sichere Verbindung vom zentralen *Schlüsselmanagementsystem* (KMS) bezieht, an die Fahrzeugkomponenten übertragen und in der sicheren Umgebung bzw. im sicheren Schlüsselspeicher der ECU gespeichert.

Eine Herausforderung der initialen Schlüsseleinbringung ist der Umstand, dass diese Aufgabe oftmals in potenziell ungesicherten oder zumindest nicht ausreichend gesicherten Umgebungen stattfindet. Für eine sichere Produktionsumgebung müsste der physische Zugang zu den Produktionsservern bzw. (Bandende-) Programmier-stationen sowie zu sämtlichen kommunikationstechnischen Einrichtungen und Ver-bindungen, wie etwa CAN- und Ethernet-Leitungen, zwischen Programmierstation und ECUs beschränkt und kontrolliert werden. Denn ein passives Abhören und Aufzeichnen der übertragenen Daten könnte bereits eine Kompromittierung sensibler Daten zur Folge haben. In der Realität sind die Produktionsstätten der gesamten Automobilindustrie samt ihrer Zulieferketten über den gesamten Globus verteilt und hinsichtlich der IT-Security nicht durchgehend auf dem aktuellen Stand der Technik.

Nicht nur die OEMs, sondern die gesamte Zulieferkette, genauer gesagt die Halb-leiterhersteller und Tier-1s, haben ein berechtigtes Interesse für das Einbringen ihrer eigenen Schlüssel, etwa um bestimmte Anwendungsfälle abdecken zu können. So ist in Abb. 5.39 dargestellt, dass in der Halbleiterproduktion der Schlüssel des Halb-leiterherstellers, in der Tier-1-Produktion der Schlüssel des Tier-1s und in der OEM-Produktion der Schlüssel des OEMs programmiert wird.

Weil die Schlüsselprogrammierung in potenziell unsicherer bzw. nicht vertrauens-würdiger Umgebung stattfindet, wird häufig eine der folgenden drei Schutzmaßnahmen angewendet:

- Das *SHE-Schlüsselmanagement,* s. *Hintergrundinformationen,* ermöglicht eine ver-schlüsselte (und authentische) Übertragung der Schlüssel, sowie eine Bestätigung über das erfolgte Schlüsselupdate.
- Verwendung eines *Vertrauensankers* (RoT) im Mikrocontroller bzw. SoC: Vom Halb-leiterhersteller wird der Root-of-Trust in einer vertrauenswürdigen Umgebung ein-gebracht. Der RoT wird danach zum Schaffen einer Vertrauenskette verwendet, etwa durch eine Signaturkette. Die Vertrauenskette kann auch über die mehrgliedrige Zulieferkette bis zum OEM reichen.
- Anhand eines asymmetrischen Verschlüsselungsverfahrens wird ein *sicherer Kanal* zwischen der ECU und der Programmierstation aufgebaut. Die ECU muss hierfür zuvor ein eigenes Schlüsselpaar erzeugen. Der öffentliche Schlüssel der ECU wird im Backend für die Verschlüsselung der zu programmierenden Daten verwendet. Die verschlüsselten Daten können über eine potenziell unsichere Verbindung an die

ECU gesendet werden, denn nur die ECU kann die verschlüsselten Daten mit ihrem privaten Schlüssel entschlüsseln. Ein *MITM*-Angriff ist hierbei theoretisch möglich, falls der Angreifer den Schlüsselaustausch beeinflussen kann.

Post-Production/Normalbetrieb In der Post-Produktionsphase, sprich im *Feld*, befindet sich das Fahrzeug in seinem normalen Betriebszustand beim Endkunden. Die OEM-Schlüssel werden für diverse Funktionen im normalen Betriebszustand, etwa für die SecOC-Kommunikation oder für die V2X-Kommunikation, verwendet. Hinzu kommt ggf. ein regelmäßiger Austausch der der V2X-Schlüssel. Die Aktualisierung sonstiger Schlüssel erfolgt über OTA-Updates vom OTA-Server.

Zugriff für Aftersales, Kundendienst und Werkstätten Autorisierte Werkstätten und Kundendienste können Fahrzeuge für eine beschränkte Zeit in diesen Zustand wechseln, s. Abschn. 5.1.6. In diesem Zustand kann mit Diagnosetester auf die ECUs zugegriffen werden, etwa um Updates, Messungen, Fehlersuchen und Diagnosen (UDS) durchzuführen. Bedarfsweise können in diesem Zustand nicht nur die OEM-Schlüssel verwendet werden, sondern auch die Tier-1-Schlüssel, etwa um Tier-1-spezifische Messungen und Diagnosen durchzuführen, allerdings stets autorisiert vom OEM.

Gewährleistungsanalyse/Rückläuferanalyse Die Analyse defekter, elektronischer Komponenten ist für die Klärung eventueller Gewährleistungsansprüche und für die kontinuierliche Produktverbesserung von großer Bedeutung. OEM, Tier-1 und Halbleiterhersteller können dabei unterschiedliche Bereiche und Funktionalitäten der Komponenten untersuchen. So kann der OEM etwa Diagnosefunktionen aufrufen und Fehlerspeicher auswerten und die ECU-Hersteller können per Debug-Zugang und ggf. weiteren Entwicklungszugängen auf sämtliche Speicherbereiche und interne Größen der Mikrocontroller zugreifen. Zu guter Letzt können Halbleiterhersteller u. a. die implementierten Hardware-Tests des Halbleiterchips aktivieren, um die möglichen Ursachen von Fehlfunktionen zu finden. Der jeweilige Zugang zu diesen Schnittstellen, bzw. die Autorisierung hierfür, liefern in jedem Fall die Schlüssel.

End of Life/Verschrottung Im Zuge der Verschrottung eines Produkts erfolgt auch die Außerbetriebsetzung der elektronischen Komponenten. Dazu müssen sämtliche Privacy- und Security-relevanten Daten gelöscht werden, um Missbrauch zu verhindern. Ansonsten könnten etwa vermeintlich entsorgte ECUs, bzw. deren Speicherbausteine, im Labor des Angreifers elektrisch kontaktiert und ausgelesen werden.

5.5.2.2 Designprinzipen für die Schlüsselverwaltung

5.5.2.2.1 Security-Schutzziele für kryptographische Daten
Mit kryptographischen Daten (engl. credentials) sind alle schützenswerten Daten wie etwa Schlüssel, Zertifikate oder Passwörter gemeint, die für kryptographische Operationen verwendet werden.

Bei asymmetrischen Schlüsseln müssen Integrität und Authentizität der öffentlichen Schlüssel gewährleistet sein. Private Schlüssel bzw. symmetrische Schlüssel müssen außerdem vertraulich behandelt werden, d. h. vor unautorisiertem Zugriff geschützt und verschlüsselt abgelegt werden. Private bzw. symmetrische Schlüssel sollten möglichst nie aus der sicheren Umgebung (Schlüsselspeicher) exportiert werden – und falls doch, nur verschlüsselt.

Private Schlüssel, symmetrische Schlüssel und Passwörter müssen in geeigneten Hardware-unterstützten sicheren und vertrauenswürdigen Umgebungen gespeichert werden. Für eingebettete Systeme sind dies vorrangig *EVITA*-HSMs, SHE-Module, Automotive-TPMs, Secure Elements und Smartcards und für die Backend-Infrastruktur sind dies zertifizierte Hardware-Securitymodule für den Einsatz in Rechenzentren.

5.5.2.2.2 Algorithmen und Schlüssellängen

Die allgemein verfügbare Rechenleistung wird größer bzw. günstiger – auch für Angreifer. Schlüssellängen müssen auch aus diesem Grund über die Entwicklungs- und Lebensdauer angepasst werden (Schlüssel-Update). Falls Schwächen in eingesetzten, kryptographischen Algorithmen bzw. Verfahren gefunden werden, sollte ein Wechsel zu einem sicheren Algorithmus erwogen werden.

Beispiele für empfohlene Anpassungen von Algorithmen und Schlüssellängen in den vergangenen Jahren: (Empfehlungen des BSI, s. [13]).

- Der Hashalgorithmus SHA-1 wird aufgrund einer möglichen Schwachstelle (Kollision) nicht mehr empfohlen.
- Die empfohlene Schlüssellänge für RSA stieg in den vergangenen 10 Jahren stetig an. Bis ca. 2010 lag sie noch bei mindestens 1000 Bits (vgl. [23]), bis voraussichtlich 2022 liegt sie bei mindestens 2000 Bits. Die aktuelle Empfehlung für den Zeitraum zwischen 2022 und 2026 liegt bei der Verwendung von mindestens 3000 Bits langen RSA-Schlüssel.
- *Post-Quantum-sichere* Algorithmen und Schlüssellängen: Sobald Quantencomputer mit ausreichender Rechenleistung zur Verfügung stehen, können mehrere kryptographische Algorithmen bzw. Algorithmenfamilien, die heute als langfristig sicher eingestuft werden, mittels Quantencomputer schnell gebrochen werden. Die Empfehlung lautet, rechtzeitig den Umstieg auf neue, Post-Quantum-sichere Algorithmen zu erwägen bzw. längere Schlüssel einzusetzen, vgl. [48].

5.5.2.2.3 Schlüsseldiversifizierung

Schlüsseldiversifizierung ist ein weiteres Designprinzip, das das Risiko durch kompromittierte Schlüssel reduzieren soll. Falls ein Schlüssel einer Komponente bzw. einer ECU von einem Angreifer erfolgreich extrahiert oder abgehört wurde, sollte er für Angriffe auf weitere Komponenten nicht wiederverwendet werden können.

Beispiele:

- *Ein Schlüssel pro Fahrzeug:* Falls etwa die symmetrischen Schlüssel für die sichere, fahrzeuginterne Kommunikation für alle Domänen und ECUs eines Fahrzeugs identisch sind, kann sich ein erfolgreicher Angriff auf einen Kommunikationsteilnehmer in der Folge auf die gesamte Fahrzeugkommunikation auswirken. Besser wäre es, für jede Domäne und Nachrichtengruppe spezifische Schlüssel zu wählen.
- *Ein Schlüssel pro Komponente:* Falls für alle Exemplare einer Fahrzeugkomponente, z. B. das Motorsteuergerät, die kryptographischen Schlüssel wie etwa für den authentifizierten Diagnosezugang identisch sind, können die Schlüssel eines Fahrzeugs für Angriffe auf die gleichen Komponenten anderer Fahrzeuge wiederverwendet werden. Die Verwendung fahrzeugspezifischer Schlüssel würde diese Schwäche korrigieren.
- *Ein Schlüssel pro Fahrzeugtyp/Serie/Flotte:* Die Verwendung von fahrzeugübergreifenden Geheimnissen wie *Master-Keys* oder *Initialisierungswerte* erhöhen ebenfalls das Risiko für die Skalierbarkeit eines erfolgreichen Angriffs.

Mit einer höheren Schlüsseldiversifizierung sinkt einerseits dieses Risiko, andererseits erhöht sich jedoch der Verwaltungsaufwand. Einen einzigen *Flottenschlüssel* zu verwalten ist deutlich einfacher als ECU- und Fahrzeug-spezifische Schlüssel für potenziell mehrere Millionen Fahrzeuge zu verwalten. Aus dem Blickwinkel der Security sollte eine möglichst hohe Schlüsseldiversifizierung angestrebt werden. In der Praxis führt allerdings eine zu hohe Schlüsseldiversifizierung zu extremen Aufwänden für die Produktionsabläufe, sowohl bei den OEMs als auch bei den Zulieferern. Die Herausforderung besteht darin, ein akzeptables Gleichgewicht zwischen Sicherheit und Kosten zu finden.

Schlüsseldiversifizierung sollte nicht nur hinsichtlich verschiedener Komponenten ausgeübt werden, sondern auch hinsichtlich kryptographischer Operationen. Technisch ist es zwar möglich, beispielsweise ein RSA-Schlüsselpaar sowohl zur Ver-/Entschlüsselung als auch zum Signieren/Verifizieren zu verwenden, davon wird jedoch dringend abgeraten. Ein Schlüssel(paar) sollte nur für eine bestimmte kryptographische Operation mit festgelegten Parametern verwendet werden. Mit (heute noch unbekannten) Schwächen des einen Verfahrens können Erkenntnisse gewonnen werden, die für einen Angriff auf das andere Verfahren genutzt werden könnten – und umgekehrt, s. [63].

Ein möglicher Konflikt im Schlüsselmanagement liefert einen weiteren Grund für die Trennung der Schlüssel: Ein Signaturschlüssel sollte nach seiner Kompromittierung zurückgerufen und gelöscht werden, um weiteren Missbrauch zu verhindern. Ein Ver-/Entschlüsselungsschlüssel muss selbst nach seiner Kompromittierung noch bis auf Weiteres sicher aufbewahrt und zur Verfügung gestellt werden, damit verschlüsselte Daten auch zu einem späteren Zeitpunkt noch entschlüsselt werden können.

5.5.2.3 Lösungen für die Schlüsselverwaltung

Backend

Für die Schlüsselverwaltung im Backend werden HSM-basierte Schlüsselserver ein-gesetzt. Sie ermöglichen eine sichere Erzeugung, Speicherung, Verwaltung und Ver-wendung von kryptographischen Schlüsseln. Derartige Hardware-Securitymodule sind speziell für den Einsatz in IT-Rechenzentren sowie für die Integration in die IT-Backend-Infrastruktur konzipiert. Aufgrund ihrer Kritikalität werden sie üblicherweise in die (hoch-)sichere IT-Infrastruktur des Unternehmens integriert.

Ein einzelner Server ist für das Schlüsselmanagement in der Automobilproduktion in der Regel nicht ausreichend, weil von ihm oftmals mehrere Hundert bis Tausend Anfragen pro Sekunde aus weltweit verteilten Produktionsstandorten schnell und aus-fallsicher zu bedienen sind. Abhilfe schafft entweder ein dezentraler Ansatz mit jeweils einem Schlüsselmanagementsystem (KMS) vor Ort an den jeweiligen Produktionsstand-orten oder eine Sterntopologie mit hochperformanten *Produktions-Schlüsselservern* (engl. Production Key Server, PKS), die ihre Schlüssel von einem zentralen KMS über eine sichere Kommunikationsverbindung in regelmäßigen Abständen bevorraten.

In allen Fällen ist ein sicheres Berechtigungs- und Benutzermanagement, sowie eine sichere Administration vonnöten. Zum Ausschluss menschlicher Fehler wird in diesem Zusammenhang erneut auf die Designregeln verwiesen, s. Abschn. 2.4. Eine *x-aus-n-Authentisierung* (4-/6- oder 8-Augen-Prinzip) ist eine zuverlässige Methode, um beabsichtigte Vergehen oder unbeabsichtigte Fehler einzelner Mitarbeiter auszuschließen.

Idealerweise unterstützt das Schlüsselverwaltungssystem auch das Vertrauensver-hältnis zwischen OEMs und den Zulieferern. Durch gegenseitiges Vertrauen und über-greifende Nutzung der Schlüsselmanagementsysteme könnten einige Anwendungsfälle wie etwa das sichere Entriegeln von Debug- und Entwicklungsschnittstellen einfacher umgesetzt werden, als wenn die Zugriffe strikt von nur einer Partei kontrolliert werden.

Fahrzeug

Für die Schlüsselverwaltung im Fahrzeug bzw. in den ECUs existieren mehrere unter-schiedliche Lösungen, die sowohl von den Möglichkeiten der zugrunde liegenden Hardware-Architektur als auch von der Softwarefunktionalität abhängen.

SHE Die SHE-Spezifikation beinhaltet einen Schlüsselspeicher für symmetrische Schlüssel, sowie die zugehörigen Funktionen und Schnittstellen für die Verwaltung und Aktualisierung, s. Abschn. 5.1.4.

EVITA-HSMs und automotive TPMs EVITA-HSMS und automotive TPMs besitzen einen dedizierten Speicherbereich, der vor Zugriffen von außerhalb geschützt und deshalb zur Speicherung von Schlüsseln und Geheimnissen vorbestimmt ist. Die Funktionalität für die eigentliche Schlüsselverwaltung wird über die Software definiert und hängt deshalb von der jeweiligen Ausprägung der Software-Lieferanten und oftmals auch von entsprechenden OEM-spezifischen Ausprägungen ab.

Sicherheitselemente und Smartcards Sie besitzen für den jeweiligen Anwendungsfall wie etwa die V2X-Kommunikation ein maßgeschneidertes Schlüsselmanagement.

Weitere Hinweise zur Umsetzung

Der *Cryptostack* von Classic AUTOSAR enthält einen *Key Manager* auf Service-Ebene zur Verwaltung von Schlüsseln und Zertifikaten. Diese Standardlösung deckt die gängigsten Anwendungsfälle ab und kann darüber hinaus bei Bedarf mit proprietären Funktionen, etwa in Form einer *Crypto-CDD* oder einer Security-Erweiterung in der Anwendungsschicht ergänzt werden.

Innerhalb der E/E-Architektur des Fahrzeugs sind im Zusammenhang mit dem Schlüsselmanagement zwei Aufgaben grundsätzlich voneinander zu unterscheiden, s. Abschn. 5.3.4:

Bei einem zentralen, fahrzeuginternen Schlüsselmanagement unterstützt ein *Key-Master* bei der Erzeugung, Verteilung, Speicherung, Aktualisierung und beim Rückruf der Schlüssel. Üblicherweise wird diese Funktionalität in einer zentralen und leistungsstarken Komponente integriert. Die anderen ECUs *(Key-Slaves)* nehmen die Schlüssel vom *Key-Master* entgegen und speichern sie ab.

Bei einem dezentralen, fahrzeuginternen Schlüsselmanagement wird von einer zentralen Komponente nur das Verfahren zum Aushandeln der Schlüssel angestoßen.

5.5.3   Sichere Produktionsumgebung

Das Einbeziehen der Produktionsstätten inklusive ihrer Infrastruktur und Abläufe in die Security-Betrachtungen stellt einen wichtigen Bestandteil des ganzheitlichen Security-konzepts dar.

In Abb. 5.40 sind die einzelnen Schritte in der Lieferkette der Fahrzeugproduktion dargestellt. Halbleiterhersteller (bzw. allg. Teilelieferanten) produzieren programmierbare Elektronikkomponenten wie etwa Mikrocontroller, SoCs und Speicher und liefern sie an die Tier-1. In der Komponenten- und Systemfertigung stellen Tier-1 ECUs und ggf. weitere elektronische Komponenten der E/E-Architektur für die Fahrzeuge her und liefern sie an die OEMs. Beim OEM erfolgt die Fahrzeugfertigung und Endmontage aller Teilsysteme zum Gesamtsystem.

In den jew. Produktionsumgebungen werden spezifische, für die Security relevante Arbeitsschritte ausgeführt. So speichern Halbleiterhersteller ihre Firmware und Schlüssel, sowie Logistikdaten wie Chip-IDs und Seriennummern auf dem internen Speicher (ROM) oder in OTP-Speicherbereiche bzw. *Fuses* ab. Die Tier-1 nehmen in der ECU-Fertigung die initiale Programmierung der Software vor. Dabei wird zunächst Test-Software zur Durchführung von Hardware-Qualifikationsprüfungen programmiert.

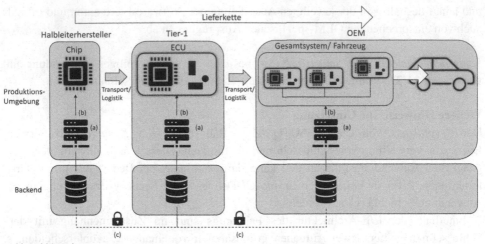

(a) Produktionsrechner
(b) Programmierung von Software, Daten, Schlüssel
(c) Sicherer Datenaustausch zwischen den Backends

Abb. 5.40 Sichere Produktionskette

Erst danach wird die Seriensoftware, bzw. Teile davon wie etwa der Flashbootloader
programmiert. Ein weiterer wichtiger Arbeitsschritt stellt die Bereitstellung der kryptographischen Schlüssel (engl. Key Provisioning) dar. Abhängig vom projekt- oder
kundenspezifischen Schlüsselmanagementkonzept, s. Abschn. 5.5.2, werden Schlüssel
von der Backend-Infrastruktur in die ECU übertragen oder es werden Schlüssel in der
ECU generiert und zur Backend-Infrastruktur exportiert. Beide Fälle stellen sowohl
an das Backend im Allgemeinen als auch an die Produktionsumgebung im Speziellen
hohe Anforderungen hinsichtlich der Vertrauenswürdigkeit und Vertraulichkeit. In
einem der letzten Produktionsschritte werden Hardware-Konfigurationsdaten per *Fuses*
bzw. OTP-Speicherbereiche verriegelt. Zu Dokumentations- und Qualitätssicherungs-
zwecken wird für jede ECU ein Protokoll aller durchgeführten Schritte zusammen mit
den ECU-individuellen Daten wie Seriennummern und Zertifikaten in einer Datenbank
gespeichert. Beim OEM findet die finale Reprogrammierung der Seriensoftware und ggf.
die Schlüsselbereitstellung der Serienschlüssel (Post Production) statt. Im vollständig
integrierten Zustand der E/E-Architektur können nun auch bestimmte komponenten-
übergreifende Schlüsselverwaltungskonzepte angestoßen werden. Hierzu zählen insbesondere das Aushandeln und Verteilen von Schlüsseln bzw. Geheimnissen für die
Anwendungsfälle *Sichere Buskommunikation* (SecOC) sowie *Wegfahrsperre*. Nach
OEM-spezifischen Qualitätssicherungsmaßnahmen erfolgt die Dokumentation und
Speicherung sämtlicher Prüfergebnisse sowie Hardware- und Software-Stücklisten des
gesamten Fahrzeugs.

Viele der oben beschriebenen Abläufe sind abhängig von der jew. Hardware und vom
jew. Tier-1 bzw. OEM, sodass es keinen Standard gibt, sondern eine hohe Diversität der
Umsetzungen.

Im Hinblick auf die einzelnen Übergänge innerhalb der Lieferkette und des ECU-Produktionsprozesses herrscht eine hohe Abhängigkeit zum *sicheren ECU Lifecycle-Management,* s. Abschn. 5.1.6. Dieser Security-Baustein sorgt für ein sicheres Weiterschalten des ECU-Modus zwischen den einzelnen Gliedern der Lieferantenkette.

Die jeweilige Backend-Infrastruktur stellt für die Produktionsumgebung eine Anbindung an das Software-Repository sowie an das Schlüsselmanagementsystem bereit. Letztere müssen möglicherweise zusätzlich mit den anderen Backends der Lieferkette verknüpft werden, um etwa den sicheren Austausch von Schlüsseln, Zertifikaten und Software zu ermöglichen. Auch die Verbindung mit Drittanbietern, die etwa V2X-PKI-Dienste bereitstellen, muss für die Anbindung der Produktionsumgebung berücksichtigt werden.

Die allgemeinen Security-Anforderungen an die Backends werden ausführlich in Abschn. 5.5.1 erläutert.

5.5.3.1 Welche Bedrohungen und Herausforderungen existieren für die Produktionsumgebung?

Die Produktionsumgebungen stellen für die Produkt-Security eine hohe Herausforderung dar. In diesem Zusammenhang wird zwischen technischen und menschlichen Schwächen unterschieden.

Technische Schwachstellen und Gefährdungen EOL-Programmierstationen benötigen bestimmte Zugriffsrechte für die oben definierten Arbeitsschritte. Häufig werden auf einer Produktionslinie mehrere Produkte verschiedener Projekte und Kunden produziert. Eine fehlende Trennung und ein unterschiedlicher Schutzbedarf kann hier zu einem Konflikt führen, der oftmals in einem reduzierten Schutzniveau endet.

Ein grundsätzliches, technisches Problem ist die Übermittlung sensibler Daten wie Software und Kryptomaterial von den Produktionsrechnern an die Steuergeräte. Hier existieren verschiedene Angriffsmöglichkeiten auf die Kommunikationsverbindung wie etwa *Sniffing, MITM,* Botschaftsmanipulation und Extraktion. Beispielsweise lassen sich derartige Angriffe mit kostengünstigen und frei erhältlichen USB- oder Wireless-basierten *CAN-Loggern* oder *Keyboard-Loggern* bewerkstelligen. Die Kritikalität der in diesem Arbeitsschritt übertragenen Daten macht dies zu einem attraktiven Angriffsziel.

Der physische Zugang nicht-autorisierter Personen ist oft nur schwer einzuschränken und zu kontrollieren, weil bauliche Maßnahmen und Anpassungen der Arbeitsabläufe, sowie etablierte Rollen und Zuständigkeiten oftmals über Jahrzehnte eingespielt sind und nicht kurzfristig und nachhaltig zu ändern sind. Hinzu kommt, dass weltweit verteiltes Outsourcing an externe Anbieter die Kontrolle der Produktionsstandorte oft schwierig macht.

Die Anbindung der Produktion an das unternehmensinterne Netzwerk und ggf. an das Internet stellt ein enormes Risiko dar. Erfolgreiche Angriffe auf die Produktions-IT-Infrastruktur, beispielsweise ein *Ransomware*-Angriff, kann zu hohen Kosten durch Produktionsausfälle und (bei Bekanntwerden) auch durch Reputationsverlust führen.

IT-Systeme in der Produktion, etwa EOL-/Programmierstationen, werden oftmals über Jahre hinweg nicht aktualisiert und sind oftmals veraltet, was die IT-Security betrifft. Dies ist meistens durch die Übernahme von Vorgängerprojekten begründet, sowie durch die Motivation, möglichst kurze Ausfall- und Stillstandzeiten hervorzurufen. Dennoch kommt hier ein neues Gefährdungspotential durch neuartige Angriffe wie etwa *Viren* und *Trojaner* hinzu, denn der bislang vorhandene *Air-Gap* wird aufgrund neuer Anforderungen jetzt oft überbrückt.

Menschliche Schwachstellen So vielfältig und verschieden die Menschen sind, so unterschiedlich ist auch deren Motivation, Cyberangriffe durchzuführen oder zu unterstützen. Grundsätzlich kann zwischen internen Angriffen (Insider) und externen Angriffen unterschieden werden. Insider führen Angriffe entweder bewusst durch, beispielsweise motiviert durch finanzielle Anreize. Oder sie sind unwissentlich an einem Cyberangriff beteiligt, indem sie etwa ihre Zugangsdaten durch *Social Engineering* dem Angreifer preisgegeben haben. Externe Angreifer haben beispielsweise als Reinigungskraft oder Besucher oftmals leider die gleichen physischen Zutrittsmöglichkeiten wie interne Mitarbeiter.

Das Zusammenspiel von Securitymaßnahmen in den Produktionsumgebungen führt oftmals zu folgendem Anforderungskonflikt: Die Securitymaßnahmen sind für die Produktion zunächst ungeplante Umstände und führen zu Erschwernissen, denn einerseits strebt die Produktion nach kurzen Programmierzeiten, einfachen Abläufen, nach einer günstigen, einfachen und robusten IT-Infrastruktur mit leichter Handhabung, einfachem Zugang, einfacher Wartung, hoher Verfügbarkeit und kurzen Taktzyklen. Andererseits führen die Security-Anforderungen und -Maßnahmen oft zu Zugangsbeschränkungen, komplizierteren Abläufen, höheren Kosten, Reduktion der Verfügbarkeit, längeren Taktzyklen, einer höheren Mitarbeiterqualifikation und möglicherweise zu einer höheren Fehleranfälligkeit. Die logische Folge ist, dass Security-Maßnahmen oft umgangen, ausgehebelt und vereinfacht werden – absichtlich oder unabsichtlich.

Insgesamt gesehen sind Produktionsumgebung zunächst, d. h. ohne ein vorhandenes Securitykonzept, als feindliche und nicht-vertrauenswürdige Umgebung einzustufen.

5.5.3.2 Welche Anforderungen sollte eine sichere Produktionsumgebung erfüllen?

Vertrauen ist gut, Kontrolle ist besser. Deshalb umfasst das Konzept zur Absicherung der Arbeitsschritte in der Produktionsumgebung mehrere Maßnahmenpakete.

Schutzmaßnahmen für Schlüssel bzw. kryptographisches Material Die Idee ist, einen sicheren, logischen Kanal zwischen dem zentralen Schlüsselmanagementsystem (KMS) im Backend des jew. Unternehmens und den jew. ECUs aufzubauen. Der Halbleiterhersteller sollte initial seinen Schlüssel programmieren. Die Voraussetzung dafür ist eine *sichere, vertrauenswürdige Produktionsumgebung*. Der Halbleiterhersteller stellt dem Tier-1 (Komponentenhersteller) diesen Schlüssel über einen sicheren Kanal zur Verfügung (Austausch über die Schlüsselmanagementsysteme in den Backends). Der Tier-1 bzw. ECU-Hersteller kann mit diesem Schlüssel auf sicherem Wege seine eigenen Schlüssel und ggf. auch weitere Daten an das Steuergerät übertragen, indem die zu übertragenden Schlüssel und Daten im Backend verschlüsselt und in der ECU wieder entschlüsselt werden. *(Secure Key Provisioning)*. Das Einbringen der kryptographischen Schlüssel ist die Grundlage zur Anwendung verschiedener Security-Funktionen, u. a. zum Aufbauen sicherer Kanäle und für kryptographische Prüffunktionen (Integrität, Authentizität, etc.). Mittels Tier-1-, bzw. OEM-Schlüssel können dann die folgenden Security-Funktionen angewendet werden.

Schutzmaßnahmen für Software und Daten Die Securitybausteine *Secure Programming* und *Secure Boot* stellen die Integrität, Authentizität und Aktualität der Software sicher. Der Zugang zur ECU wird durch die *ECU-Access*-Bausteine kontrolliert. Für sensible Daten bzw. Software kann eine *verschlüsselte Diagnosekommunikation* oder die Übertragung eines verschlüsselten Update-Pakets verwendet werden.

Weitere Maßnahmen Eine ausreichend hohe Performanz, sprich ein möglichst kurzer Programmiervorgang sollte angestrebt werden, um für kurze Taktzyklen am Produktionsband zu sorgen. Zusätzlich zur Geschwindigkeit der Datenübertragung sollte auch die Latenz durch kryptographische Berechnungen wie etwa Schlüsselerzeugung möglichst optimiert werden. Um diese Ziele zu erreichen, ist eine geeignete Auswahl kryptographischer Verfahren mit entsprechender Hardware-Unterstützung oder einer effizienten Implementierung in Software zu treffen.

Um des Weiteren die Produktionsabläufe möglichst wenig zu beeinträchtigen, ist für eine hohe Verfügbarkeit der Schlüsselserver zu sorgen. Auch bei Ausfall der Internetverbindung muss durch geeignete Maßnahmen wie Offline-Verfügbarkeit der kryptographischen Schlüssel durch Bevorratung in einem sicheren Server am Produktionsstandort die weitere Produktion möglichst lange aufrechterhalten werden. *Produktionsschlüsselserver* sind sozusagen der verlängerte Arm des zentralen Schlüsselmanagements (KMS) und dienen u. a. dazu, den produktionsspezifischen Anforderungen wie Offline-Verfügbarkeit, hohe Performanz und geringe Latenz gerecht zu werden.

Eine sorgfältige Auswahl kryptographischer Verfahren und Schlüssellängen sorgt außerdem dafür, dass der gegenseitige Austausch innerhalb der Lieferkette ermöglicht wird, und dass keine exotischen oder proprietären Verfahren, die von Standard-Schlüsselmanagementlösungen nicht unterstützt werden, zum Einsatz kommen.

Zur Erhöhung der physischen Sicherheit der Produktionsumgebungen, insbesondere der Programmierstationen und Kommunikationsverbindung zu den ECUs, dienen geeignete Zutrittskontrollsysteme.

5.5.4 Update Over-the-Air (OTA)

Die Software-Update-Funktionalität bringt für die Besitzer bzw. Führer von Fahrzeugen sowie für Fahrzeughersteller einige Vorteile mit sich. Durch Update-Funktionen können theoretisch sämtliche reprogrammierbaren Speicherbereiche aktualisiert werden. Dies umfasst insbesondere die Software bzw. Firmware der ECUs, Konfigurations- und Parameterdaten, Security-relevante Daten wie Schlüssel und Zugangsdaten, sowie Kartenmaterial für die Navigation. Für die folgenden Betrachtungen ist die Art der Daten weitestgehend unerheblich, da Updates in der Regel immer Security-relevant sind und entsprechend abgesichert werden müssen.

5.5.4.1 Anwendungsfälle
Folgende Zwecke lassen sich mit der OTA-Softwareaktualisierungsfunktion verfolgen:

Fehlerbehebung Rückrufaktionen aufgrund von Bugfixing bzw. Ausrollen von Patches können *online,* d. h. über einen Fernzugriff durchgeführt werden. Werkstattbesuche sind in diesen Fällen nicht mehr erforderlich. So entstehen weniger Kosten, die Frustration bei den Kunden ist geringer und der Reputationsverlust ist ebenfalls kleiner, weil OTA-Updates deutlich weniger öffentlichkeitswirksam sind.

Funktionserweiterung (Upgrade) Hierzu gehören zum einen zeitlich beschränkte Upgrades wie etwa Performance-Pakete zum Buchen zusätzlicher Motorleistung für den Wochenendausflug und zum anderen die konstante Weiterentwicklung der E/E-Plattformen. Insbesondere für die Entwicklung zukünftiger und innovativer Fahrzeugfunktionen wie etwa *ADAS/AD* gewinnt die Softwareentwicklung und die Möglichkeit, die Fahrzeuge auf diese Weise aktualisieren zu können zunehmend an Bedeutung.

Long-Term Support OTA-Updates ermöglichen es, über die gesamte Produktlebensdauer hinweg Anpassungen der Security-Schutzmaßnahmen an die Kenntnisse und Fähigkeiten der Angreifer vorzunehmen.

Krypto-Agilität Falls innerhalb der Produktlebensdauer Security-Schwachstellen in Bezug auf kryptographische Algorithmen und Parameter wie etwa Schlüssellängen und Hashlängen entdeckt werden, ist deren Austausch bzw. Korrektur eine mögliche Maßnahme und das gewünschte Schutzniveau wiederherzustellen. OTA-Updatefähigkeit ist damit ein *Enabler* für die Krypto-Agilität.

Korrektur von Sicherheitslücken Ergänzend zur oben genannten Krypto-Agilität wird hiermit auf die Bedeutung der OTA-Updatefunktion zur Korrektur aller Arten von Sicherheitslücken hingewiesen. Ob zur Revokation von Schlüsseln und Zertifikaten, zur Fehlerkorrektur implementierter Securityfunktionen oder zur Beseitigung potenzieller

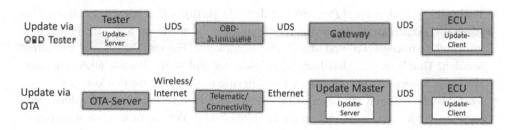

Abb. 5.41 Update-Konzepte: Vergleich zwischen OTA- und kabelgebundenes Update

Schwachstellen in der Software – die OTA-Update-Funktion ist ein wichtiger Baustein im sog. *Vulnerability Management* zur Beseitigung von Security-Bedrohungen.

Klassisch wurden bzw. werden Software-Aktualisierungen durch direktes Kontaktieren der ECU oder indirekt über die OBD-Schnittstelle und das Gateway mit einem Diagnosetester bzw. Programmiergerät durchgeführt. Dieser kabelgebundene, manuelle Prozess ist in Abb. 5.41 im oberen Teil dargestellt. Der Tester, auf dem die Update-Server-Anwendung ausgeführt wird, kommuniziert in einer UDS-Diagnosesitzung über die OBD-Schnittstelle, dem Gateway und ggf. einem Domain-controller (nicht abgebildet) mit der ECU. Der Update-Server nutzt dabei die zur Verfügung stehenden UDS-Services wie *Request Download* und *Transfer Data*, um das Update-Paket an die ECU zu übertragen. Die genauen Abläufe bzgl. des sicheren Programmierens sind oben beschrieben, s. Abschn. 5.1.3. Die Eigenschaft *kabelgebunden* impliziert einen weiteren, wichtigen Unterschied zu OTA-Updates: Der Tester muss sich physisch in der näheren Umgebung oder direkt am Fahrzeug befinden – abhängig von der Kabellänge – und der Anwender muss auch physischen Zugang zur OBD-Schnittstelle besitzen und letztendlich den Fahrzeugzustand kontrollieren können, insbesondere die elektrische Anlage.

Over-the-Air-Updates, d. h. die kabellose Übertragung über die sog. *Luftschnittstelle* bzw. über das Internet, wie sie im IT-, IoT- und Telekommunikationsbereich üblich sind, sind in der Automobilbranche noch nicht durchgängig und vor allem noch nicht einheitlich etabliert. Aktuell werden OTA-Updates hauptsächlich bei Telematik- und Infotainment-Geräten verwendet, und weniger bei Safety-kritischen ECUs, vgl. [20]. Im unteren Teil von Abb. 5.41 überträgt ein *OTA-Update-Server* die Software-Update-Pakete über das Internet an einen fahrzeuginternen *Update-Master,* der das Update-Paket lokal zwischenspeichert und danach sozusagen als fahrzeuginterner Tester die ECU in einer UDS-Sitzung reprogrammiert.

5.5.4.2 Welche Risiken und Bedrohungen existieren für die OTA-Update-Funktion?

Die Verknüpfung der Software-Updatefunktion mit der Internetverbindung vergrößert die Angriffsoberfläche der damit ausgestatteten Fahrzeuge. Angreifer verfolgen mit einem Angriff auf die OTA-Update-Funktionalität überwiegend die folgenden Ziele, vgl. [66]:

- Diebstahl von *Intellectual Property* (IP, deutsch: geistiges Eigentum): Durch das Mit-
  lesen und Abgreifen der Update-Pakete könnten die enthaltenen Software-Funktionen
  entwendet, re-engineert und damit möglicherweise Firmengeheimnisse veruntreut
  werden. Durch weitere detaillierte Analysen der Software könnten auch Schwachstellen gefunden werden, die für weitere Angriffe missbraucht werden könnten.
- *Verfügbarkeit:* Durch ein permanentes Stören der Funkverbindung, etwa durch sog.
  Jamming, oder ggf. auch nur durch gezieltes Stören der Kommunikation zwischen
  OTA-Server und Fahrzeug könnte das betroffene Fahrzeug dauerhaft von Updates
  abgeschnitten werden. Wichtige Updates wie etwa safety- und securityrelevante
  Updates, würden ihr Ziel ggf. nie erreichen. Unter diesen Umständen könnten
  kritische Fehler oder Schwachstellen nie korrigiert werden.
- *Funktionale Sicherheit:* Falls es dem Angreifer gelingen sollte, durch ein
  manipuliertes Update fehlerhafte Fahrzeugfunktionen einzuschleusen, könnten auch
  wichtige Sicherheitsfunktionen nicht mehr länger verfügbar sein.
- *Kontrolle:* Ultimatives Ziel eines jeden Angreifers ist die vollständige Kontrolle aller
  Fahrzeugfunktionen. Dies gelingt am besten, wenn der Angreifer Software und Daten
  der ECUs beliebig anpassen kann.

5.5.4.2.1 Angriffsvektoren und -methoden
Angriffe auf die OTA-Update-Funktion können prinzipiell auf jeder Wegstrecke, die ein
Update-Paket durchläuft, stattfinden: im Backend, bei der Übermittlung über das Internet
und im fahrzeuginternen Netzwerk.

Backend Durch eine Manipulation der Update-Image-Repositories oder der Schlüssel-
management-Systeme im Backend können Angreifer im großen Maßstab schad-
hafte (aber authentische) Updates verbreiten. Denn falls der Angriff nicht erkannt
wird, werden die manipulierten Update-Images mit gültiger Signatur versehen und als
offizielle Updates an die Fahrzeuge verteilt. Derartige Angriffe sind sowohl durch Insider
wie etwa untreue Mitarbeiter mit entsprechenden Zugriffsrechten oder durch Missbrauch
ausspionierter Zugangsdaten wie etwa durch Social Engineering oder durch externe
Angreifer denkbar.

Übertragung über die Internetverbindung Bei einem Angriff auf die Internetverbindung
wird ein Angreifer etwa mithilfe eines *MITM*-Angriffs oder durch den Missbrauch
eventueller Schwachstellen in den verwendeten Kommunikationsprotokollen oder deren
Software-Implementierungen versuchen, Zugriff auf die Update-Pakete zu erlangen.

Fahrzeug-intern Innerhalb des Fahrzeugs ist die Kommunikation zwischen der Tele-
matik-/Connectivity-Einheit bzw. dem Update-/Diagnosemaster und dem jeweiligen
Zielsteuergerät (Update-Client) ebenfalls möglichen Angriffen ausgesetzt.

Software Eine häufige Angriffsmethode, die praktisch sämtliche Bereiche betrifft, ist der *Downgrade-* oder *Rollback*-Angriff. Hier versucht der Angreifer gezielt, bestimmte Systemkomponenten auf ein Security-technisch niedrigeres Niveau zu bringen, um den resultierenden, unsicheren Systemzustand dann in Folge für einen Angriff auszunutzen. Beispiele für Downgrade-Angriffe sind zum einen die Auswahl schwächerer Security-Parameter bzw. schwächere Kryptoalgorithmen und zum anderen das Einbringen einer älteren, aber gültigen Software und damit potenziell eine Wiederbelebung eigentlich bereits korrigierter Fehler.

5.5.4.3 Welche Security-Ziele muss ein sicheres OTA-Update erfüllen?

Die Schutzziele für Update-Over-The-Air werden in Anlehnung an das mehrschichtige Verteidigungsverfahren für jede Ebene separat betrachtet:

- Auf der ECU-Ebene befinden sich die Komponenten, die per OTA-Update aktualisiert werden sollen. Der Schutz deren Integrität und Authentizität sowie die Zugangskontrolle zu Diagnose- und Programmierdienste gehören zu den Standard-Maßnahmen und werden unabhängig von der OTA-Update-Funktionalität umgesetzt. Dazu zählt auch die Prüfung der Aktualität, um ein Rollback bzw. Downgrade auf potenziell unsichere Versionen zu verhindern. Hinzu kommen gegebenenfalls der Schutz eventueller Privacy-relevanter Daten und der Schutz der Intellectual Property, falls die Software etwa aufgrund ihres Neuheitsgrades vor Re-Engineering geschützt werden soll.
- Auf der Ebene der OTA-Update-Pakete werden die Datenpakete betrachtet, die *Over-The-Air* übertragen werden. In einem OTA-Update-Paket werden potenziell die Software-Updates für mehrere ECUs bzw. für das gesamte Fahrzeug gebündelt. Deren Integrität und Authentizität sowie zwingend auch deren Vertraulichkeit muss zwingend geschützt werden, da die Übertragung dieser Daten über öffentlich zugängliche Kanäle erfolgen kann.
- Die verschiedenen Kommunikationskanäle, über die die Update-Pakete transportiert werden, etwa innerhalb der Fahrzeugs, innerhalb des Backends, sowie vom Backend zum Fahrzeug, sollten *sicher* sein, d. h. von allen bekannten Angriffsmethoden wie etwa *MITM, Replay, Injection* oder *Spoofing* möglichst gut geschützt werden.
- Auf der Ebene des Backends stehen im Wesentlichen OTA-Server, Schlüssel-management und Software-Update-/Repository-Server im Fokus. Als Teil der IT-Infrastruktur der jeweiligen Unternehmen werden sie in die entsprechenden IT-Schutzkonzepte eingeschlossen. Ein zuverlässiges Benutzer- und Berechtigungsmanagment sollte den Schutz vor Zugriffen von Unbefugten sicherstellen. Besonderes Augenmerk sollte auf die Gefahr durch *Social Engineering* gelegt werden, s. oben.

Weitere Ziele, die die OTA-Update-Funktionalität gesamthaft erfüllen sollte, beziehen sich auf Nicht-Security-Aspekte:

- Die funktionale Sicherheit darf durch die (OTA-)Update-Funktionalität nicht beeinträchtigt werden, beispielsweise aufgrund von inaktiven Überwachungsfunktionen während des Programmiervorgangs.
- Um die Verfügbarkeit der Fahrzeugfunktionen zu erhalten, sollte die erforderliche Zeitspanne für den Updateprozess möglichst kurzgehalten werden. Liegenbleiber, d. h. ein Totalausfall der Fahrzeugfunktionen durch fehlgeschlagene (OTA-)Updates, etwa aufgrund von Inkompatibilitäten zwischen den aktualisierten Komponenten, sind zu verhindern. Außerdem sollte das Gesamtsystem eine Robustheit gegenüber eventuell auftretenden Störungen während des (OTA-)Updateprozesses vorweisen, beispielsweise gegen Spannungseinbrüche oder Kommunikationsabbrüche. Hierfür bedarf es einer geeigneten Fallback-Strategie.
- Verfügbarkeit der Updates: Alle Fahrzeuge sollten in der Lage sein, die für sie bestimmten Updates innerhalb einer definierten Zeitspanne zu erhalten. Eine zu lange Verzögerung kritischer Software-Updates stellt ein Sicherheitsrisiko dar, weil mögliche Schwachstellen im Fahrzeug so für die Angreifer weiterhin verfügbar bleiben. Unterschiedliche Widrigkeiten können zu entsprechenden Verfügbarkeitsproblemen führen. Beispielsweise kann die Erreichbarkeit des OTA-Servers über das Internet durch *Denial-of-Service-Angriffe (DoS)* herabgesetzt werden oder die Verfügbarkeit und Bandbreite der Internetverbindung kann durch einen provozierten *Rückfall* auf die 2G-Funktechnologie aufgrund von *LTE-Jamming,* o. Ä., gestört werden.

5.5.4.4 Wie wird die Absicherung der OTA-Update-Funktion technisch umgesetzt?

Abb. 5.42 stellt ein OTA-Update-Modell mit den verschiedenen Etappen einer Software-Aktualisierung dar – von der Erstellung eines Software-Updates beim Tier-1 über das Schnüren eines OTA-Update-Pakets für das gesamte Fahrzeug durch den OEM und der Bereitstellung über den (OEM-)OTA-Server bis zum fahrzeuginternen Transport der jeweiligen Updates zu den Ziel-ECUs. Infolgedessen existieren drei Absicherungsebenen:

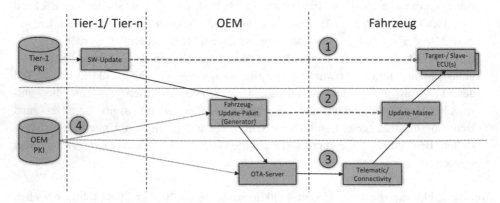

Abb. 5.42 Absicherungsebenen des OTA-Update-Konzepts

(1): Tier-1/ECU-Ebene Auf dieser Ebene sollen Integrität, Authentizität, Aktualität und optional auch die Vertraulichkeit der Software, bezogen auf die zu programmierenden Software-Images bzw. Hexfiles abgesichert werden. Die zu aktualisierenden *Target-* bzw. *Slave-ECUs* werden von einem fahrzeuginternen *Update-Master* kontaktiert – typischerweise per UDS. Dieser Software-Aktualisierungsvorgang unterscheidet sich (auf dieser Ebene) praktisch nicht von einer üblichen Reprogrammierung. Dementsprechend sind auch die Security-Bausteine dieselben: *Secure Programming, Secure ECU-Access/Authentifizierter Diagnosezugang, Secure Boot* und ggf. Verschlüsselung der Software.

(2): OEM-/Fahrzeugebene Auf dieser Ebene spielt die Absicherung des Update-Pakets die zentrale Rolle. Der Update-Master nimmt das *OTA-Update-Paket* für das gesamte Fahrzeug entgegen, speichert es ab, führt diverse Prüfungen durch (Authentizität, Aktualität, Kompatibilität), packt es aus (ggf. Dekomprimierung) und verteilt die Teilpakete an die jeweiligen Client-ECUs, wo sie installiert bzw. programmiert werden. Als Rückmeldung fordert der Update-Master den *Status* aller durchgeführten, erfolgreichen oder fehlgeschlagen, Updates von den Client-ECUs an. Dieser Status dient zum einen als Information um evtl. fehlgeschlagene Updates zu wiederholen und zum anderen um nach Abschluss aller Updates den aktuellen Stand an das Backend zurückzusenden. Die auf dieser Ebene relevanten Security-Bausteine sind:

- *Authentifizierter Diagnosezugang* zur Authentifizierung der Diagnosesitzungen mit den Client-ECUs, ggf. auch mit verschlüsselter Diagnosekommunikation.
- Prüfung der *digitalen Signatur* der Update-Pakete.
- ggf. *SecOC* für den sicheren Austausch von fahrzeuginternen Botschaften außerhalb der Diagnosesitzungen.

(3): Internet-Kommunikationsebene Jegliche fahrzeugexterne Kommunikation sollte innerhalb eines sicheren Kanals erfolgen. Best Practice bzw. Stand der Technik ist hier eine TLS-Verbindung zwischen Fahrzeug und Backend mit gegenseitiger Authentifizierung, s. Abschn. 5.4.1.

zusätzlich (4): Infrastruktur für das Schlüsselmanagement bei Tier- 1 und OEM Um das Risiko menschlicher Fehler möglichst klein zu halten, sollte die Rollendefinition einerseits einen *Schlüsselverwalter* (engl. key custodian) beinhalten, der als alleinige Instanz für das Erstellen, Ändern, Zuweisen und Löschen kryptographischer Schlüssel zuständig ist, vgl. [66]. Andererseits sollte die Rollenverteilung verhindern, dass eine Person zu viele Rechte besitzt und gewissermaßen als *Single Point of Failure* im Falle eines Social Engineering Angriffs übergreifende Befugnisse und Zugriffsrechte besitzt. Die hierfür empfohlenen Gegenmaßnahmen sind u. a. die Einführung eines 4-Augen-Prinzips für sämtliche Schlüsselzugriffe, sowie die Sensibilisierung aller Mitarbeiter hinsichtlich Security und insbesondere hinsichtlich *Social Engineering,* beispielsweise durch Schulungen, Vorschriften und Arbeitsanweisungen. Dies gilt nicht nur für die Schlüsselverwaltung, sondern auch für alle anderen OTA-Update-relevanten Backend-Komponenten und -Prozesse.

In diesem vereinfachten Modell wurde der Schwerpunkt auf die securityrelevanten Gesichtspunkte gelegt. Um die Komplexität und vorherrschenden Randbedingungen der gesamten OTA-Update-Funktionalität zu umreißen, sollten auch die folgenden Gesichtspunkte berücksichtigt werden:

Backend Für die *Orchestrierung* der Updates, d. h. für das Zusammenstellen miteinander kompatibler Client-ECU-Updates zu einem gesamthaften Fahrzeug-Update bedarf es eines leistungsfähigen Software-Konfigurationsmanagements, das die Komplexität der gesamten Fahrzeugfunktionen kontrollieren kann. Zum Zuordnen und Ausrollen der Update-Pakete an die jeweiligen Fahrzeuge sowie zum Nachverfolgen der aktuellen Software-Konfiguration aller Fahrzeuge müssen die entsprechenden Informationen mithilfe eine Flottenmanagementsystems in einer Fahrzeugdatenbank verwaltet und ausgewertet werden.

Fahrzeug Für die Update-Strategie auf den jeweiligen Client-ECUs existieren theoretisch mehrere Optionen:

- das klassische, direkte Überschreiben des Speicherbereichs der bisherigen Software.
- *Delta-Updates,* die nur die tatsächlich veränderten Softwareteile reprogrammieren.
- *A/B-Speicher,* ein redundanter Speicher zur Spiegelung der kompletten Software in einem zweiten Speicherbereich als Backup; mit der Möglichkeit zum Wechseln zwischen *A-Speicher* und *B-Speicher.*

Die Wahl der konkreten Update-Strategie muss anhand mehrerer technischer Randbedingungen getroffen werden, etwa anhand der Verfügbarkeit von freiem Speicherplatz, von der Update-Dauer oder von der Kritikalität des Geräts. In bestimmten Fällen muss auch der Update-Master im Fahrzeug die Backup-Strategie steuern, d. h. im Falle eines fehlgeschlagenen Updates sind Client-ECUs evtl. nicht mehr in der Lage, selbstständig einen funktionierenden Software-Stand wiederherzustellen.

Die Update-Strategie des Update-Masters sollte außerdem die fahrzeuginternen Diagnose- und Programmierabläufe berücksichtigen, insbesondere hinsichtlich der Reihenfolge von durchzuführenden Updates bzw. Backups für den Fall eines Abbruchs oder einer Störung.

Bevor ein Updatevorgang gestartet wird, muss der Fahrer diesbezüglich informiert und dessen Einwilligung eingeholt werden. Dies erfolgt typischerweise über die Headunit bzw. die Infotainment-Einheit.

5.5.4.5 Welche Standards sind für die Absicherung der OTA-Update-Funktion relevant?

Das *Weltforum für die Harmonisierung der Fahrzeugvorschriften* (WP.29) der UNECE (United Nations Economic Commission for Europe) hatte im Jahr 2020 eine neue Vorschrift verabschiedet, die für vernetzte und autonome Fahrzeuge zum ersten Mal auch Maßnahmen zur Absicherung gegen Cyberangriffe anfordern, s. Kap. 3. Die UNECE-Regulierung *R.156* [106] definiert die Integration eines zertifizierten *Software-Update-Managementsystem (SUMS)*. SUMS beinhaltet Prozesse und Mechanismen zur Entwicklung (OTA-)updatefähiger Fahrzeuge und der dafür erforderlichen Infrastruktur – inkl. Berücksichtigung von Privacy- und Cybersecurity-Anforderungen.

Diese Regulierungen sind ab 2024 für alle Neuzulassungen gültig (ab 2022 für neue Typen) und ergänzen die Voraussetzungen für Typenzulassungen. In erster Linie sind OEMs für die Umsetzung und Einhaltung dieser Vorschriften verantwortlich. Sie werden bzw. müssen für einige Teilbereiche allerdings auch ihre Zulieferer einbeziehen.

Auf der anderen Seite werden in zwei ISO Standards die Anforderungen an Cybersecurity Engineering (ISO 21434) und Software Update Engineering (ISO 24089) spezifiziert. Die Umsetzung dieser beiden Standards sollte hinreichend sein, um die UNECE-Anforderungen zu erfüllen.

5.5.5 Aftermarket

5.5.5.1 Definition

Als *Aftermarket* wird der Sekundärmarkt bezeichnet, der nach dem Verkauf des Fahrzeugs vom OEM an einen Endkunden (– Primärmarkt) von Belang wird. Er umfasst den Teilemarkt, z. B. für Ersatzteile und Zusatzausstattung, sowie das Angebot verschiedener Dienstleistungen zur Erweiterung der Fahrzeugfunktionalität, insbesondere aus den Bereichen Telematik, Wartung, Reparatur sowie Infotainment. Fahrzeughersteller (OEMs) konkurrieren hier zum Teil mit Wettbewerbern des freien, unabhängigen Teilemarkts (engl. Independent Aftermarket – IAM).

Durch den Zugriff auf Fahrzeugdaten entsteht ein Markt, in dem verschiedene Diensteanbieter Zusatzfunktionen zur Verfügung stellen. Für den Datenzugriff existieren wiederum unterschiedliche Lösungen.

- Reine App-basierte Aftermarket-Lösungen – ohne direkte Integration eines zusätzlichen Gerätes in das Fahrzeugsystem.
- Dongle-basierte Lösungen – ein zusätzliches Gerät („Dongle"), das häufig per OBD-Stecker mit dem Fahrzeug-Diagnosesystem verbunden wird.
- fest integrierte Lösungen – OEM-spezifisch, z. B. integriert im oder mit dem Head-Up-Display/der Infotainment-Einheit.

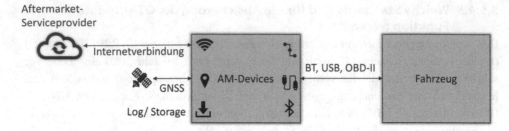

Abb. 5.43 Aftermarket-Device

- *Extended Vehicle Concept* – OEMs sammeln Fahrzeugdaten in zentralen Servern, z. B. im jew. OEM-Backend oder in neutralen Rechenzentren und stellen diese AM-Anbietern zur Verfügung. In der ISO-Normenreihe 20077 und 20078 sind versch. Aspekte des Extended Vehicle Concepts standardisiert, u. a. die Security-Anforderungen an die Schnittstelle und die Zugriffskontrolle.

Abb. 5.43 stellt schematisch ein *Aftermarket-Device (AM-Device)* dar, das einerseits mit dem Fahrzeug und andererseits über eine Internetanbindung mit einem Aftermarket-Serviceprovider verbunden ist. AM-Devices werden über verschiedene Schnittstellen – meist über OBD-II oder USB – mit dem Fahrzeug verbunden. Sie verfügen häufig über die technische Ausstattung um die aktuellen Positionsdaten (GNSS) zu erfassen. Die Internetverbindung kann entweder direkt mit einer eigenen SIM-Karte erfolgen oder indirekt über die Internetverbindung des Fahrzeugs oder eines verbundenen Smartphones. Erfasste Daten können im internen Speicher abgelegt werden – zur späteren Auswertung.

Aftermarket-Produkte, die mit dem Fahrzeug verbunden werden und etwa mittels Diagnosefunktionen aktiv auf Fahrzeugdaten und Fahrzeugfunktionen zugreifen, um bestimmte Anwendungen bzw. Dienste anzubieten, sind für die folgenden Security-Betrachtungen besonders interessant.

Eine Auswahl möglicher Aftermarket-Anwendungen:

- *Flottenmanagement:* Erstellung eines elektronischen Fahrtenbuchs sowie Erfassung und Auswertung der aktuellen Positionsdaten, Kilometerstände und Tankstände bzw. Kraftstoffverbrauch, Leerlaufzeiten aller Fahrzeuge.
- *Predictive Maintenance:* Vorausschauende Erkennung von Problemen bzw. Planung von Wartungsarbeiten durch Auswertung der Fahrzeugdaten und der daraus prognostizierten Abnutzung von Fahrzeugteilen mit der Absicht, Pannen und Ausfälle durch rechtzeitige Wartung und Teiletausch zu verhindern.
- *Pannenhilfe:* Automatische Erkennung eines Unfalls sowie Übermittlung hilfreicher Informationen an den Pannendienst und ggf. an die Werkstatt.
- OBD-Dongles für *Kfz-Versicherungen* mit sog. Telematik-Tarif: Aufzeichnung und Auswertung bzw. Bewertung des Fahrverhaltens zur Anpassung der Versicherungsprämie.

- *Diebstahlerkennung* und –meldung.
- Anzeige von *Eco-Tipps:* Hinweise auf dem Display für den Fahrer zur Verbesserung des Kraftstoffverbrauchs.

5.5.5.2 Wieso sind Aftermarket-Devices relevant für Security?

Es besteht die Gefahr, dass die Verwendung von AM-Devices die Angriffsoberfläche des Fahrzeugs erhöht und neue Schwachstellen einführt, s. [85]. AM-Devices könnten bei fehlender oder zu schwacher Absicherung als Einfallstor für Angriffe dienen. Zum einen werden AM-Devices mit völlig unkritischem Anwendungsbereich, z. B. Flotten-management oder Entertainment, an ein Safety- und Privacy-relevantes System, das Fahrzeug, angeschlossen. Zum anderen finden AM-Devices auch bei älteren Fahrzeugen mit potenziell schwächerem Schutz vor Cybersecurity-Angriffen Verwendung.

5.5.5.3 Welche Security-Anforderungen müssen erfüllt werden?

Die beiden folgenden Aspekte werden für die Definition der Ziele berücksichtigt: der Schutz *vor* Aftermarket-Devices und der Schutz *von* Aftermarket-Devices.

Zum einen muss das Fahrzeug und dessen Komponenten vor schädlichen Ein-griffen, die von AM-Devices und deren Anwendungen ausgehen können, geschützt werden. Von AM-Devices darf keine Gefahr für das Fahrzeug ausgehen. Darüber hinaus dürfen AM-Devices nicht zu Angriffswerkzeuge umfunktioniert werden. Um sicherzustellen, dass der Betrieb von AM-Devices die Schutzziele (Safety, Privacy und Availability) nicht verletzen, werden verschiedene Maßnahmen ergriffen. Zunächst sollte der Betrieb von AM-Devices als zusätzlicher Angriffsvektor in TARAs und vergleich-baren Analysen berücksichtigt werden. Darüber hinaus ist es ratsam, ergänzend zum ohnehin vorhandenen Schutzkonzept die Zugriffe für AM-Devices zu beschränken und zu kontrollieren. Eine *Rechteverwaltung* (Policy-Management) sollte klar definieren, welche Benutzer- bzw. Gerätegruppen welche Zugriffsrechte erhalten. [44] empfiehlt darüber hinaus weitere Maßnahmen, um die Sicherheit und Vertraulichkeit der ver-arbeiteten Daten sicherzustellen, u. a. eine verschlüsselte Datenübertragung, sowie die regelmäßige Erneuerung der Verschlüsselungsschlüssel.

Zum anderen müssen AM-Devices sowie die Aftermarket-Anwendungen als Teil der Automotive Infrastruktur ebenfalls vor Angriffen und Störungen geschützt werden. Dazu zählt zunächst insbesondere die Eigensicherheit der AM-Devices. Es darf nicht oder nur mit hohem Aufwand möglich sein, AM-Devices zu kompromittieren, u. a. weil AM-Devices auch Informationen wie etwa kryptographische Schlüssel oder Zugangsdaten beinhalten, die wiederum für Angriffe auf das Fahrzeug ausgenutzt werden können. Die Eigensicherheit ihrer Geräte liegt nicht zuletzt auch im Interesse der Aftermarket-Anbieter selbst.

Neben dem Schutz der Aftermarket-Geräte ist auch dafür Sorge zu tragen, dass das *Aftermarket-Geschäftsmodell* nicht von Auswirkungen eventueller Cybersecurity-Angriffe beeinträchtigt wird. Eine Schwierigkeit besteht hierbei aufgrund eines Interessenskonflikts der OEMs: Einerseits kontrollieren OEMs die Zugänge und Daten

ihrer Fahrzeuge, andererseits stehen sie selbst mit ihren eigenen (Kunden-)Dienst-
leistungen im Wettbewerb mit Anbietern des freien Aftermarkets. Dennoch sollte es
das Ziel sein, einen fairen Wettbewerb und Marktzugang für Drittanbieter bzw. Aftermarket-Anbieter zu gewährleisten. Der faire, gleichberechtigte Zugriff auf fahrzeuginterne Daten ist seit einigen Jahren Gegenstand politischer Diskussionen. Von der
Europäischen Kommission wurde 2018 ein Arbeitspapier [75] veröffentlicht, das verschiedene Szenarien skizziert, wie OEMs und Aftermarket-Anbieter auf Fahrzeug-Daten
zugreifen könnten. Außerdem verweist es auf allgemeine Grundsätze zur Verwaltung von
Fahrzeugdaten [40].

Der Lösungsansatz *Extended Vehicle* kann unter Umständen gegenüber dem direkten
Zugriff auf Fahrzeugdaten und -funktionen für die Drittanbieter einen entscheidenden
Nachteil haben: Der Zugriff auf die im OEM-Backend bereitgestellten Daten unter-
liegen der Kontrolle und der Aufsicht der OEMs. Dies verschafft den OEMs technisch
die Möglichkeit, die Aktivitäten ihrer Wettbewerber zu beobachten und auszuwerten, was
zu Wettbewerbsverzerrungen führen könnte. Ein *neutraler Server* könnte dieses Problem
entkräften, vorausgesetzt die Fahrzeugdaten werden direkt an den neutralen Server
gesendet und nicht über OEM-Server geleitet.

5.5.5.4 Welche Lösungen werden empfohlen?
Zunächst ist festzuhalten, dass es seitens OEM-unabhängiger Drittanbieter einen
berechtigten Anspruch (freier Wettbewerb, *Right-to-Repair*) auf den Zugriff auf Fahrzeugdaten gibt.

Technisch kann dieser Anspruch durch das Gewähren von *Basisrechten* entsprechend
der *Repair and Maintenance Information Legislation (RMI)*, s. [77]. umgesetzt
werden. Eine darüber hinaus gehende Freigabe von *erweiterten Rechte*n für After-
market-Anwendungsfälle kann analog zu den Authentifizierung- und Autorisierung-
Mechanismen von Diagnosetestern auch für AM-Devices und -Services mittels digitaler
Zertifikate erfolgen. Um eine freie, unkontrollierte Verteilung von Rechten bzw. Zertifikaten zu verhindern, müssen Aftermarket-Devices jedoch unbedingt über ein entsprechendes Schutzniveau verfügen.

Literatur

1. Abadi, M., et al. (2009). Control-flow integrity principles, implementations, and applications. *ACM Transactions on Information and System Security, 13*(1), 1–40. https://doi.org/10.1145/1609956.1609960
2. Abodunrin, D., et al. (2015). Some dangers from 2G networks legacy support and a possible mitigation. In *2015 IEEE Conference on Communications and Network Security (CNS)*. https://doi.org/10.1109/cns.2015.7346872.
3. Alrabady, A. I. (2002). *Security of passive access vehicle*. Amsterdam University Press.
4. Alshamsi, A., & Saito, T. (2005). A technical comparison of IPSec and SSL. In *19th International Conference on Advanced Information Networking and Applications (AINA'05) Volume 1 (AINA papers)*. https://doi.org/10.1109/aina.2005.70.

5. ARM Holding. (2011). *ARM architecture reference manual ARMv7-A and ARMv7-R edition. Documentation* – Arm Developer. https://developer.arm.com/documentation/ddi0406/c/ Zugriffsdatum 2021-06-01.

6. AUTOSAR. (2017). *SOME/IP protocol specification.* https://www.autosar.org/fileadmin/user_upload/standards/foundation/1-1/AUTOSAR_PRS_SOMEIPProtocol.pdf. Zugriffsdatum 2021-06-01.

7. Bißmeyer, N., et al. (2011). *A generic public key infrastructure for securing car-to-x communication.* 18th ITS World Congress, Orlando, USA, vol. 14.

8. Bißmeyer, N., et al. (2014). *V2X security architecture v2.* PRESERVE Project, Deliverable D 1.

9. Bogdanov, A. (2007). *Attacks on the KeeLoq block cipher and authentication systems.* 3rd Conference on RFID Security, vol. 2007.

10. Bokslag, W. (2017). *An assessment of ECM authentication in modern vehicles.* Eindhoven University of Technology.

11. Bono, S., et al. (2005). *Security analysis of a cryptographically-enabled RFID device.* USENIX Security Symposium, vol. 31.

12. Brom, T. (2020). *On the CANT bus, no one can hear you scream.* Almost There | RSA Conference. https://www.rsaconference.com/library/presentation/usa/2020/on-the-cant-bus-no-one-can-hear-you-scream. Zugriffsdatum 2021-06-01.

13. Bundesamt für Sicherheit in der Informationstechnik. (2021). *Kryptographische Verfahren: Empfehlungen und Schlüssellängen, Version 2021–01, BSI Technische Richtlinie TR-02102-1.* https://www.bsi.bund.de/SharedDocs/Downloads/DE/BSI/Publikationen/TechnischeRichtlinien/TR02102/BSI-TR-02102.html. Zugriffsdatum 2021-06-01.

14. CAR 2 CAR Communication Consortium. (2018). *Protection profile V2X hardware security module.* www.car-2-car.org. https://www.car-2-car.org/fileadmin/documents/Basic_System_Profile/Release_1.3.0/C2CCC_PP_2056_HSM.pdf. Zugriffsdatum 2021-06-01.

15. Carsten, P., et al. (2015). In-vehicle networks. In *Proceedings of the 10th Annual Cyber and Information Security Research Conference.* https://doi.org/10.1145/2746266.2746267.

16. Checkoway, S., et al. (2011). Comprehensive experimental analyses of automotive attack. In *Proceedings of the 20th USENIX conference on Security.* USENIX Association.

17. Cho, K. T., & Shin, K. G. (2016). Fingerprinting electronic control units for vehicle intrusion detection. In *Proceedings of the 25th USENIX Security Symposium.*

18. Colombier, B., et al. (2019). Laser-induced single-bit faults in flash memory: Instructions corruption on a 32-bit microcontroller. In *2019 IEEE International Symposium on Hardware Oriented Security and Trust (HOST).* https://doi.org/10.1109/hst.2019.8741030.

19. Davi, L., et al. (2014). Hardware-assisted fine-grained control-flow integrity. In *Proceedings of the The 51st Annual Design Automation Conference on Design Automation Conference – DAC '14.* https://doi.org/10.1145/2593069.2596656.

20. Doll, S. (2021). *Over-the-air updates: How does each EV automaker compare? Electrek.* https://electrek.co/2021/07/06/over-the-air-updates-how-does-each-ev-automaker-compare/. Zugriffsdatum 2021-06-01.

21. Dreyfus, E. (2014). *TLS hardening.* arXiv preprint arXiv:1407.2168. Zugriffsdatum 2021-06-01.

22. Dworkin, M. J. (2016). Recommendation for block cipher modes of operation. In *Special Publication (NIST SP) – 800-38B.* https://doi.org/10.6028/nist.sp.800-38b.

23. ECRYPT II. (2012). *Yearly report on algorithms and key length.* http://www.ecrypt.eu.org/. Zugriffsdatum 2021-06-01.

24. Escherich, R., et al. (2009). *SHE–Secure Hardware Extension–Functional specification version 1.1.* Hersteller Initiative Software (HIS) AK Security.

25. ETSI. (2009). *ETSI TR 102 638 (V1.1.1) – Vehicular communications; basic set of applications.* http://www.etsi.org/deliver/etsi_tr/102600_102699/102638/01.01.01_60/tr_102638v010101p.pdf. Zugriffsdatum 2021-06-01.

26. ETSI. (2010a). *ETSI EN. "302 665 v1. 1.1: Intelligent Transport Systems (ITS), communications architecture".*

27. ETSI. (2010b). *ETSI TR 102 893, "ITS; Security; Threat, Vulnerability and Risk Analysis (TVRA)".*

28. ETSI. (2010c). *ETSI TS 102 731 (V1.1.1) – Security services and architecture.* http://www. etsi.org/deliver/etsi_ts/102700_102799/102731/01.01.01_60/ts_102731v010101p.pdf. Zugriffsdatum 2021-06-01.

29. ETSI. (2012a). *ETSI TS 102 867 (V1.1.1) – Stage 3 mapping for IEEE 1609.2.* http://www. etsi.org/deliver/etsi_ts/102900_102999/102940/01.01.01_60/ts_102940v010101p.pdf. Zugriffsdatum 2021-06-01.

30. ETSI. (2012b). *ETSI TS 102 940 (V1.1.1) – ITS communications security architecture and security management.* http://www.etsi.org/deliver/etsi_ts/102900_102999/102940/01.01.01_ 60/ts_102940v010101p.pdf. Zugriffsdatum 2021-06-01.

31. ETSI. (2012c). *ETSI TS 102 941 (V1.1.1) – Trust and privacy management.* http://www.etsi. org/deliver/etsi_ts/102900_102999/102941/01.01.01_60/ts_102941v010101p.pdf.   Zugriffs-datum 2021-06-01.

32. ETSI. (2012d). *ETSI TS 102 942 (V1.1.1) – Access control.* http://www.etsi.org/deliver/etsi_ ts/102900_102999/102942/01.01.01_60/ts_102942v010101p.pdf. Zugriffsdatum 2021-06-01.

33. ETSI. (2012e). *ETSI TS 102 943 (V1.1.1) – Confidentiality services.* http://www.etsi.org/ deliver/etsi_ts/102900_102999/102943/01.01.01_60/ts_102943v010101p.pdf.   Zugriffsdatum 2021-06-01.

34. ETSI. (2014a). *ETSI EN 302 636 V1.2.1: Intelligent Transport Systems (ITS); vehicular communications; GeoNetworking; Part 1: Requirements.*

35. ETSI. (2014b). *ETSI EN 302 637–2 – Intelligent Transport Systems (ITS); vehicular communications; basic set of applications; Part 2: Specification of cooperative awareness basic service.*

36. ETSI. (2014c). *ETSI EN 302 637–3 V1.2.2 – Intelligent Transport Systems (ITS); vehicular communications; basic set of applications; Part 3: Specifications of decentralized environ-mental notification basic service.*

37. ETSI. (2017). *ETSI TS 103 097 (V1.1.1) – Security header and certificate formats.* http:// www.etsi.org/deliver/etsi_ts/103000_103099/103097/01.02.01_60/ts_103097v010201p.pdf. Zugriffsdatum 2021-06-01.

38. Europäische Kommission. (1995). Commission Directive 95/56/EC, Euratom of 8 November 1995 adapting to technical progress Council Directive 74/61/EEC relating to devices to prevent the unauthorized use of motor vehicles. EUR-Lex – 31995L0056 – EN – EUR-Lex. https://eur-lex.europa.eu/eli/dir/1995/56/oj. Zugriffsdatum 2021-06-01.

39. Europäische Kommission. (2009). *M/453 standardisation mandate addressed to Cen, Cenelec and ETSI in the field of information and communication technologies to support the interoperability of co-operative systems for intelligent transport in the european community.* https://ec.europa.eu/growth/tools-databases/mandates/index.cfm?fuseaction=search. detail&id=434. Zugriffsdatum 2021-06-01.

40. Europäische Kommission. (2016). *C-ITS platform-final report.* C-ITS Platform. https:// ec.europa.eu/transport/sites/default/files/themes/its/doc/c-its-platform-final-report-january-2016.pdf. Zugriffsdatum 2021-06-01.

41. Europäische Kommission. (2017). Certificate policy for deployment and operation of European Cooperative Intelligent Transport Systems (C-ITS). C-ITS Plattform.

42. Europäische Union. (2016). Verordnung (EU) 2016/679 des europäischen Parlaments und des Rates zum Schutz natürlicher Personen bei der Verarbeitung personenbezogener Daten, zum freien Datenverkehr und zur Aufhebung der Richtlinie 95/46/EG (Datenschutz-Grundver-ordnung DSGVO). EUR-Lex – 32016R0679 – EN – EUR-Lex. https://eur-lex.europa.eu/eli/ reg/2016/679/oj. Zugriffsdatum 2021-06-01.

43. Europäische Union. (2018). Directive 2010/40/EU of the European Parliament and of the Council of 7 July 2010 on the framework for the deployment of Intelligent Transport Systems in the field of road transport and for interfaces with other modes of transport. EUR-Lex – 32010L0040 – EN – EUR-Lex. https://eur-lex.europa.eu/eli/dir/2010/40/oj. Zugriffsdatum 2021-06-01.

44. Europäische Union. (2020). Guidelines 1/2020 on processing personal data in the context of connected vehicles and mobility related applications | European Data Protection Board. https://edpb.europa.eu/our-work-tools/documents/public-consultations/2020/guidelines-12020-processing-personal-data_de. Zugriffsdatum 2021-06-01.

45. Fernandes, B., et al. (2018). Implementation and analysis of IEEE and ETSI security standards for vehicular communications. *Mobile Networks and Applications, 23*(3), 469–478. https://doi.org/10.1007/s11036-018-1019-x

46. Foster, I., et al. (2015). *Fast and vulnerable: A story of telematic failures | USENIX.* USENIX. https://www.usenix.org/conference/woot15/workshop-program/presentation/foster. Zugriffsdatum 2021-06-01.

47. Francillon, A., et al. (2011). *Relay attacks on passive keyless entry and start systems in modern cars.* Department of Computer Science ETH Zurich.

48. Fraunhofer SIT. (2018). *Eberbacher Gespräch: Next Generation Crypto.* https://www.sit.fraunhofer.de/en/news-events/landingpages/eberbacher-gespraech-next-generation-crypto/. Zugriffsdatum 2021-06-01.

49. Ghosal, A., & Conti, M. (2020). Security issues and challenges in V2X: A survey. *Computer Networks, 169*, 107093. https://doi.org/10.1016/j.comnet.2019.107093

50. Groza, B., et al. (2012). LiBrA-CAN: A Lightweight Broadcast Authentication Protocol for Controller Area Networks. In *Cryptology and Network Security* (S. 185–200). https://doi.org/10.1007/978-3-642-35404-5_15.

51. Gupta, A. (2019). *The IoT hacker's handbook.* Apress.

52. Hamida, E., et al. (2015). Security of cooperative intelligent transport systems: Standards, threats analysis and cryptographic countermeasures. *Electronics, 4*(3), 380–423. https://doi.org/10.3390/electronics4030380

53. Han, K., et al. (2014). *Automotive cybersecurity for in-vehicle communication.* IQT.

54. Hazem, A., & Fahmy, H. A. H. (2012). *LCAP – A Lightweight CAN Authentication Protocol for securing in-vehicle networks.* ESCAR EUROPE.

55. Hedderich, J., & Sachs, L. (2021). *Angewandte Statistik: Methodensammlung mit R* (17., überarb. U. erg. Aufl. 2020 Aufl.). Springer Spektrum.

56. Hoppe, T., et al. (2009). Applying intrusion detection to automotive IT – Early insights and remaining challenges. *Journal of Information Assurance and Security (JIAS), 4*(6), 226–235.

57. Hu, Q., & Luo, F. (2018). Review of secure communication approaches for in-vehicle network. *International Journal of Automotive Technology, 19*(5), 879–894. https://doi.org/10.1007/s12239-018-0085-1

58. Humayed, A., et al. (2020). CANSentry: Securing CAN-based cyber-physical systems against denial and spoofing attacks. *Computer Security – ESORICS 2020, 12308*, 153–173. https://doi.org/10.1007/978-3-030-58951-6_8

59. ISO. (2002). *ISO/IEC 7498-1:1994(en), Information technology — Open systems interconnection — Basic reference model: The basic model — Part 1.* ISO/IEC JTC 1.

60. ISO. (2009). *ISO 13400 Road vehicles – Diagnostic communication between test equipment and vehicles over Internet Protocol (DoIP).*

61. ISO. (2015). *ISO 15031-5:2015: Road vehicles – Communication between vehicle and external equipment for emissions-related diagnostics – Part 5: Emissions-related diagnostic services.* ISO/TC 22/SC 31.

62. ISO. (2020). *ISO 14229–1: 2020 Road vehicles – Unified Diagnostic services (UDS) – Part 1: Specification and requirements.*

63. Jager, T., et al. (2013). *One bad apple: Backwards compatibility attacks on state-of-the-art cryptography.* NDSS.

64. Jithin, R., & Chandran, P. (2014). Virtual machine isolation. *Communications in Computer and Information Science.* https://doi.org/10.1007/978-3-642-54525-2_8

65. Johanson, M., et al. (2011). Remote vehicle diagnostics over the internet using the DoIP Protocol. In *ICSNC 2011.*

66. Karthik, T., et al. (2016). Uptane: Securing software updates for automobiles. In *International Conference on Embedded Security in Car.*

67. Kasper, T. (2013). *RUB-Repository – Security analysis of pervasive wireless devices.* Ruhr-Unibochum.De. https://hss-opus.ub.ruhr-unibochum.de/opus4/frontdoor/index/index/docId/1415. Zugriffsdatum 2021-06-01.

68. Kent, S., & Seo, K. (2005). Security architecture for the internet protocol. In *RFC.* https://doi.org/10.17487/rfc4301.

69. Khraisat, A., et al. (2019). Survey of intrusion detection systems: Techniques, datasets and challenges. *Cybersecurity, 2*(1), 1–22. https://doi.org/10.1186/s42400-019-0038-7

70. Kumar, G. (2014). Evaluation metrics for intrusion detection systems – A study. *International Journal of Computer Science and Mobile Applications, 2*(11), 11–17.

71. Lapid, B., & Wool, A. (2019). Cache-attacks on the ARM TrustZone implementations of AES-256 and AES-256-GCM via GPU-based analysis. *Selected Areas in Cryptography – SAC 2018, 11349,* 235–256. https://doi.org/10.1007/978-3-030-10970-7_11

72. Lemke, K., et al. (2005). *Embedded security in cars: Securing current and future automotive IT applications* (2006. Aufl.). Springer.

73. Liebchen, C. (2018). *Advancing memory-corruption attacks and defenses.* Technische Universität.

74. Lokman, S. F., et al. (2019). Intrusion detection system for automotive Controller Area Network (CAN) bus system: A review. *EURASIP Journal on Wireless Communications and Networking.* https://doi.org/10.1186/s13638-019-1484-3

75. Martens, B., & Mueller-Langer, F. (2018). Access to digital car data and competition in after-sales services. *SSRN Electronic Journal.* https://doi.org/10.2139/ssrn.3262807

76. Mazloom, S., et al. (2016). *A security analysis of an in vehicle infotainment and app platform.* 10th USENIX Workshop on Offensive Technologies, WOOT 2016.

77. McCarthy, M., et al. (2017). *Access to in-vehicle data and resources.* Europäische Kommission – Directorate-General for Mobility and Transport. https://ec.europa.eu/transport/sites/default/files/2017-05-access-to-in-vehicle-data-and-resources.pdf. Zugriffsdatum 2021-06-01.

78. Miller, I. (2001). Protection against a variant of the tiny fragment attack (RFC 1858). In *RFC.* https://doi.org/10.17487/rfc3128.

79. Miller, C., & Valasek, C. (2013). *Adventures in automotive networks and control units.*

80. Miller, C., & Valasek, C. (2015). *Remote exploitation of an unaltered passenger vehicle.* Black Hat USA.

81. Moriarty, K., et al. (2016). PKCS #1: RSA cryptography specifications version 2.2. In *IETF RFC 8017.* https://doi.org/10.17487/rfc8017.

82. Mousa, A. R., et al. (2016). Lightweight authentication protocol deployment over FlexRay. In *Proceedings of the 10th International Conference on Informatics and Systems – INFOS '16.* https://doi.org/10.1145/2908446.2908485.

83. Müller, K. (2018). *IT-Sicherheit mit System: Integratives IT-Sicherheits-, Kontinuitäts- und Risikomanagement – Sichere Anwendungen – Standards und Practices* (6., erw. U. überarb. Aufl. 2018 Aufl.). Springer.

84. Nasahl, P., & Timmers, N. (2019). *Attacking AUTOSAR using software and hardware attacks.* ESCAR USA.

85. National Highway Traffic Safety Administration (NHTSA). (2016). *Cybersecurity best practices for modern vehicles*. US Department of Transportation. https://www.nhtsa.gov/staticfiles/nvs/pdf/812333_CybersecurityForModernVehicles.pdf. Zugriffsdatum 2021-06-01.

86. Nie, S., et al. (2017). *Free-fall: Hacking tesla from wireless to can bus*. DEFCON. https://www.blackhat.com/docs/us-17/thursday/us-17-Nie-Free-Fall-Hacking-Tesla-From-Wireless-To-CAN-Bus-wp.pdf. Zugriffsdatum 2021-06-01.

87. Paar, C., et al. (2009). *Understanding cryptography: A textbook for students and practitioners* (1. Aufl.). Springer.

88. Pareja, R. (2018). *Fault injection on automotive diagnostic protocols*. ESCAR USA.

89. Prove & Run. (2018). *Proven security for the internet of things*. https://www.provenrun.com/about/proven-security-for-the-iot/. Zugriffsdatum 2021-06-01.

90. Regenscheid, A. (2018). Platform firmware resiliency guidelines. In *Platform Firmware Resiliency Guidelines*. https://doi.org/10.6028/nist.sp.800-193.

91. Rescorla, E. (2018). The Transport Layer Security (TLS) protocol version 1.3. In *IETF RFC 8446*. https://doi.org/10.17487/rfc8446.

92. Rescorla, E., & Modadugu, N. (2012). Datagram transport layer security version 1.2. In *RFC*. https://doi.org/10.17487/rfc6347.

93. Riggs, H., et al. (2020). Survey of solid state drives, characteristics, technology, and applications. In *2020 SoutheastCon*. https://doi.org/10.1109/southeastcon44009.2020.9249760.

94. Robert Bosch GmbH, Reif, K., & Dietsche, K. (2018). *Kraftfahrtechnisches Taschenbuch* (29., überarb. u. erw. Aufl. 2019 Aufl.). Springer Vieweg.

95. Ruddle, A., et al. (2008). *Security requirements for automotive on-board networks based on dark-side scenarios (EVITA Deliverable 2.3)*. European Commission: EVITA – E-safety Vehicle Intrusion protected Applications (224275).

96. Rupprecht, D., et al. (2018). On security research towards future mobile network generations. *IEEE Communications Surveys & Tutorials, 20*(3), 2518–2542. https://doi.org/10.1109/comst.2018.2820728

97. Sabt, M., et al. (2015). Trusted execution environment: What It is, and What It is Not. In *2015 IEEE Trustcom/BigDataSE/ISPA*. https://doi.org/10.1109/trustcom.2015.357.

98. Sagong, S. U., et al. (2018). *Exploring attack surfaces of voltage-based intrusion detection systems in controller area networks*. ESCAR Europe.

99. Scarfone, K. A., & Mell, P. M. (2007). Guide to Intrusion Detection and Prevention Systems (IDPS). In *Recommendations of the National Institute of Standards and Technology*. https://doi.org/10.6028/nist.sp.800-94.

100. Shanmugam, K. (2019). Securing inter-processor communication in automotive ECUs. In *SAE Technical Paper Series*. https://doi.org/10.4271/2019-26-0363.

101. Stigge, M., et al. (2006). *Reversing CRC – Theory and practice*. HU Berlin.

102. TCG. (2019). *TCG Runtime Integrity Preservation in Mobile Devices – Family "2.0" Level 00 Revision 106*. trustedcomputinggroup.org. https://trustedcomputinggroup.org/wp-content/uploads/TCG_MPWG_RIP_r106_published.pdf. Zugriffsdatum 2021-06-01.

103. TCG EFI Platform Specification For TPM Family 1.1 or 1.2 Specification Version 1.22 Revision 15. (2014). Trusted computing group. https://trustedcomputinggroup.org/resource/tcg-efi-platform-specification/. Zugriffsdatum 2021-06-01.

104. TCG TPM 2.0 Automotive Thin Profile For TPM Family 2.0; Level 0. (2019). Trusted computing group. https://trustedcomputinggroup.org/resource/tcg-tpm-2-0-library-profile-for-automotive-thin/. Zugriffsdatum 2021-06-01.

105. Tencent Technology Co. (2018). *Experimental security assessment of BMW cars: A summary report*. https://keenlab.tencent.com/en/whitepapers/Experimental_Security_Assessment_of_BMW_Cars_by_KeenLab.pdf. Zugriffsdatum 2021-06-01.

106. UNECE. (2021). UN Regulation No. 156 – Software update and software update management system I UNECE. UNECE.ORG. https://unece.org/transport/documents/2021/03/standards/un-regulation-no-156-software-update-and-software-update. Zugriffsdatum 2021-06-01.
107. van den Herrewegen, J., & Garcia, F. D. (2018). Beneath the bonnet: A breakdown of diagnostic security. *Computer Security*. https://doi.org/10.1007/978-3-319-99073-6_15
108. van Herrewege, A., et al. (2011). *CANAuth – A simple, backward compatible broadcast authentication protocol for CAN bus*. ECRYPT Workshop on Lightweight Cryptography.
109. van Ours, J. C., & Vollaard, B. (2015). The engine immobiliser: A non-starter for car thieves. *The Economic Journal, 126*(593), 1264–1291. https://doi.org/10.1111/ecoj.12196
110. Vasudevan, A., et al. (2012). Trustworthy execution on mobile devices: What security properties can my mobile platform give me? *Trust and Trustworthy Computing*. https://doi.org/10.1007/978-3-642-30921-2_10
111. Verdult, R., et al. (2012). *Gone in 360 seconds: Hijacking with Hitag2*. 21st USENIX Security Symposium.
112. Verdult, R., et al. (2015). *Dismantling megamos crypto: Wirelessly lockpicking a vehicle immobilizer*. Supplement to the 22nd USENIX Security Symposium.
113. Verendel, V., et al. (2008). An approach to using honeypots in in-vehicle networks. In *2008 IEEE 68th Vehicular Technology Conference*. https://doi.org/10.1109/vetecf.2008.260.
114. Wallentowitz, H., & Reif, K. (2010). *Handbuch Kraftfahrzeugelektronik: Grundlagen - Komponenten – Systeme - Anwendungen (ATZ/MTZ-Fachbuch)* (2., verb. u. akt. Aufl. 2011 Aufl.). Vieweg + Teubner.
115. Watkins, M., & Wallace, K. (2008). *CCNA security official exam certification guide (Exam 640–553)*. Amsterdam University Press.
116. Weyl, B., et al. (2010). *Secure on-board architecture specification. Technical report deliverable D3.2*. EVITA Project. https://evita-project.org/deliverables.html. Zugriffsdatum 2021-06-01.
117. Wolf, M. (2009). *Security engineering for vehicular IT systems*. Springer Vieweg.
118. Wolf, M., et al. (2004). Security in automotive bus systems. In *Proceeding of the Workshop on Embedded IT-Security in Cars*.
119. Woo, S., et al. (2014). A practical wireless attack on the connected car and security protocol for in-vehicle CAN. *IEEE Transactions on Intelligent Transportation Systems*. https://doi.org/10.1109/tits.2014.2351612
120. Wouters, L., et al. (2020). Dismantling DST80-based immobiliser systems. *IACR Transactions on Cryptographic Hardware and Embedded Systems*. https://doi.org/10.46586/tches.v2020.i2.99-127
121. Yadav, A., et al. (2016). Security, vulnerability and protection of vehicular on-board diagnostics. *International Journal of Security and Its Applications, 10*(4), 405–422. https://doi.org/10.14257/ijsia.2016.10.4.36
122. Yan, Z., et al. (2020). IEEE access special section editorial: Trusted computing. *IEEE Access, 8*, 25722–25726. https://doi.org/10.1109/access.2020.2969768
123. Zimmermann, W., & Schmidgall, R. (2014). *Bussysteme in der Fahrzeugtechnik: Protokolle, Standards und Softwarearchitektur (ATZ/MTZ-Fachbuch)* (5., aktualisierte und erw. Aufl. 2014 Aufl.). Springer Vieweg.

Stichwortverzeichnis

Printed in the United States
by Baker & Taylor Publisher Services